"中国森林生态系统连续观测与清查及绿色核算"系列丛书

王 兵 ■ 主编

东北地区森林生态连清技术

理论与实践

张慧东 牛 香 宋庆丰 盛后财
任 军 管清成 杨会侠 魏亚伟 等 ■ 著

中国林业出版社
China Forestry Publishing House

图书在版编目(CIP)数据

东北地区森林生态连清技术理论与实践 / 张慧东等著· -- 北京：中国林业出版社，
2021·11
("中国森林生态系统连续观测与清查及绿色核算"系列丛书)
ISBN 978-7-5219-1338-5

Ⅰ·①东… Ⅱ·①张… Ⅲ·①森林生态系统－研究－东北地区 Ⅳ·①S718.55

中国版本图书馆CIP数据核字(2021)第175264号

策划、责任编辑： 于晓文　于界芬

出版发行	中国林业出版社有限公司 （100009 北京西城区德内大街刘海胡同 7 号）
网　　址	http：//www.forestry.gov.cn/lycb.html
电　　话	(010) 83143549
印　　刷	河北京平诚乾印刷有限公司
版　　次	2021 年 11 月第 1 版
印　　次	2021 年 11 月第 1 次
开　　本	889mm×1194mm　1/16
印　　张	16
字　　数	343 千字
定　　价	138.00 元

《东北地区森林生态连清技术理论与实践》
著者名单

项目完成单位：

中国林业科学研究院森林生态环境与自然保护研究所

东北林业大学

辽宁省林业科学研究院

辽宁省森林经营研究所

吉林省林业勘察设计研究院

山东农业大学

沈阳农业大学

北京林业大学

中国森林生态系统定位观测研究网络（CFERN）

国家林业和草原局"典型林业生态工程效益监测评估国家创新联盟"

项目首席科学家：

王　兵　中国林业科学研究院

编写组成员（按姓氏笔画排序）：

丁国泉	王　兵	王睿照	尤文忠	牛　香	毛沂新	白荣芬
任　军	李连强	杨会侠	谷会岩	宋庆丰	张立民	张　言
张慧东	陈志泊	陈振举	金桂香	周　梅	周永斌	郑景明
徐丽娜	高　鹏	盛后财	隋海新	蔡体久	管清成	颜廷武
潘勇军	魏文俊	魏亚伟				

致　谢

本书出版得到了林业公益性行业科研专项"东北森林生态要素全指标体系观测技术研究（201404303）"资助，感谢国家林业和草原局科学技术司的大力支持。

前　言

早在 2005 年，时任浙江省委书记的习近平同志就首次提出"绿水青山就是金山银山"的科学论断。经过多年实践，习近平总书记后来再次全面阐述了"两山论"，即"我们既要绿水青山，也要金山银山。宁要绿水青山，不要金山银山，而且绿水青山就是金山银山"。2021 年，习近平总书记在参加全国"两会"内蒙古代表团审议时，对内蒙古大兴安岭森林与湿地生态系统每年 6159.74 亿元的生态服务价值评估作出肯定，"你提到的这个生态总价值，就是绿色 GDP 的概念，说明生态本身就是价值。这里面不仅有林木本身的价值，还有绿肺效应，更能带来旅游、林下经济等。'绿水青山就是金山银山'，这实际上是增值的。"习近平总书记的"两山"理念为我国生态文明建设指明了方向。2021 年，中共中央办公厅、国务院办公厅印发的《关于建立健全生态产品价值实现机制的意见》指出，建立健全生态产品价值实现机制，是贯彻落实习近平生态文明思想的重要举措，是践行绿水青山就是金山银山理念的关键路径，是从源头上推动生态环境领域国家治理体系和治理能力现代化的必然要求，对推动经济社会发展全面绿色转型具有重要意义。

中国林业科学研究院王兵研究员及其带领的研究团队，长期专注于森林生态系统与人类生态福祉的研究。历经 20 余年，提出了以生态地理区划为单位，以国家现有森林生态站为依托，采用长期定位观测技术和分布式测算方法，定期对同一森林生态系统进行重复的全指标体系观测与清查的森林生态连清技术体系。该技术体系规定了森林生态连清野外观测体系布局，统一了野外观测台站基础设施和仪器设备建设标准，将野外观测指标体系全部形成可测度、可计量、可描述的国家标准，使用统一的国家标准规范数据的采集与传输；同时将国家森林资源数据和相关统计数据进行集成与耦合，最终服务于国家林草生态综合监测体系。该体系充分考虑了森林生态状况监测与森林资源监测的耦合，将森林资源清查、生态参数观测调查、指标体系和价值评估方法集于一套框架。2021 年 3 月 12 日，国家林业和草原局、国家统计局联合组织发布了"中国森林资源核算"最新成果，全国森林生态系统服务价值为 15.88 万亿元。首次提出中国森林"全口径碳汇"这一全新理念，我国森林全口径碳汇量为每年 4.34

亿吨碳当量，中和了 2020 年全国碳排放量的 15.91%。森林生态系统碳汇对我国二氧化碳排放力争 2030 年前达到峰值、2060 年前实现碳中和具有重要作用。

东北地区是我国重要的工业与农业基地，也是保障北方生态安全的重要屏障。境内有大小兴安岭森林、长白山森林和三江平原湿地 3 个国家重点生态功能区，是我国"两屏三带"生态安全战略格局中东北森林带的重要载体，对调节东北亚地区水循环与局地气候、维护国家生态安全和保障国家木材资源具有重要战略意义。因此，开展东北地区森林生态服务价值评估和生态 GDP 核算，对深化地区生态产品供给侧结构性改革，丰富生态产品价值实现路径，促进地区生态效益科学量化补偿，推进东北地区林业由木材生产为主转向生态、经济、社会三大效益协同、权衡的科学发展具有重要推动作用，是将地区生态优势转化为经济优势的一次重要尝试。

《东北地区森林生态连清技术理论与实践》聚焦森林生态连清技术的理论和实践两部分。理论篇详细阐述了东北地区森林生态连清技术的理论框架，具体包括森林生态连清体系发展过程、森林生态连清技术体系架构、森林生态连清观测方法、大数据与森林生态连清和生态 GDP 核算体系构建等 5 章内容；实践篇是基于森林生态连清理论，在东北地区开展的森林水文、土壤、气象、生物等四方面生态要素连清和生态 GDP 核算，具体包括东北地区概况、东北地区森林水文要素生态连清、东北地区森林土壤要素生态连清、东北地区森林气象要素生态连清、东北地区森林生物要素生态连清和东北地区生态 GDP 核算等 6 章内容。

本书写作过程中除得到项目参加单位的大力支持外，还得到了中国林业科学研究院、国家林业和草原局调查规划设计院、南京林业大学、内蒙古农业大学、吉林省林业科学研究院等单位的大力协助。先后召开六次研讨会，有关专家学者贡献了大量的智慧。在此，谨向所有曾为本书写作提供帮助的单位和专家学者表示诚挚地感谢！

我国森林生态连清事业正处在发展初期，《东北地区森林生态连清技术理论与实践》的出版仅是一次初步的探索和尝试，今后仍需开展大量的研究。希望在社会各界的帮助下，此项工作能得到进一步地完善和提高。

受著者水平所限，书中难免有不足和疏漏之处，敬请读者批评指正。

著　者

2021 年 3 月

目　录

东北地区
森林生态连清技术理论与实践

理论篇

第1章
森林生态连清体系发展过程

    森林是人类繁衍生息的根基，是人类实现可持续发展的重要安全保障。我国森林资源清查及其成果是反映全国和各省份森林资源状况，制定和调整林业方针政策及森林资源经营管理的重要依据。伴随着气候变化、土地退化、生物多样性减少等各种生态问题对人类的严重威胁，森林的生态功能已得到普遍重视，森林经营管理由以木材生产为主逐渐转向多功能经营，由单纯追求木材等直接经济价值转变为追求综合效益。目前的林草生态综合监测体系，亟需建立系统的反映森林质量的指标体系，对森林生态质量进行连续监测。因此，建立一种与经济、社会、生态、文化协同发展，并与全国森林资源连续清查技术相结合的森林生态系统服务全指标体系连续观测与清查技术（简称"森林生态连清"），对于科学、准确、及时地评估森林生态系统服务功能，提高森林经营管理水平，推动林业的全面发展，具有重要意义。

1.1 国家森林清查体系发展及启示

1.1.1 国家森林清查体系发展概况

    国家森林资源连续清查（national continuous forest inventory）是为了掌握调查区域内森林资源的宏观状况，以数理统计原理为基础，对调查区域内的森林资源固定样地（有时也增设临时样地）进行的重复抽样调查，为制定或调整林业方针政策、规划提供依据。

    世界各国和国际组织都非常重视森林资源清查工作。国家尺度的森林资源调查始于20世纪20年代，瑞典于1923—1929年建立了覆盖全国的森林资源清查体系，至今仍在进行连续监测。美国从1930年开始，以州为单位组织开展全国森林资源清查，从2003年起，按统一框架采用遥感和地面相结合的方法进行多阶系统抽样调查，对森林资源和森林健康开展综合监测。德国森林资源调查始于19世纪，20世纪70年代开始讨论开展全国性的森林资源清查，并于 20 世纪 80 年代至 90 年代先后开展了两次全国森林资源清查。联合国粮食及农业组织（FAO）于 1948 年发布了第一份《全球森林资源评估报告》，至 2015 年已经发布了 13 份报告，之前每 5 ～ 8 年发表一份，自 1990 年起每 5 年发表一份。随着认识水平、社会经济的发展和不断加剧的全球环境变化，从 20 世纪 90 年代开始，欧洲和一些发达国家开始建立森林生态系统健康长期监测系统，把森林健康作为森林资源清查的重要内容（唐守正，2009）。

经过近一个世纪的发展，国家森林资源连续清查经历了三个发展阶段。第一阶段是以调查森林面积和蓄积量为主，重点关注对森林资源合理收获和利用的木材资源调查阶段，如美国到 20 世纪 60 年代完成了 48 个州的森林资源清查，这期间森林资源调查的重点是木材，多数州和区域的清查成果主要是提供森林面积和木材蓄积量数据（肖兴威等，2005）；第二阶段是森林资源清查与森林健康监测同时进行的森林多资源调查阶段，如在 20 世纪 60 年代至 70 年代，美国森林资源清查的对象由以森林面积和木材蓄积量为主的单项监测，转为了包含污染、虫害、病害、火灾和其他灾害等多项目监测，并将监测内容拓展到美国森林资源清查与分析体系（forest inventory and analysis，FIA），逐步建立了覆盖全国的森林健康监测体系（forest health monitoring，FHM），该阶段开始关注污染、病虫害、火灾和其他灾害等对森林健康具有影响的动物、植物、土地、水、气候、地下资源等因子（肖兴威等，2005）；第三阶段将注意力转向森林生态环境和生物多样性保护，森林资源清查的主体由森林资源的利用转向森林资源保护的森林环境监测，如瑞典林业调查部门在第七次国家森林资源清查（1993—2002 年）中，增加了环境和生物多样性保护的内容，目前瑞典已将建于 1962 年的森林土壤调查系统（MI）与原国家森林资源清查系统（NFI）合并组成了新的国家森林资源清查系统（RIS）（肖兴威，2007；聂祥永，2004）。

1.1.2 国家尺度森林资源清查技术体系

国家尺度的森林资源调查始于顾尔诺（A. Gurnaud）的检查法（洛茨 F，1985）。经过 100 多年发展，目前形成了 3 种森林清查体系，即以法国和北欧各国为代表的森林资源连续清查（CFI）技术体系，以美国、加拿大、德国与奥地利等为代表的基于各地森林资源调查信息统计全国数值的森林资源调查信息统计技术体系和以俄罗斯、日本等为代表的基于森林簿信息累积获取全国数值的森林簿信息累积技术体系。

（1）森林资源连续清查技术体系。该体系以国家为一个整体，建立以方阵和样地为基本观测单元的抽样总体，包括森林资源调查和森林健康环境监测两方面内容。以瑞典为例，其森林资源调查始于 1923 年，采用样带、抽样调查样地和固定样群与临时样群相结合的群团抽样，建立覆盖全国的森林资源清查体系，对森林健康、土壤状况、树木生长量等内容进行同步监测（张煜星等，2016）。该体系的特点：①抽样设计保持相对稳定，保证重要因子的调查精度；②以覆盖全国的固定样地网络为主干，整合土壤调查、环境监测等多项监测项目，逐步形成国家森林资源综合监测体系；③结合实际需要，适时扩充新的调查内容；④每年调查、覆盖全国，滚动统计汇总，数据处理速度快，信息时效性好；⑤信息化水平高，数据处理速度快，近年来已建立覆盖全国的网络管理信息系统，进行数据采集、检查、传送、处理、存储和检索。

（2）森林资源调查信息统计技术体系。以美国为例，该体系根据需要将调查对象划分为估计单位（总体），并在总体以下根据需要划分若干副总体。采用三阶抽样设计布设样地，每层采用不同的抽样强度进行样地调查，根据各区域及各经营管理单位提交的调查、统计数据，建立国家森林资源数据库。调查内容包括土地利用、林分状况和立地、每木调查、生长、枯损和采伐等 300 项指标。调查因子包括树冠、土壤、土壤侵蚀、地衣群落、林下植被、抽样生物指标和枯枝落叶等调查因子。该体系的特点：①全国采用统一的系统抽样方法进行三阶抽样设计；②已经形成森林资源与森林健康状况综合调查与监测体系；③科研与调查相互结合、相互促进。如美国的森林资源调查由农业部林务局所属的东北实验站、中北实验站、东南实验站、南方实验站、落基山实验站、太平洋西北实验站 6 个森林实验站（现已改为研究站，且东南站与南方站合并）负责，按区域分别具体负责开展全国范围的资源清查、分析和报告。从 2003 年开始，全国范围内全面推行，共同完成对森林资源与森林健康的监测；④ RS、GIS 等技术提高了监测效率和成果质量；⑤组织机构健全，但相对分散和独立。森林资源清查和环境监测工作由各州、大学、森林经营企业和公司具体负责，林务局只提供宏观指导（肖兴威等，2005；Wang Bing 等，2020；王兵等，2015）。

表 1-1　国家级森林资源清查概览

国家	抽样设计	调查周期	样本单元	抽样方法	样地大小（平方米）	样地形状	调查因子
美国	三阶段抽样	年度	群团样地	固定面积抽样	1000，200，140	圆形、样线	森林资源、健康、多样性、土壤
加拿大	系统抽样	10年	群团样地	固定面积抽样	400，50，130	圆形、样带	森林资源、健康、多样性、土壤
芬兰	系统抽样	5年	方阵	点抽样	—	圆形	森林资源、健康、生物多样性、森林碳循环及其变化
瑞典	系统抽样	5～10年	方阵	固定面积抽样	3，38，154～314，1256	同心圆	森林资源、植被和土壤
法国	三阶段抽样	12年	同心圆	固定面积抽样	113，254，706	圆形	森林资源、植被和土壤
德国	系统抽样	10年	群团样地	固定面积抽样点抽样	3，10，78，314，1963	同心圆	森林资源、健康、生境和道路

（续）

国家	抽样设计	调查周期	样本单元	抽样方法	样地大小（平方米）	样地形状	调查因子
瑞士	双重抽样	10年	同心圆	固定面积抽样	200，500	圆形	森林资源及功能
斯洛文尼亚	系统抽样	10年	方阵	固定面积抽样6株树法	200，600，1963	同心圆	森林资源、健康
澳大利亚	多阶段系统抽样	5年	群团样地	固定面积抽样	900，2米×90米	方形、样带	森林资源、健康、生物多样性、土壤碳
日本	系统抽样	5年	同心圆	固定面积抽样	100，300，600	圆形	森林资源、植被
印度	系统抽样	10年	群团样地	固定面积抽样	1，9，1000	方形	森林资源、生物多样性和碳
韩国	系统抽样	年度	群团样地	固定面积抽样	30，400，800	同心圆	森林资源、生物多样性、健康和碳

注：引自雷相东等，2008。

德国各州从1986年至1988年开始森林资源清查。目前，德国森林资源监测体系正向资源与环境监测一体化的方向发展。其体系由全国森林资源清查、全国森林健康调查和全国森林土壤和树木营养调查三部分组成。3种调查综合起来构成了德国森林资源监测的技术体系。单从抽样体系来看，德国更关注森林生态状况（森林环境）监测体系的建设，将整个体系分为3个层次：第一层次是以高斯－大地坐标为基准建立的系统性网状抽样（密度为16千米×16千米等）的监测样地体系；第二层次是在典型森林地区建立固定观测样地，进行森林生态系统的强化监测；第三个层次是为研究森林生态系统过程的一般问题，由一些集中地研究组织和研究场地构成的观测及研究体系。这样形成的森林生态监测与森林资源清查在同一体系框架下进行，综合构成完整的技术体系（雷向东等，2008；罗仙仙，2010）。

（3）森林簿信息累积技术体系。该技术体系以累积全国小班调查成果的方法进行国家森林资源调查。例如，日本为统计和掌握全国森林资源情况，在1976年开始实施全国森林计划基础资料调查，每5年调查一次。1984年根据修改后的《森林法》，把全国森林计划改名为全国资源基本计划，截至2016年已进行了六次全国森林计划基础资料调查。1991—1993年通过《森林资源调查体系开发研究报告》，提出采用森林薄累积全国和地区资源数据，利用遥感监测资源和环境，布设固定观测网进行多目标资源调查。1999年，全国范围内以可持续森林经营为指导，按统一的调查方法进行森林资源监测调查并作出评价（李云等，2016；林辉等，2008）。

1.1.3　国际联网的森林调查

20世纪中叶之后，资源与环境问题逐步在全世界受到普遍关注。一些发达国家和国际组织开始建立资源与环境监测网络及其数据信息管理系统。其中，最著名的有国际地圈生物

圈计划（IGBP）、美国长期生态学研究网络（LTER）、英国环境变化研究网络（ECN）、东南亚农业生态系统网络（SUAN）等。1957年，国际科学联盟理事会建立了世界数据中心，1972年联合国开发计划署建立了全球环境监测系统，1985年又建立了全球资源信息库。联合国环境规划署（UNEP）还相继建立了全球资源信息数据库（GRID）、国际环境信息系统（IEIS）等大型生态信息系统（王兵等，2020）。联合国粮食及农业组织（FAO）为评价世界森林资源现状和动态变化规律，构建了世界森林资源综合数据库管理系统（DBMS），汇集了全球100多个热带和非热带国家或地区的森林资源数据信息，并采用统计模型（FORIS）和地理信息系统（GIS）技术提供森林资源数据信息的查询和定量评价（何兴元，2004；王兵等，2003）。

全球最早在农林领域开展野外长期定位试验研究的是英国洛桑试验站（Rothamsted Experimental Station），该站于1843年开始布置土壤肥力与肥料效益长期定位试验，已持续170多年。目前世界上已持续观测60年以上的长期定位试验站有30多个，主要集中在欧洲、苏联、美国、日本、印度等国家和地区，这些被称为"经典性"的长期定位试验，对土壤-植物系统养分循环和平衡的影响、施肥对土壤肥力演变及环境的作用、农业生态与病虫害、农业统计与计算机软件等方面进行了长期而系统的观测研究，并作出了科学的评价。研究结果，对世界化肥工业的兴起和发展、科学施肥制度的建立、农业生态和环境保护、农业生产的发展，甚至对计算机软件的发展均起到重要决策和推动作用。森林生态系统的定位研究也有数十年历史，著名的研究站有美国的Baltimore生态研究站、Hubbard Brook试验林、Coweeta水文实验站等，苏联的台勒尔曼、坚尼别克，瑞典的斯科加贝，德国的黑森，瑞士的埃曼泰尔等，这些台站基本上都以森林生态系统过程和功能观测研究为主（王兵等，2003）。随着区域性和全球一体化，这些生态定位站开始参与一些国际性计划，如国际地圈生物圈计划（IGBP），以探讨农田和森林生态系统在更宏观范围内的作用（何兴元，2004；王兵等，2004）。

20世纪80年代以来，随着全球生态环境问题日益严重，国际上相继建立了一系列以解决人类所面临的资源、环境和生态系统方面问题为目的的国家、区域和全球性的长期监测研究网络（表1-2）。其中，美国长期生态学计划（LTER）网络和英国环境变化监测网络（ECN）是目前国际上最有影响的两个网络，其在监测和研究本国生态环境限制及未来变化趋势、揭示一些重要的长期生态学问题方面取得了一大批重要成果，并已成功应用于国家资源、环境管理政策的制定和实施。美国长期生态学计划网络还在国际范围内组建了国际长期生态研究网络（ILTER），其主要目标是促进和加强对跨国和跨区界长期生态现象的了解以及与各生态站和各学科科学家之间的交流；提高观测与试验结果的可比性，促进研究与监测相结合，鼓励数据交换；为生态系统管理提供科学依据，实现更大时空尺度上的预测性模拟。现已有15个国家或地区加入了国际长期生态研究网络。此外，欧洲成立了欧洲生态网

（EECONET），该地区的一些生态网络加入了欧洲生态网（王兵等，2004）。生态研究网络的建立，深化了人类对地球生态系统状况的了解，为政府和决策者进行有关环境污染、自然资源管理、可持续发展及全球气候变化决策提供科学依据。

表 1-2　世界著名长期生态学研究网络

序号	网络名称	所属国家
01	中国国家生态系统观测研究网络（CNERN）	中国
02	中国生态系统研究网络（CERN）	中国
03	中国森林生态系统定位观测研究网络（CFERN）	中国
04	United States – The Long Term Ecological Research Network	美国
05	United States National Ecological Observatory Network	美国
06	Canada – the Ecological Monitoring and Assessment Network	加拿大
07	The Brazilian Long Term Ecological Research Program	巴西
08	United Kingdom – The Environmental Change Network	英国
09	Costa Rica Long Term Ecological Research	哥斯达黎加
10	Czech Republic Long Term Ecological Research Network	捷克共和国
11	Hungary Long Term Ecological Research	匈牙利
12	Israel – The Dryland Ecosystem Management Network	以色列
13	Korea Long Term Ecological Research	韩国
14	Mexico Long Term Ecological Research	墨西哥
15	Poland Long Term Ecological Research	波兰
16	Investigaciones Ecological de LargaDuracion – Uruguay	乌拉圭
17	Venezuela Long Term Ecological Research Network	委内瑞拉

1.2 我国森林资源清查体系的发展

1.2.1 我国森林资源清查体系的建立

我国的森林资源连续清查始于 20 世纪 50 年代（1953—1961 年），是较早建立森林资源连续清查体系的国家之一。当时采用的调查方法是以目测为主的小班调查，其调查单位为县和林场。真正以省份为单位的连续清查体系从 1975 年开始，到 1983 建立了以数理统计抽样调查为理论基础，以省（自治区、直辖市）为抽样总体，系统布设固定样地，定期复查，通过计算机进行统计和动态分析，从而提供森林资源现状及消长变化的清查方法，形成了国家森林资源连续清查体系和全国森林资源数据库。该清查体系以 5 年为周期，进行全国性森林资源连续清查。截至目前，已完成九次全国森林资源连续清查，清查时间分别为 1973—1976 年、1977—1981 年、1984—1988 年、1989—1993 年、1994—1998 年、1999—2003 年、2004—2008 年、2009—2013 年和 2014—2018 年。

1.2.2 国家森林资源清查体系的发展

20 世纪 70 年代，随着国家社会经济的发展，我国的森林资源连续清查工作开始进入系统发展阶段（1977—1988 年）。单从技术规定来看，第一次全国森林资源清查时期（1973—1976 年）以调查森林资源现状为主，在江西试点的基础上，于 1978 年制定并颁布了《全国林业调查规划主要技术规定》。1977 年，原农林部决定在全国建立森林资源连续清查体系，首先在江西省组织了全国试点工作，1978 年后在全国各省（自治区、直辖市）全面开展。第五次全国森林资源清查时期（1994—1998），针对森林面积和蓄积量的调查，国家颁布了《国家森林资源连续清查主要技术规定》。从 1977 年到 2003 年，全国地面固定样地数量不断增加，地面样地覆盖的范围越来越大，森林资源连续清查体系得到进一步优化和完善。截至 2003 年，全国（不含香港、澳门、台湾）31 个省（自治区、直辖市）实现了地面样地的全覆盖。2004 年，为适应新时期林业跨越式发展和生态环境建设的需求，推进林业由木材生产为主向以生态建设为主的历史性转变，国家林业局修订了 1994 年颁布的《国家森林资源连续清查主要技术规定》，将"掌握森林生态系统的现状及变化趋势，对森林资源与生态状况进行综合评价"列入森林资源连续清查任务（中国森林资源核算研究项目组，2015）。

除了每 5 年一次的全国森林资源连续清查，我国还较早开展了森林资源规划设计调查（简称：二类调查），和以某一特定范围或作业地段为单位进行的作业调查（简称：三类调查）。从 1951 年至 2003 年，正式颁布实施的技术规程、规定有 17 个，包括《森林经营方案编制办法》（1983）、《森林专业调查规定（草案）》等。随着林业发展和生态建设需要，部分年度开展了森林资源专项调查，如林地征占用调查、营造林实绩综合核查、采伐限额执行情况检查、消耗量及消耗结构调查、生态公益林界定与认定核查等。与此同时，林业专业调查也广泛进行，包括森林土壤调查、立地类型调查、森林更新调查、森林病虫害调查、编制林业数表、森林生长量调查、野生经济植物资源调查、野生动物资源调查、造林典型设计、森林经营类型设计和林业专业调查技术工作管理等内容（唐小明等，2012）。

1.2.3 国家森林资源清查体系的优化完善

20 世纪 90 年代以来，国家林业局（现国家林业和草原局）已关注森林资源连清体系的局限，逐渐对现行森林资源监测体系进行了一系列的优化和改进工作，国家多资源调查开始进入优化与完善阶段（1989 年以来）。1999 年，《国家森林资源连续清查主要技术规定》的补充规定中开始增加了"森林病虫害等级"调查，在此基础上扩展为"灾害类型""灾害等级"，同时增加了评定"森林健康等级"的内容，其目的是在森林资源清查中逐步增加森林健康状况调查。2004 年，国家林业局颁布的《国家森林资源连续清查技术规定》，将"掌握森林生态系统的现状及变化趋势，对森林资源与生态状况进行综合评价"列入森林资源连续清查任务中，在技术规定中增加了群落结构、林层结构、树种结构、自然度、植被覆盖度等反映森林生态状况的因子，也给出了《森林生态功能评价因子及类型划分标准》。第七次全国森林资源清查工作进一步把森林生态功能、森林健康和生物多样性等反映生态状况的内容纳入监测范畴之内，首次在森林资源连清中使用了森林生态服务专项评估，森林生态连清与森林资源连清相融合，森林资源连续清查体系逐渐发展为森林资源与生态状况综合监测体系。

全国连续九次的森林资源清查为我国制定各时期的林业政策及森林经营等提供了重要依据，发挥了重要作用。随着科学技术的进步，每次森林资源清查在优化监测体系、改进技术方法、完善技术标准等方面都会有新的提升，随着国家生态文明建设的持续推进，借鉴国外森林资源监测体系的发展经验，我国的森林资源连清体系和监测内容会有新拓展，森林生态连清技术作为中国森林资源核算的重要内容，为中国森林资源核算与发展打下坚实的技术基础（王兵，2015）。

1.3 森林生态连清技术发展过程

1.3.1 森林生态连清起源及发展

森林生态连清是森林生态系统服务全指标体系连续观测与定期清查的简称，是以生态地理区划为单位，以国家现有森林生态站为依托，采用长期定位观测技术和分布式测算方法，定期对同一森林生态系统进行重复的全指标体系观测与清查的技术。该技术体系由中国林业科学研究院首席专家王兵研究员最早提出，他认为："森林生态连清与国家森林资源连续清查相耦合，可以评估一定时期内森林生态服务及动态变化"（王兵，2015；Wang Bing 等，2020）。

森林生态连清技术实施的关键是要有健全的监测管理制度和专业的监测技术队伍，然而我国现有的森林资源连续清查体系在监测管理和监测队伍这两方面不具备进行系统的、完善的生态状况连续清查条件。但是中国有世界最大的森林生态系统定位研究网络可以利用，这就为生态状况连续清查打下良好基础。从技术体系来看，构建综合监测体系，扩展和丰富监测内容，逐步推广新技术，也是森林资源连续清查发展的基础，只在现有森林资源连续清查的基础上扩展生态状况的监测体系、内容和技术，显然不能达到耦合二者的目的，也体现不出其专业性。根据国际森林资源连续清查的发展趋势，生态状况的连续清查主要交由专门的科研部门进行。在这种大背景下，紧密结合中国国情和林情，专门设计出一套适合中国生态状况连续清查的森林生态服务核算体系（森林生态连清体系）是非常必要的。

森林生态连清技术体系主要包括：①以典型抽样为基础，根据全国水热分布和森林立地情况等，选取具有典型性、重要性和代表性区域，构建森林生态连清网络布局；②观测站点建设、观测指标以及观测数据采用统一的标准体系；③采用分布式测算方法开展森林生态服务功能评估，保证评估结果的准确性及可靠性，并实现全国的大数据集成和尺度转换；④基

于区域森林生态服务功能评估公式和模型的参数库，建立森林生态连清与生态服务评估支持系统，实现我国森林生态系统服务功能评估数据采集与处理的智能化。该技术体系可与全国森林连清体系相耦合，建立木材调查、多资源调查和环境调查综合体系（Wang Bing 等，2015），用于评价一定时期内目标森林生态系统的生态环境状况及其动态变化。

王兵等运用森林生态连清技术体系，对全国第五次（1994—1998 年）、第六次（1999—2003 年）、第七次（2004—2008 年）、第八次（2009—2013 年）、第九次（2014—2018 年）森林生态状况进行了评估。特别是从第七次全国森林资源清查开始，国家林业行政主管部门将森林生态连清纳入"中国森林资源核算"，目前已经连续开展了三期核算研究，使以全国生态站为观测平台的森林生态连清成为工作常态，也充分体现了森林资源清查与森林生态连清耦合的重要性，为建立国家森林生态连清与森林资源清查耦合监测打下了坚实基础。2021 年，国家林业和草原局与国家统计局联合发布的最新一次"中国森林资源核算研究"成果显示，2018 年我国森林生态系统提供生态服务价值达 15.88 万亿元，比 2013 年增长了25.24%，其中我国森林全口径碳汇量达 4.34 亿吨／年，折合成二氧化碳量为 15.91 亿吨碳当量，吸收了同期全国二氧化碳排放量的 15.91%，起到了显著的碳中和作用。

同样，该体系在林业工程生态效益评价方面也开展了应用。2013 年，国家林业局选择河北、辽宁、湖北、湖南、云南、甘肃等 6 个重点监测省份开展了重大林业生态工程生态效益监测试点，建立了退耕还林工程森林生态连清技术体系。退耕还林工程生态效益评估是森林生态连清技术在退耕还林工程中首次应用，使森林生态连清技术的适应范围从森林生态系统服务功能监测扩展到生态工程生态效益监测（国家林业局，2014）。截至 2020 年年底，国家林业和草原局已开展了 5 期退耕还林（草）工程的生态效益监测评估，形成了分别针对辽宁、河北、湖北、湖南、甘肃和云南 6 个退耕还林重点监测省份（退耕还林国家报告，2013）、长江和黄河流域中上游退耕还林工程（退耕还林国家报告，2014）、北方沙化土地退耕还林工程（退耕还林国家报告，2015）、全国退耕还林工程（退耕还林国家报告，2016）、集中连片特困地区退耕还林工程（退耕还林国家报告，2017）生态效益、社会效益和经济效益耦合评估的国家报告。在这一过程中，退耕还林工程生态连清评估指标不断完善，在 2013 年涵养水源、保育土壤、固碳释氧、林木积累营养物质、净化大气环境、生物多样性保护六大功能基础上，2014 年增加了森林防护功能指标，并单独评估了吸滞 TSP和 $PM_{2.5}$，2015 年、2016 年和 2017 年又在 2013 年和 2014 年的基础上增加了森林防护功能的农田防护指标，使得整个测算评估结果更具针对性和全面性。

2016 年，由中国林业科学研究院森林生态环境与保护研究所首席专家王兵研究员负责完成的《天然林资源保护工程东北、内蒙古重点国有林区效益监测国家报告（2015）》出版，该报告运用东北、内蒙古重点国有林区森林生态系统连续观测与清查体系，以东北、内蒙古重点国有林区森林资源二类调查数据和中国森林生态系统定位观测研究站网多年连续观测的数据、国家权威部门发布的公共数据为基础，采用分布式计算方法，从物质量和价值量两个方面，首次对东北、内蒙古重点国有林区天保工程实施前后及实施期间获得的森林生态效益进行了评价，对比了天保工程实施前（2000 年）和实施后（2015 年），东北、内蒙古重点国有林区生态效益总价值。

1.3.2 森林生态连清数据基础

传统的采样分析依赖于采样的绝对随机性，而实现绝对随机非常困难。采样过程中存在任何偏见，分析结果就会相差很大。另外，当人们想了解更深层次的细分领域时，随机采样的方法就不可取了。伴随着森林生态系统定位观测研究的快速发展，中国森林生态系统定位观测网络（CFERN）布局不断完善，所属森林生态站已发展到 100 多个，分布在我国典型生态区内。森林生态系统长期定位观测的尺度逐渐从站点监测走向网络化，联网观测和联网研究不断深化，加之野外观测技术的发展和先进观测设备的应用、自然生态要素与社会经济指标的结合，使森林生态系统观测数据的积累量飞速增加。例如，在《退耕还林工程生态效益监测国家报告（2013 年）》中，尽管只进行了河北、辽宁、湖北、湖南、云南、甘肃等 6 个重点监测省份的评估，已经使用了 42 个森林生态站、200 多个辅助观测点及 3000 多块样地的长期、连续、定位观测数据；国家尺度的森林生态连清监测涉及全国 100 多个森林生态站、600 多个辅助观测点、10000 多块长期固定样地，还有用于林地土壤侵蚀指标观测、不同侵蚀强度的林地土壤侵蚀模数观测样地等数据。传统的数据处理方式已不适合森林生态连清的要求，需要全新的数据处理手段。

著名计算机科学家、图灵奖得主 Jim Gray 认为，今天以及未来科学的发展趋势，是随着数据量的高速增长，计算机将不仅仅能做模拟仿真，还能进行分析总结，并得到理论。大数据分析让我们可以不采用随机分析法这样的途径，而采用所有数据的方法分析问题。随着观测能力的不断提高，森林生态系统定位观测网络通过先进的观测设备获取大量、连续、复杂多样的数据，收集数据并进行简单处理（除去漂移数据、冗余数据）的任务由森林生态站完成，再由森林生态站传至网络中心进行最终处理和存储，森林生态网络中心将这些数据感知和融合并对其进行有效地表示（宋庆丰，2015），大量的数据积累为森林生态系统服务功能评估提供了良好的数据基础。拥有大数据是开展评估工作的第一步，若实现生态观测大数据的有效表示，首先要构建科学合理的评估规范，使不同评估人员或组织的评估结果具有可比性（宋庆丰，2015）。

《森林生态系统长期定位研究标准体系》的出版，规范了森林生态站的建设标准、观测指标、观测方法，以及数据传输和数据应用等方面的内容，为实现基于大数据的森林生态系统服务功能评估提供了依据（王兵，2012）；同时，开展了森林生态系统服务功能分布式测算方法研究，研建了测算评估指标体系，将国家森林资源数据和相关统计数据进行集成与耦

合，提出了森林生态功能修正系数，集成了一整套评估公式与模型包，构建了森林生态连清技术体系。该技术体系可以与全国森林资源连清体系相耦合，成为我国观测与清查森林生态系统服务、退耕还林生态效益、绿色国民经济核算等森林生态状况的关键技术（王兵，2015；Wang Bing 等，2020）。

1.3.3 森林生态连清发展目标

森林生态连清是一项涉及林业、统计、环境、国土等诸多领域的基础性、综合性工作，其系统性强、政策面广、任务艰巨。在森林生态连清的发展过程中，需要建立一个跨学科、跨部门的高水平研究平台，保证森林生态连清野外监测数据的准确性和可靠性。目前我国已在森林生态连清野外监测平台建设、观测指标、观测方法和森林生态系统服务功能评估等方面建立了较为完善的指标体系。但是，由于森林生态系统自身的复杂性和观测数据的多样性，大尺度森林生态系统服务功能评估在野外观测、指标体系构建和数据分析等方面的耦合观测尚存在理论探索空间，实现客观、科学的评估多项生态功能还有许多工作要做。

一是实现森林资源连清与森林生态连清相耦合。随着国家对林业和生态建设的日益重视，森林资源连清和森林生态连清的地位和作用得到了不断提高。2010 年，国家林业局第七次森林资源清查系列报告《中国森林生态服务功能评估》正式出版发布，首次在森林资源连清中使用了森林生态系统服务专项评估。森林资源连清关注森林面积、森林蓄积量、木材资源，森林生态连清关注涵养水源、保育土壤、固碳释氧、森林保护、净化大气、营养物质积累、多样性保护、森林游憩，森林资源连清与森林生态连清耦合符合我国生态文明建设新思路，是创新和发展森林资源综合监测体系的需要。

二是进一步构建完善的森林生态连清野外观测体系。在森林生态连清体系构建方面，要依托全国的森林生态站，各森林生态站依据相关技术标准，规范开展联网观测研究工作；推进信息化建设，提升森林生态站网数字化、自动化、网络化水平，实现数据结果的一致性和可比性；森林生态系统服务评估指标也是不断发展的，随着森林旅游的发展，森林游憩价值加入到森林生态系统服务价值评估中，还增加濒危指数、特有种指数、古树指数、森林防护等价值评估指标，使评估指标体系更加完整。

三是建立森林生态连清大数据库。数据是森林生态系统服务评估的基础，森林生态连清的测算是一项非常庞大、复杂的系统工程。王兵等经过反复实验证明，依托全国的森林生态站，把森林生态连清数据划分成多个均质化的生态测算单元开展评估，提出了森林生态系统服务的分布式测算方法，成为目前评估森林生态系统服务的科学有效方法。今后将会更多地扩大辅助观测点和长期固定样地数量，实现各生态工程（如退耕还林工程、天然林资源保护工程）已有观测点和样地的联网观测，对全国所有森林生态站的野外观测数据进行整合分析，实现对不同气候带和森林植被类型观测数据的一致性和可比性。

1.4 森林生态连清价值化实现路径

生态产品价值实现的实质就是将生态产品的使用价值转化为交换价值的过程。张林波等（2020）在对国内外生态文明建设实践调研的基础上，从生态产品使用价值的交换主体、交换载体、交换机制等角度，归纳形成 8 大类 22 小类生态产品价值实现的实践模式或路径。王兵等（2020）结合森林生态系统服务评估实践，将森林生态系统的 9 项功能类别与 8 大类实现路径，根据功能与服务转化率高低，建立了森林生态连清价值化实现路径可行性关系（图 1-1），并以具体研究案例对森林生态系统服务价值化实现路径（可分为就地实现和迁地实现）进行了分析。

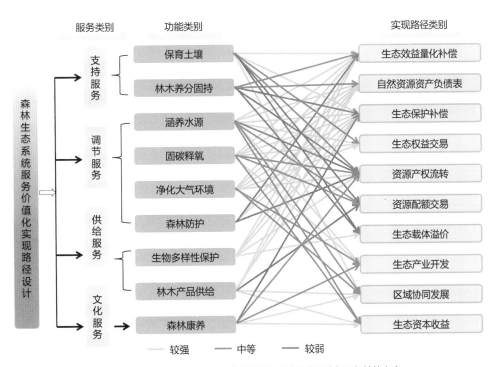

不同颜色代表了功能与服务转化率的高低和价值化实现路径可行性的大小

图 1-1　森林生态系统服务价值化实现路径设计

1.4.1 森林生态效益精准量化补偿实现路径

森林生态效益科学量化补偿是基于人类发展指数的多功能定量化补偿，结合了森林生态系统服务和人类福祉的其他相关关系，并符合不同行政单元财政支付能力的一种给予森林生态系统服务提供者的奖励。探索开展生态产品价值计量，是推动横向生态补偿逐步由单一生态要素向多生态要素转变，丰富生态补偿方式，加快探索"绿水青山就是金山银山"的多种现实转化路径。例如，内蒙古大兴安岭林区森林生态系统服务功能评估利用人类发展指数，从森林生态效益多功能定量化补偿方面进行了研究，计算得出森林生态效益定量化补偿系数、财政相对能力补偿指数、补偿总量及补偿额度。据测算，内蒙古大兴安岭森林生态效益多功能生态效益补偿额度为 232.80 元 /（公顷·年），为政策性补偿额度（平均每年每公顷 75 元）的 3 倍。由于不同优势树种（组）的生态系统服务存在差异，在生态效益补偿上也应体现出差别，内蒙古大兴安岭林区主要优势树种（组）生态效益补偿分配系数介于 0.07%～46.10%，补偿额度最高的为枫桦 303.53 元 / 公顷（王兵等，2020）。

1.4.2 自然资源资产负债表编制实现路径

目前，我国正大力推进自然资源资产负债表编制工作，这是政府对资源节约利用和生态环境保护的重要决策。根据国内外研究成果，自然资源资产负债表包括 3 个账户，分别为一般资产账户、森林资源资产账户和森林生态系统服务账户。内蒙古自治区为客观反映森林资源资产的变化，先行先试编制森林资源资产负债表，并在编制过程中探索出了森林资源资产负债表实现路径，还创新了财务管理系统管理森林资源，使资产、负债和所有者权益的恒等关系一目了然。以翁牛特旗高家梁乡、桥头镇和亿合公镇 3 个林场为试点的自然资源价值量分别为 5.4 亿元、4.9 亿元和 4.3 亿元，3 个试点林场生态服务功能总价值为 11.2 亿元，林地和林木的总价值为 3.4 亿元（梅清等，2015；吴兆喆等，2015a，2015b，2015c）。

1.4.3 生态载体溢价价值化实现路径

（1）退耕还林工程生态环境保护补偿与生态载体溢价价值化实现路径。1999 年国家在四川、陕西、甘肃 3 省份率先开展了退耕还林试点，工程实施 20 多年来因地制宜地造林种草恢复植被，区域生态环境得到显著改善。退耕还林工程价值化的实现包括生态环境保护补偿和生态载体溢价价值两部分：一是通过政府或相关组织机构从社会公共利益出发向生产供给公共性生态产品的区域或生态资源产权人支付的生态保护劳动价值或限制发展机会成本实现生态保护价值补偿。退耕还林工程实施以来，退耕农户通过政策补助户均直接收益达 9800 多元，占退耕农民人均纯收入的 10%，集中连片特困地区的农户总数的 30.54%（截至 2017 年年底）参与了退耕还林工程；二是在退耕还林工程直接生态补偿的同时实现退耕还林工程生态产品的溢价。新一轮退耕还林工程不限定生态林和经济林比例，农户根据自己意愿选择树种，实现生态建设与产业建设协调发展，奠定了农民以林脱贫的资源基础，中央和地方财政安排专项资金购买生态服务或劳务，实现退耕农民以林就业，提高退耕农民经济增收；依托退耕还林工程发展林下经济、中草药和森林旅游等，2017 年集中连片特困地区监测县的森林旅游收入达到 3471 亿元（国家林业和草原局，2019）。退耕还林工程既是生态修复的"主战场"，也是国家扶贫攻坚的"主战场"，在全面打赢脱贫攻坚战中承担了重要职责，发挥了重要作用，产生了明显的社会和经济效益（王兵等，2020）。

（2）植被恢复区生态服务生态载体溢价价值化实现路径。王兵等（2020）以山东省原山林场为例，对植被恢复区生态服务生态载体溢价价值化实现路径进行了说明。原山林场通过开展植树造林、绿化荒山的生态修复工程，使原山林场经营面积由 1996 年的 2706.67 公顷增加到 2014 年的 2933.33 公顷，活立木蓄积量由 8.07 万立方米增长到了 19.74 万立方米，森林覆盖率由 82.39% 增加到 94.4%。原山林场森林生态系统服务总价值量为 18948.04 万元／年，其中森林康养功能价值量最大，占总价值量的 31.62%（孙建博等，2020）。森林康养价值实现路径是就地实现，目前原山林场尝试了生态载体溢价的生态服务价值化实现路径（旅游地产业），通过改善区域生态环境增加生态产品供给能力，带动区域土地房产增值。另外，依托在植被恢复过程中凝聚出来的"原山精神"，促进了文化产业的发展，在原山林场森林康养功能基础上实现了生态载体溢价。原山林场以多种形式开展的"场外造林"活动，提升造林区域生态环境质量，结合自身成功的经营理念，更大限度地实现生态载体溢价的生态服务价值化。

1.4.4　重要生态功能价值化实现路径

（1）"绿色水库"功能区域协同发展价值化实现路径。区域协同发展是指公共性生态产品的受益区域与供给区域之间通过经济、社会或科技等方面合作实现生态产品价值的模式，是有效实现重点生态功能区主体功能定位的重要模式（王兵等，2013）。例如，潮白河发源于河北省承德市丰宁县和张家口市沽源县，经密云水库的泄水分两股进入潮白河系，一股供天津生活用水，一股经京密引水渠、怀柔水库流入北京市区，是北京重要水源之一。根据《北京市水资源公报（2015）》，北京市 2015 年对潮白河的截流量为 2.21 亿立方米，占北京当年用水量（38.2 亿立方米）的 5.79%。同年，张承地区潮白河流域森林涵养水源的"绿色水库"功能为 5.28 亿立方米，北京市实际利用潮白河流域森林涵养水源量占其"绿色水库"功能的 41.86%。作为京津地区的生态屏障，张承地区森林生态系统对京津地区水资源安全起到了非常重要的作用。森林涵养的水源通过潮白河、滦河等河流进入京津地区，缓解了京津地区水资源压力。京津地区作为水资源生态产品的下游受益区，应该在下游受益区建立京津－张承协作共建产业园，这种异地协同发展模式不仅保障了上游水资源生态产品的持续供给，同时为上游地区提供了资金和财政收入，有效地减少了上游地区土地开发强度和人口规模，实现了上游重点生态功能区定位。

（2）净化水质功能资源产权流转价值化实现路径。资源产权流转模式是指具有明确产权的生态资源通过所有权、使用权、经营权、收益权等产权流转实现生态产品价值增值的过程，实现价值的生态产品既可以是公共性生态产品，也可以是经营性生态产品（王兵等，2013）。吉林省长白山森工集团在全面停止天然林商业性采伐后，面临着巨大的转型压力，但其森林生态系统服务是巨大的，尤其是在净化水质方面，其优质的水资源已经被人们所关注。森工集团天然林涵养水源量为48.75亿立方米/年（国家林业局，2016），这部分水资源大部分会以地表径流的方式流出森林生态系统，其余的以入渗的方式补给了地下水，之后再以泉水的方式涌出地表，成为优质的水资源。农夫山泉在全国有7个水源地，其中之一便位于吉林长白山。吉林森工集团自有矿泉水品牌——泉阳泉，水源也全部来自长白山。据统计，农夫山泉和泉阳泉年平均灌装矿泉水量为299.88万吨，仅占长白山林区多年平均地下水天然补给量的0.41%，经济效益就达到了81.79亿元/年。这种以资源产权流转模式的价值化实现路径，能够进一步推进森林资源的优化管理，也利于生态保护目标的实现。由于这些产品绝大部分是在长白山地区以外实现的价值，则其价值化实现路径属于迁地实现。

（3）"绿色碳库"功能生态权益交易价值化实现路径。生态权益交易是指生产消费关系较为明确的生态系统服务权益、污染排放权益和资源开发权益的产权人和受益人之间直接通过一定程度的市场化机制实现生态产品价值的模式，是公共性生态产品在满足特定条件成为生态商品后直接通过市场化机制方式实现价值的唯一模式（张林波等，2019）。森林生态系统通过"绿色碳汇"功能吸收固定空气中的二氧化碳，可起到弹性减排的作用，减轻工业碳减排的压力。广西壮族自治区森林生态系统年固定二氧化碳量1.79亿吨，同期工业二氧化碳排放量1.55亿吨，广西壮族自治区工业排放的二氧化碳可以完全被森林所吸收，其生态系统服务转化率达到了100%，实现了二氧化碳零排放，固碳功能价值化实现路径则完成了就地实现路径，功能与服务转化率达到了100%。而其他多余的森林碳汇量可为华南地区周边提供碳汇功能，两省（自治区）之间可以采用生态权益交易中的污染排放权益模式，将森林生态系统"绿色碳库"功能以碳封存的方式进行市场交易，用于企业的碳排放权购买，实现优势互补。广西壮族自治区政府以利用工业手段捕集二氧化碳成本200～300元/吨计（葛慧等，2020），每年仅森林生态系统"绿色碳库"功能价值量将达358亿～537亿元。

（4）森林康养功能生态产业开发价值化实现路径。生态产业开发是经营性生态产品通过市场机制实现交换价值的模式，是生态资源作为生产要素投入经济生产活动的生态产业化过程，是市场化程度最高的生态产品价值实现方式。生态产业开发的关键是认识和发现生态资源的独特经济价值，提高产品的"生态"溢价率和附加值（张林波等，2020）。"森林康养"是利用特定森林环境、生态资源及产品，配备相应的养生休闲及医疗、康体服务设施，开展以修养身心、调适机能、延缓衰老为目的的森林游憩、度假、疗养、保健、休闲、养老等活动的统称。从森林生态系统长期定位研究的视角切入，与生态康养相融合开展的五大连池森林氧吧监测与生态康养研究，依照景点位置、植被典型性、生态环境质量等因素，将五大连池风景区划分为5个一级生态康养功能区划，指导五大连池风景区管委会以生态康养功能区划为目标，充分利用氧吧、泉水、地磁等独特资源，大力推进五大连池森林生态康养生态产业开发，提高产品的"生态"溢价率和附加值（牛香等，2020）。

1.5 国家林草生态综合监测评价

随着国家对林业和生态建设的日益重视，森林生态连清的地位和作用得到了不断提高。2021 年 6 月，国家林业和草原局为了进一步掌握国家林草生态状况，用系统观念推进山水林田湖草沙综合治理、实施碳达峰碳中和战略和推动林草工作高质量发展，正式启动国家林草生态综合监测评价。国家林草生态综合监测评价是按照《自然资源调查监测体系构建总体方案》框架，以国土"三调"数据为底版，融合森林、草原、湿地、荒漠及以国家公园为主体的自然保护地体系等监测数据，构建涵盖各类林草资源信息的综合监测图斑本底，集成遥感技术为核心的图斑全覆盖监测和基于国家森林资源连续清查 41.5 万个样地连续清查技术为核心的抽样监测，结合生态定位观测的综合监测评价体系。目的是查清全国和各省林草资源的种类、数量、质量、结构、分布，掌握年度消长动态变化情况，分析评价林草生态系统状况、功能效益以及演替规律和发展趋势，为制定和调整林草资源监督管理和生态系统保护修复的方针政策，支撑林长制督查考核、碳达峰碳中和战略，编制林草发展规划、国民经济与社会发展规划等提供科学依据。

国家林草生态综合监测评价工作方案明确指出："要综合利用生态系统定位观测结果和林草监测评价结果，协助开展生态服务功能综合评价"。在国家林草生态综合监测体系中，森林生态系统定位观测研究站（网）是开展森林生态系统服务功能综合评价的重要平台，森林生态连清技术能够为森林生态功能参数的监测，提供完善的野外观测指标、观测方法和森林生态系统服务功能评估等指标体系，保证林草生态功能参数的准确性和可靠性。2021 年 10 月，为进一步落实国家林草生态综合监测评价工作，提升生态系统状况监测和评价分析能力，国家林业和草原局在广西桂林发布"国家林草生态综合监测站"遴选名单，全国 40 个野外科学观测研究站成功入选。国家林草生态综合监测站（网）的建立，有利于科学准确地评估我国森林生态系统服务功能，有利于实现林草生态监测数据统一采集、统一处理、综合评价，形成统一时点的林草生态综合监测评价成果，支撑林草生态网络感知系统，服务林草资源监管、林长制督查考核以及碳达峰碳中和战略。

本章小结

森林生态系统为人类提供赖以生存的产品和服务，也是社会经济发展的基础，对这些服务功能效益的科学评估，是当前世界各国研究的一项重要课题。本章通过回顾国内外森林资源清查体系的发展历程，详尽地阐释了我国森林生态连清技术提出的背景、发展过程、发展目标及其价值化实现路径。森林生态连清的提出，是满足国家生态文明建设需求和森林资源清查体系监测内容拓展的必然结果。

第 2 章
东北地区森林生态连清技术体系架构

由于森林生态系统结构复杂，涉及森林类型较多，之前国内外尚无法做到将森林生态系统服务测算精确到不同林分类型、不同林龄组及起源；同时，测算使用的观测数据还不够全面和完善，观测指标体系也不统一，尺度转化问题还没有得到彻底解决，难以集成全国范围的数据。针对这些问题，王兵研究员带领的研究团队构建了一个基于多尺度、多数据源耦合、依据国家标准的森林生态连清框架，东北地区森林生态连清技术体系架构也基于该框架（图 2-1）。

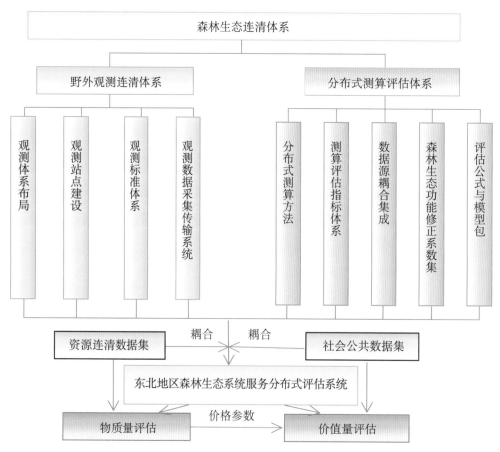

图 2-1　东北地区森林生态连清技术体系架构

2.1 森林生态连清技术体系构建原则

森林生态连清技术体系是由森林生态系统长期定位观测研究领域内具有一定内在联系的标准组成的科学有机整体。这种内在联系是客观存在的，体现了标准与标准之间相互依存、相互制约、相互衔接、相互补充的关系。应用统一、简化、选优和协调等标准化的基本原理，使森林生态连清技术体系的总体功能最佳。所用的指标要有科学依据，同时要易于监测，计算简便，具有较强的可行性，这样的技术体系才有可能在实践中广泛应用。森林生态连清技术体系构建遵循了一些原则。

2.1.1 系统性

在一个标准体系中，标准的效应除了直接产生于各个标准自身之外，还要体现构成标准体系的标准集合之间的相互作用。构成标准体系的各标准并不是独立的要素，标准之间相互联系、相互作用、相互约束、相互补充，从而构成一个完整的统一体，才能充分发挥标准的作用（丁访军，2011），森林生态连清技术体系是由野外观测连清体系和分布式测算评估体系所构成的具有内在联系的有机整体。森林生态系统是以乔木为主体的生物群落（包括植物、动物和微生物）及其非生物环境（光、热、水、气、土壤等）综合组成的生态系统，森林生态连清要坚持全局意识、整体观念，各指标之间要有一定的逻辑关系，它们不但要从不同侧面反映出生物群落和非生物环境各个子系统的主要特征和状态，而且还要反映生物群落与非生物环境之间的内在联系。

2.1.2 稳定性

森林生态连清技术体系以国家现有森林生态站为依托，采用长期定位观测技术和分布式测算方法实现。所有生态站要严格按照《森林生态系统长期定位观测研究站建设规范》（GB/T 40053—2021）建设，各生态站按照《森林生态系统长期定位观测指标体系》（GB/T 35377—2017）规定的统一指标和《森林生态系统长期定位观测方法》（GB/T 33027—2016）规定的监测方法开展森林生态连清的野外观测工作，数据管理严格执行《森林生态系统定位站数据管理规范》（LY/T 1872—2010）。保证森林生态连清指标体系所选定指标的稳定性，保证不同生态站观测获取的观测数据具有一致性和可比性。

2.1.3 科学性

森林生态连清是一个长期过程，在这个观测过程中，生态系统服务功能的判断指标会随着时间、技术的变化而不断变化。只有在充分了解森林生态连清客观需求基础上，利用科学的理论和方法构建的技术体系，才能客观反映实际需求和发展趋势，才有科学意义。同时森林生态连清随着科学发展、技术进步以及管理规范而不断创新，客观上要求技术体系也要不断地更新和充实，以保证标准体系的科学性。

2.1.4 连续性

连续性原则包含时间和空间的连续性。由于森林生态连清是一项长期的观测任务，因此要求数据采集时间上连续，且全国各森林生态站数据采集频率一致。森林生态连清的空间连续性则突出体现在全国各生态站的分布上，目前仅国家林业和草原局正式批准的森林生态站已超过 100 个，CFERN 已经成为全球范围内国家尺度上单一生态系统类型数量规模最大、布局最规范、标准化程度最高的生态系统观测网络。

2.1.5 可扩展性

森林生态连清技术体系构建成功后并不是一成不变的。为保证技术体系的有效性，需要开展持续的拓展和优化工作。仅就观测指标而言，在大多数情况下只是森林生态系统服务功能的物质量、价值量或某一方面功能的反映，具有一定的先进性。但随着生态环境各方面情况的变化，森林生态系统服务功能评判标准、评判内容或功能内涵的改变都要求增加或减少相关指标，这就要求对指标进行必要的扩展与优化，包括修改、修订、增加、废止等。而对于社会发展进步过程中出现的森林生态系统服务的新功能、新内涵等，要及时制定指标进行监测。

2.1.6 可操作性

应用统一、简化、选优和协调等标准化的基本原理，使森林生态连清技术体系的总体功能最佳。所用的技术指标要有科学依据，同时要容易监测，计算简单，具有技术和经济可行性，这样的技术指标体系和标准才能在实践中推广应用。

2.2 野外观测连清体系

2.2.1 观测体系布局

森林生态站的野外观测是森林生态连清体系构建的重要基础。单独的野外观测台站虽然可以在时间尺度上达到目标，但是无法完成空间尺度的工作，所以需要森林生态系统长期定位观测网络作为森林生态系统长期定位观测的平台。根据研究区域的气候、地形、森林特点，划分为相对均质的区域，完成每个区域内森林生态站布局，从而构建森林生态系统长期定位观测网络，为完成大尺度森林生态系统长期定位观测和森林生态系统服务功能评价提供重要保障。

中国林业科学研究院王兵研究员带领的研究团队，将温度和水分指标图层和中国森林分区图层进行 GIS 空间叠置，采用合并面积指数（MCI）判断区域的相对均质性和破碎性，将不符合条件的区域、不具备作为单独区域进行森林生态系统长期定位观测的条件去掉，形成森林台站布局相对均质区域，作为森林生态站的监测范围，获得中国森林生态站布局区划；在此基础上，选取重点生态功能区、生物多样性保护优先区进行 GIS 空间叠置分析，提取森林生态功能类型，空间合并相同属性后获取中国生态功能区，在不同生态功能类型功能区的内部中心点布设森林生态站。根据温度、水分、森林分区指标，基于 GIS 进行空间叠置分析，共生成 147 个有效分区；每个分区至少布设 1 个森林生态站，全国共规划森林生态站 190 个，代表了中国 94 个森林生态地理区，覆盖全国 89.29% 的森林面积、62.87% 的生物多样性优先保护区、72.98% 的重点生态功能区。通过 MSN 模型对规划森林生态系统长期定位观测网络进行评估，其估计误差比原有网络降低 82%。这些森林生态站可以满足国家森林生态连清和科学研究需求（郭慧，2014）。

东北地区森林生态连清观测布局包含 3 个气候区（寒温带、中温带、暖温带）的 6 种地带性森林类型，规划布局森林生态站 34 个，具体如下：

（1）寒温带湿润地区：包括大兴安岭北部地区、伊勒呼里山地北坡。寒温带湿润地区根据其立地条件分为大兴安岭北部东坡和西坡、伊勒呼里山地北坡东部和西部地区 4 部分。区内规划建设森林生态站 4 个，包含有生物多样性保护优先区和水源涵养生态功能区。

（2）中温带湿润地区：包括部分大兴安岭北部东坡、三江平原东部、南部和西部地区、松嫩平原东部地区、小兴安岭地区。区内全年气温偏低，四季分明，是典型温带气候。区内降水量不大，但是蒸发量也比较小，属于湿润地区。区内规划建设森林生态站 19 个，包含生物多样性保护和水源涵养生态功能区。

（3）中温带半湿润地区：包括大兴安岭北部东坡和西坡南部地区，辽河平原东北部、辽河下游平原、松嫩平原中部和西部地区。本区降水量不大，蒸发量较大，为中温带半湿润地区。区内以平原为主，规划建设森林生态站 7 个，包含生物多样性保护和水源涵养生态功能区。

（4）中温带半干旱地区：包括大兴安岭南部和辽河平原西北部。区内规划建设森林生态站 2 个，北部有小面积的生物多样性保护生态功能区，南部主要为防风固沙生态功能区。

（5）暖温带湿润地区：包括辽东半岛地区。该区域位于渤海湾地区，受海洋季风影响，气候温暖湿润。区内布局森林生态站 1 个。该区人类活动密集，无生态功能区。

（6）暖温带半湿润地区：包括辽东半岛、辽河平原地区。该区具有华北大陆性气候特点，水热条件较好，以华北植物区系为主。该区域中包括较多区划，东北地区布局森林生态站 1 个。

2.2.2 观测站点建设

森林生态连清观测站点应按照《森林生态系统长期定位观测研究站建设规范》（GB/T

40053—2021）进行建设。该标准规定了森林生态站建设功能区划和森林生态站站址建设；规定了森林生态系统水文要素观测设施（包括蒸散量观测场、水量空间分配格局观测场、配对集水区与嵌套式流域观测场）、森林生态系统土壤要素观测设施、（包括土壤理化性质观测场、土壤有机碳储量观测场、土壤呼吸观测场、土壤酶活性及微生物观测场、根际微生态区观测场、冻土和降雪观测场）、森林生态系统气象要素观测设施（包括常规气象观测场、森林小气候观测场、微气象法碳通量观测场、温室气体观测场、大气干湿沉降观测场、负离子及痕量气体观测场）、森林生态系统生物要素观测设施（包括长期固定样地观测场、物候观测场、植被层碳储量观测场、凋落物与粗木质残体观测场、树木年轮观测场）和森林生态系统其他要素观测设施（包括氮循环观测场、重金属观测场、森林调控环境空气质量观测场）的建设；规定了包括数据传输设备、数据处理和分析设备的技术指标和购置数量等数据管理与存储、数据传输设备的建设内容；规定了森林生态站仪器设备建设的优先级。

　　每个森林生态站都配有功能用房和辅助用房，主要有综合实验楼，包括数据分析室、资料室、化学分析实验室等；也包括观测用车、观测区道路、供水设施、供电设施、供暖设施、通信设施、标识牌、综合实验楼周围围墙、宽带网络等方面的辅助设施。

　　每个森林生态站都建有地面气象观测场、林内气象观测场、测流堰、水量平衡场、坡面径流场、长期固定标准地、综合观测塔等基础观测设施，部分森林生态站建有碳通量观测系统等森林大气成分观测设施，有些站将通量系统与小气候观测系统结合起来形成综合观测塔，安装有开路和闭路通量观测系统和大口径闪烁仪等。

　　目前全国森林生态站建立的长期固定样地有 10000 多个。这些样地主要用于与森林生态连清有关的生物因子的测定，也有样地（300 米 ×900 米）主要用于林地土壤侵蚀指标的观测、不同侵蚀强度林地土壤侵蚀模数的观测，以及用于生物多样性动态变化长期定位观测的大样地（1 ~ 6 公顷）等。为了保证各森林生态站观测数据的质量和可比性，各森林生态站统一按照《森林生态系统长期定位观测指标体系》（GB/T 35377—2017）观测需要配置基础设施和仪器设备。

2.2.3 观测标准体系

　　观测标准体系是森林生态连清的基本遵循。为完成森林生态连清的技术体系建设，王兵等从 21 世纪初开始研究森林生态系统野外观测标准，2003 年制定并发布了林业行业标准《森林生态系统定位观测指标体系》（LY/T 1606—2003）（王兵等，2010）。此后，根据气候带和不同区域的特点，又制定并颁布了《寒温带森林生态系统定位观测指标体系》（LY/T 1722—2008）（国家林业局，2008）、《暖温带森林生态系统定位观测指标体系》（LY/T 1689—2007）（国家林业局，2007）、《热带森林生态系统定位观测指标体系》（LY/T 1687—2007）（国家林业局，2007）、《干旱半干旱区森林生态系统定位观测指标体系》（LY/T

1688—2007）（国家林业局，2007）4 个林业行业标准和国家标准《森林生态系统定位观测指标体系》（GB/T 35377—2017）。一系列标准的发布实施，为指导全国森林生态连清工作提供了技术规范，使森林生态连清在观测内容方面得到了统一，为全国森林生态连清工作奠定了坚实的基础。

森林生态连清观测指标体系的形成过程首先是选择主导的生态因子，即根据森林生态连清的目标、内容和特点，分析提取生态因子，对所提出的生态因子进行归类合并，划分层次和模块，进行逐层逐模块观测；其次是根据系统性、科学性、可操作性原则，对初步拟定的指标进行筛选和精简，提出反映其本质内涵的指标（王兵等，2012）；第三，采用专家咨询法和频度分析法，按照水、土、气、生和其他等生态要素，形成由具有相互内在联系的 5 大子系统所构成的生态因子定位观测指标体系。

森林生态连清指标体系采用三级分层式结构设计。将观测指标体系分为气象常规指标、森林土壤的理化指标、森林生态系统的健康与可持续发展指标、森林水文指标和森林群落学特征指标等，也可区分为水、土、气、生和其他 5 大类指标；将每一大类指标划分为多个指标类别，每一指标类别中又包含若干观测指标，最终形成 5 大类 27 项指标类别和近 200 项观测指标，这些观测指标结合不同林分类型、森林起源、林龄组、立地条件等，可获得大量观测数据（图 2-2）。

图 2-2　东北地区森林生态连清指标体系

2.2.4　观测数据采集传输

长期、连续的野外观测数据是实现森林生态连清的重要支撑。森林生态系统的变化是一个长期复杂的过程，为了加强管理，实现数据资源共享，国家林业和草原局发布了林业行业标准《森林生态系统定位站数据管理规范》（LY/T 1872—2010）（国家林业局，2010）和《森林生态站数字化建设技术规范》（LY/T 1873—2010）（国家林业局，2010），对森林生态站各种数据的采集、传输、整理、计算、存档、质量控制、共享等进行了规范。按统一标准进行观测数据的数字化采集和管理，实现了森林生态连清观测数据的自动化、数字化、网络化、智能化和可视化，提升了森林生态站的数字化观测水平和数据质量。伴随云计算、物联网、大数据、移动互联网等新一代数据存贮、传输技术的应用，切实提高了森林生态站观测数据的时效性和信息的共享性，为全国森林生态站联网观测奠定了坚实基础（王兵等，2006）。

为保证森林生态连清观测数据的规范采集及传输，《森林生态系统定位站数据管理规范》（LY/T 1872—2010）对数据管理机构、数据管理方式、数据质量管理、数据安全管理都进行了明确的规定，明确了森林生态站信息管理系统主要的3项基本功能，即数据采集、管理（包括维护及更新）和输出。标准中数据采集窗口由站点信息、科研信息、人员信息、观测数据信息4部分组成，建立了40多个规范化表格，并通过《森林生态站数字化建设技术规范》（LY/T 1873—2010），对数字化观测和采集设备、数字化传输设备、数据处理和分析设备等数字化森林生态站基础设施进行了详细规范，为全国森林生态连清提供了数据采集及传输的基本保障。

2.3 分布式测算评估体系

2.3.1 测算评估指标体系

森林生态系统是陆地生态系统的主体，其生态服务体现于生态系统和生态过程所形成的有利于人类生存与发展的生态环境条件与效用。观测评估指标体系是真实反映森林生态系统服务效果的必要条件。测算评估指标体系由涵养水源、保育土壤、固碳释氧、林木养分固持、净化大气环境、森林防护、生物多样性和森林康养等8项主要功能的14个指标组成。通过总结近年的工作及研究经验，测算评估指标体系不断完善。东北地区森林生态连清测算评估指标体系严格按照国家标准《森林生态系统服务功能评估规范》（GB/T 38582—2020）建立评估体系，如图2-3。

图 2-3　东北地区森林生态连清测算评估指标体系

2.3.2 分布式测算方法

　　分布式测算源于计算机科学，是研究如何把一项整体复杂的问题分割成相对独立运算的单元，并将这些单元分配给多个计算机进行处理，最后将计算结果综合起来，统一合并得出结论的一种科学计算方法（Niu 等，2014）。分布式测算已被用于使用世界各地成千上万位志愿者计算机的闲置计算能力，来解决复杂的数学问题。分布式计算成为一种廉价、高效、维护便捷的计算方法。

　　森林生态连清的测算是一项非常庞大、复杂的系统工程，很适合划分成多个均质化的生态测算单元开展评估（Niu 等，2013）。分布式测算方法是目前评估森林生态系统服务功能所采用的较为科学有效的方法，全国森林生态系统服务评估结果表明，分布式测算方法能够保证结果的准确性及可靠性（牛香，2012）。东北地区森林生态连清分布式测算方法是将东北地区按照省级行政区划分为4个一级测算单元；每个一级测算单元按照优势树种组划分成23个二级测算单元；每个二级测算单元再按照起源分为天然林和人工林2个三级测算单元；每个三级测算单元按照林龄组划分为幼龄林、中龄林、近熟林、成熟林、过熟林5个四级测算单元，再结合不同立地条件的对比观测，最终确定若干相对均质化的森林生态连清数据汇总单元（图2-4）。基于生态系统尺度的定位实测数据，运用遥感反演、模型模拟等技术手段，进行由点到面的数据尺度转换。将点上实测数据转换至面上，得到森林生态连清汇总单元的测算数据，将以上相对均质化的单元数据进行累加即为汇总结果。

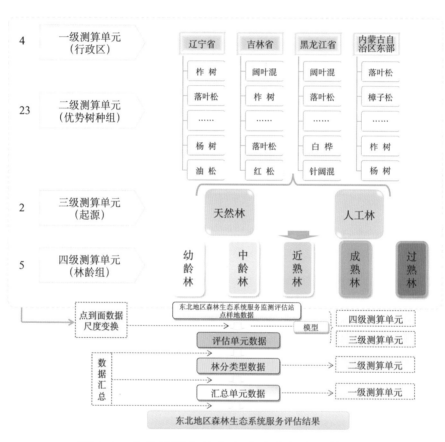

图2-4　东北地区森林生态连清分布式测算方法

2.3.3 数据源耦合集成

　　森林生态连清体系数据源主要包括国家林业和草原局森林资源连续清查数据、森林生态站实测的森林生态连清数据和权威机构公布的社会公共资源数据等三大类。其中，森林资源连续清查提供的数据主要有林分面积、林分蓄积年增长量及林分采伐消耗量；社会公共资源数据包括我国统计、物价等权威机构公布的各种统计年鉴、公报等社会公共数据，如水质净化费用、排污收费标准等。

　　（1）森林生态连清数据集。数据来源于东北地区及其周边分布的森林生态站、辅助观测点以及研究样地，依据《森林生态系统定位观测指标体系》（GB/T 35377—2017）和《森林生态系统长期定位观测方法》（GB/T 33027—2016）进行观测的森林生态连清数据。

（2）森林资源连清数据集。主要依靠国家林业和草原局、黑龙江省、吉林省、辽宁省和内蒙古自治区森林资源清查结果。

（3）社会公共数据集。来自我国权威机构公布的社会公共数据，包括《中国水利年鉴》、中国农业信息网（http://www.agri.cn/）、国家卫生健康委员会网站、国家发展改革委发布的《排污征收标准及计算方法》等。

将上述 3 类数据源有机地耦合集成（图 2-5），应用于一系列的评估公式中，最终获得东北地区森林生态系统服务评估结果。

图 2-5　森林生态连清测算评估数据源耦合集成

2.3.4 森林生态功能修正系数

在野外数据观测中，研究人员仅能够得到观测站点附近的实测生态数据，对于无法实地观测到的数据，需要一种方法对已经获得的参数进行修正，因此引入了森林生态功能修正系数（Forest Ecological Function Correction Coefficient，简称 FEF-CC）。FEF-CC 指评估林分生物量和实测林分生物量的比值，它反映森林生态系统服务评估区域森林的生态质量状况，还可以通过森林生态功能的变化修正森林生态服务的变化。

森林生态系统服务价值的合理测算对绿色国民经济核算具有重要意义，社会进步程度、经济发展水平、森林资源质量等对森林生态系统服务均会产生一定影响，而森林自身结构和功能状况则是体现森林生态系统服务可持续发展的基本前提。"修正"作为一种状态，表明系统各要素之间具有相对"融洽"的关系。当用现有的野外实测值不能代表同一生态单元同一目标优势树种组的结构或功能时，就需要采用森林生态功能修正系数客观地从生态学精度的角度反映同一优势树种组在同一区域的真实差异。其理论公式：

$$FEF-CC = \frac{B_e}{B_o} = \frac{BEF \cdot V}{B_o}$$

式中：FEF-CC——森林生态功能修正系数；

B_e——评估林分的生物量（千克／立方米）；

B_o——实测林分的生物量（千克／立方米）；

BEF——蓄积量与生物量的转换因子；

V——评估林分的蓄积量（立方米）。

实测林分的生物量可以通过森林生态连清手段获取，而评估林分的生物量在森林资源连续清查中还没有完全统计。因此，通过森林生态功能修正系数以及实测林分的生物量来计算评估林分的生物量（方精云等，1996；Fang 等，2001）。

2.3.5 贴现率

在东北地区森林生态系统服务功能价值量评估中，由物质量转价值量时，部分价格参数并非评估年价格参数，因此需要使用贴现率（Discount Rate）将非评估年价格参数换算为评估年份价格参数以计算各项功能价值量的现价。

森林生态系统服务功能价值量评估中所使用的贴现率指将未来现金收益折合成现在收益的比率。贴现率是一种存贷款均衡利率，利率的大小，主要根据金融市场利率来决定，其计算公式如下：

$$t = (D_r + L_r) / 2$$

式中：t——存贷款均衡利率（%）；

D_r——银行的平均存款利率（%）；

L_r——银行的平均贷款利率（%）。

贴现率利用存贷款均衡利率，将非评估年份价格参数，逐年贴现至评估年的价格参数。贴现率的计算公式如下：

$$d = (1 + t_{n+1})(1 + t_{n+2}) \cdots (1 + t_m)$$

式中：d——贴现率；

t——存贷款均衡利率（%）；

n——价格参数可获得年份（年）；

m——评估年年份（年）。

2.3.6 核算公式与模型包

森林生态连清核算公式和模型包随着评估内容的不同有所变化，东北地区森林生态连清技术体系的构建和东北地区森林生态 GDP 核算，依据《森林生态系统服务功能评估规范》（GB/T 38582—2020）开展，为全国森林生态连清、生态 GDP 核算和森林生态效益科学化补偿提供基础数据和科学依据。

2.3.6.1 保育土壤功能

森林凭借庞大的树冠、深厚的枯枝落叶层及强壮且成网络的根系截留大气降水，减少或避免雨滴对土壤表层的直接冲击，有效地固持土体，降低了地表径流对土壤的冲蚀，使土壤流失量大大降低。而且森林的生长发育及其代谢产物不断对土壤产生物理及化学影响，参与土体内部的能量转换与物质循环，使土壤肥力提高，森林是土壤养分的主要来源之一。森林生态系统保育土壤功能选用固土和保肥 2 个指标，以反映森林保育土壤功能。

（1）固土指标。

① 年固土量。林分年固土量公式：

$$G_{固土}=A \cdot (X_2-X_1) \cdot F$$

式中：$G_{固土}$——林分年固土量（吨 / 年）；

　　　X_1——有林地土壤侵蚀模数 [吨 /（公顷·年）]；

　　　X_2——无林地土壤侵蚀模数 [吨 /（公顷·年）]；

　　　A——林分面积（公顷）；

　　　F——森林生态功能修正系数。

② 年固土价值。由于土壤侵蚀流失的泥沙淤积于水库后减少了水库蓄水容量，根据蓄水成本（替代工程法）计算林分年固土价值，公式如下：

$$U_{固土}=A \cdot C_土 \cdot (X_2-X_1) \cdot F \cdot d/\rho$$

式中：$U_{固土}$——实测林分年固土价值（元 / 年）；

　　　X_1——有林地土壤侵蚀模数 [吨 /（公顷·年）]；

　　　X_2——无林地土壤侵蚀模数 [吨 /（公顷·年）]；

　　　$C_土$——挖取和运输单位体积土方所需费用（元 / 立方米）；

　　　ρ——土壤容重（克 / 立方厘米）；

A——林分面积（公顷）；

F——森林生态功能修正系数；

d——贴现率。

（2）保肥指标。林木根系可以改善土壤结构、孔隙度和通透性等物理性状，有助于土壤形成团粒结构。在养分循环过程中，枯枝落叶层减小了降水的冲刷和径流，增加土壤有机质、营养物质（氮、磷、钾等）和土壤碳库的积累，提高土壤肥力，起到保肥的作用。同时，土壤侵蚀带走大量的土壤营养物质，根据氮、磷、钾等养分含量和森林减少的土壤损失量，可以估算出森林每年减少的养分损失量。因土壤侵蚀造成了氮、磷、钾大量损失，使土壤肥力下降，通过计算年固土量中氮、磷、钾的数量，再换算为化肥即为森林年保肥价值。

①年保肥量。林分年保肥量计算公式：

$$G_氮 = A \cdot N \cdot (X_2 - X_1) \cdot F$$

$$G_磷 = A \cdot P \cdot (X_2 - X_1) \cdot F$$

$$G_钾 = A \cdot K \cdot (X_2 - X_1) \cdot F$$

$$G_{有机质} = A \cdot M \cdot (X_2 - X_1) \cdot F$$

式中：$G_氮$——森林植被固持土壤而减少的氮流失量（吨／年）；

$G_磷$——森林植被固持土壤而减少的磷流失量（吨／年）；

$G_钾$——森林植被固持土壤而减少的钾流失量（吨／年）；

$G_{有机质}$——因固持土壤而减少的有机质流失量（吨／年）；

X_1——有林地土壤侵蚀模数 [吨／（公顷·年)]；

X_2——无林地土壤侵蚀模数 [吨／（公顷·年)]；

N——森林土壤平均含氮量（%）；

P——森林土壤平均含磷量（%）；

K——森林土壤平均含钾量（%）；

M——森林土壤平均有机质含量（%）；

A——林分面积（公顷）；

F——森林生态功能修正系数。

② 年保肥价值。年固土量中氮、磷、钾的数量换算成化肥价值即为林分年保肥价值。林分年保肥价值以固土量中的氮、磷、钾数量折合成磷酸二铵化肥和氯化钾化肥的价值来体现。公式如下：

$$U_肥 = A \cdot (X_2 - X_1) \cdot \left(\frac{N \cdot C_1}{R_1} + \frac{P \cdot C_1}{R_2} + \frac{K \cdot C_2}{R_3} + M \cdot C_3 \right) \cdot F \cdot d$$

式中：$U_肥$——评估林分年保肥价值（元／年）；

X_1——有林地土壤侵蚀模数 [吨 /（公顷·年）]；

X_2——无林地土壤侵蚀模数 [吨 /（公顷·年）]；

N——森林土壤平均含氮量（%）；

P——森林土壤平均含磷量（%）；

K——森林土壤平均含钾量（%）；

M——森林土壤平均有机质含量（%）；

R_1——磷酸二铵化肥含氮量（%）；

R_2——磷酸二铵化肥含磷量（%）；

R_3——氯化钾化肥含钾量（%）；

C_1——磷酸二铵化肥价格（元 / 吨）；

C_2——氯化钾化肥价格（元 / 吨）；

C_3——有机质价格（元 / 吨）；

A——林分面积（公顷）；

F——森林生态功能修正系数；

d——贴现率。

2.3.6.2 林木养分固持功能

森林在生长过程中不断从周围环境吸收营养物质，固定在植物体中，成为全球生物化学循环不可缺少的环节。林木养分固持功能首先是维持自身生态系统的养分平衡，其次才是为人类提供生态系统服务功能。林木养分固持功能与固土保肥中的保肥功能，无论从机理、空间部位，还是计算方法上都有本质区别，前者属于生物地球化学循环的范畴，而后者是从水土保持的角度考虑，即如果没有这片森林，每年水土流失中也将包含一定营养物质，属于物理过程。考虑到指标操作的可行性和营养物质在植物体内的含量，选用林木固持氮、磷、钾指标反映有林地林木养分固持功能。

（1）林木养分固持量。林木年固持氮、磷、钾量公式如下：

$$G_{氮} = A \cdot N_{营养} \cdot B_{年} \cdot F$$

$$G_{磷} = A \cdot P_{营养} \cdot B_{年} \cdot F$$

$$G_{钾} = A \cdot K_{营养} \cdot B_{年} \cdot F$$

式中：$G_{氮}$——植被固氮量（吨 / 年）；

$G_{磷}$——植被固磷量（吨 / 年）；

$G_{钾}$——植被固钾量（吨 / 年）；

$N_{营养}$——林木的氮元素含量（%）；

$P_{营养}$——林木的磷元素含量（%）；

$K_{营养}$——林木的钾元素含量（%）；

$B_{年}$——实测林分年净生产力［吨／（公顷·年）］；

A——林分面积（公顷）；

F——森林生态功能修正系数。

（2）林木养分固持价值。采取把营养物质折合成磷酸二铵化肥和氯化钾化肥方法计算林木营养物质积累价值，计算公式为：

$$U_{营养}=A \cdot B \cdot \left(\frac{N_{营养} \cdot C_1}{R_1} + \frac{P_{营养} \cdot C_1}{R_2} + \frac{K_{营养} \cdot C_2}{R_3} \right) \cdot F \cdot d$$

式中：$U_{营养}$——实测林分氮、磷、钾年增加价值（元／年）；

　　　$N_{营养}$——实测林木含氮量（%）；

　　　$P_{营养}$——实测林木含磷量（%）；

　　　$K_{营养}$——实测林木含钾量（%）；

　　　R_1——磷酸二铵含氮量（%）；

　　　R_2——磷酸二铵含磷量（%）；

　　　R_3——氯化钾含钾量（%）；

　　　C_1——磷酸二铵化肥价格（元／吨）；

　　　C_2——氯化钾平化肥价格（元／吨）；

　　　B——实测林分净生产力［吨／（公顷·年）］；

　　　A——林分面积（公顷）；

　　　F——森林生态功能修正系数；

　　　d——贴现率。

2.3.6.3 涵养水源功能

森林涵养水源功能主要是指森林对降水的截留、吸收和贮存，将地表水转为地表径流或地下水的作用。主要功能表现在增加可利用水资源、净化水质和调节径流三个方面。本研究选定调节水量和净化水质 2 个指标，以反映森林的涵养水源功能。

（1）调节水量指标。森林调节水量的总量为降水量与森林蒸发散（蒸腾和蒸发）及其他消耗的差值（周冰冰，2000）。水量平衡法反映了林分全年或某时间段内调节水量的总量，能够较好地反映实际情况。森林生态连清采用水量平衡法计算各林分类型的涵养水源功能。

①年调节水量。森林生态系统年调节水量公式如下：

$$G_{调}=10 A \cdot (P-E-C) \cdot F$$

式中：$G_{调}$——实测林分年调节水量（立方米／年）；

P——实测林分林外降水量（毫米／年）；

    E——实测林分蒸散量（毫米／年）；

    C——实测林分地表快速径流量（毫米／年）；

    A——林分面积（公顷）；

    F——森林生态功能修正系数。

  ②年调节水量价值。由于森林对水量主要起调节作用，与水库的功能相似。因此，森林生态系统调节水量价值依据水库工程的蓄水成本（替代工程法）来确定，其计算公式如下：

$$U_{调}=10C_{库}\cdot A\cdot(P-E-C)\cdot F\cdot d$$

  式中：$U_{调}$——实测森林年调节水量价值（元／年）；

    $C_{库}$——水库库容造价（元／立方米）；

    P——实测林外降水量（毫米／年）；

    E——实测林分蒸散量（毫米／年）；

    C——实测地表快速径流量（毫米／年）；

    A——林分面积（公顷）；

    F——森林生态功能修正系数；

    d——贴现率。

（2）年净化水质指标。

  ①年净化水量。森林生态系统年净化水量采用年调节水量的公式如下：

$$G_{净}=10A\cdot(P-E-C)\cdot F$$

  式中：$G_{净}$——实测林分年净化水量（立方米／年）；

    P——实测林分林外降水量（毫米／年）；

    E——实测林分蒸散量（毫米／年）；

    C——实测林分地表快速径流量（毫米／年）；

    A——林分面积（公顷）；

    F——森林生态功能修正系数。

  ②年净化水质价值。森林年净化水质价值根据净化水质工程的成本（替代工程法）计算。具体计算公式如下：

$$U_{水质}=10K_{水}\cdot A\cdot(P-E-C)\cdot F\cdot d$$

  式中：$U_{水质}$——林分净化水质价值（元／年）；

    $K_{水}$——水污染物应纳税额（元／吨）；

P——实测林外降水量（毫米/年）；

E——实测林分蒸散量（毫米/年）；

C——实测地表快速径流量（毫米/年）；

A——林分面积（公顷）；

F——森林生态功能修正系数；

d——贴现率。

2.3.6.4 固碳释氧功能

森林与大气的物质交换主要是二氧化碳与氧气的交换，即森林固定并减少大气中的二氧化碳和提高并增加大气中的氧气。这对维持大气中二氧化碳和氧气的动态平衡、减少温室效应以及为人类提供生存的基础都有巨大和不可替代的作用（Wang 等，2013）。选用固碳、释氧 2 个指标反映森林生态系统固碳释氧功能。根据光合作用化学反应式，森林植被每积累 1.0 克干物质，可以吸收 1.63 克二氧化碳，释放 1.19 克氧气。

（1）固碳指标。

① 植被和土壤年固碳量。植被和土壤年固碳量计算公式：

$$G_{碳}=A \cdot (1.63R_{碳} \cdot B_{年} + F_{土壤碳}) \cdot F$$

式中：$G_{碳}$——实测年固碳量（吨/年）；

$B_{年}$——实测林分净生产力[吨/（公顷·年）]；

$F_{土壤碳}$——单位面积林分土壤年固碳量[吨/（公顷·年）]；

$R_{碳}$——二氧化碳中碳的含量，为 27.27%；

A——林分面积（公顷）；

F——森林生态功能修正系数。

公式计算得出森林的潜在年固碳量，再从其中减去由于森林采伐造成的生物量移出而损失的碳量，即为森林的实际年固碳量。

② 年固碳价值。目前，国内外固碳释氧的评价方法有：用温室效应损失法评价森林的固碳价值，用造林成本法评价森林的固碳和制氧价值，用碳税法评价森林的固碳价值，用工业制氧评价森林的供氧价值（周冰冰，2000）等。鉴于欧美发达国家正在实施温室气体排放税收制度，并对二氧化碳的排放征税，本研究采用国际通用的碳税法进行评估。森林植被和土壤年固碳价值的计算公式为：

$$U_{碳}=A \cdot C_{碳} \cdot (1.63R_{碳} \cdot B_{年} + F_{土壤碳}) \cdot F \cdot d$$

式中：$U_{碳}$——实测林分年固碳价值（元/年）；

$B_{年}$——实测林分净生产力[吨/（公顷·年）]；

$F_{土壤碳}$——单位面积森林土壤年固碳量 [吨 /（公顷·年）]；

$C_碳$——固碳价格（元 / 吨）；

$R_碳$——二氧化碳中碳的含量，为 27.27%；

A——林分面积（公顷）；

F——森林生态功能修正系数；

d——贴现率。

公式得出森林的潜在年固碳价值，再从其中减去由于森林年采伐消耗量造成的碳损失，即为森林的实际年固碳价值。

（2）释氧指标。

①年释氧量。林分年释氧量计算公式：

$$G_氧 = 1.19A \cdot B_年 \cdot F$$

式中：$G_氧$——林分年释氧量（吨 / 年）；

　　　$B_年$——实测林分净生产力 [吨 /（公顷·年）]；

　　　A——林分面积（公顷）；

　　　F——森林生态功能修正系数。

②年释氧价值。森林生态连清采用国家权威部门公布的氧气商品价格计算森林的年释氧价值。计算公式为：

$$U_氧 = 1.19C_氧 \cdot A \cdot B_年 \cdot F \cdot d$$

式中：$U_氧$——林分年释放氧气价值（元 / 年）；

　　　$B_年$——实测林分年净生产力 [吨 /（公顷·年）]；

　　　$C_氧$——制造氧气的价格（元 / 吨）；

　　　A——林分面积（公顷）；

　　　F——森林生态功能修正系数；

　　　d——贴现率。

2.3.6.5 净化大气环境功能

近年雾霾天气的频繁、大范围出现，空气质量状况成为民众和政府部门关注的焦点。大气颗粒物（如 PM_{10}、$PM_{2.5}$）被认为是造成雾霾天气的罪魁出现在人们的视野中。如何控制大气污染、改善空气质量成为科学研究的热点（王兵，2015；张维康等，2015；Zhang 等，2015）。由于森林能够增加地表粗糙度降低风速，从而提高空气颗粒物的沉降概率，且植物叶片结构特征的理化特性也为颗粒物的附着提供了有利的条件；同时，树冠枝叶尖端放电或光合作用过程的光电效应，以及森林植被释放的挥发性物质（植物精气或芬多精）等促使空气电解，产生空气负离子，能够增加空气中负离子的浓度。因此，森林能有效吸收有害气体、吸滞粉尘、降低噪声、提供负氧离子等，从而起到净化大气的作用。

本研究选取提供负离子、吸收污染物（二氧化硫、氟化物和氮氧化物）、滞尘、吸滞$PM_{2.5}$和PM_{10}共5个指标反映森林净化大气环境能力。由于降低噪声指标计算方法尚不成熟，所以本研究中没有涉及降低噪声指标。

（1）提供负离子指标。

①年提供负离子量。公式如下：

$$G_{负离子} = 5.256 \times 10^{15} \cdot Q_{负离子} \cdot A \cdot H \cdot F/L$$

式中：$G_{负离子}$——评估林分年提供负离子个数（个 / 年）；

　　　$Q_{负离子}$——实测林分负离子浓度（个 / 立方厘米）；

　　　H——实测林分高度（米）；

　　　L——负离子寿命（分钟）；

　　　A——林分面积（公顷）；

　　　F——森林生态功能修正系数。

②年提供负离子价值。国内外研究证明，当空气中负离子达到每立方厘米600个以上时，才能有益人体健康，林分年提供负离子价值采用如下公式计算：

$$U_{负离子} = 5.256 \times 10^{15} \cdot A \cdot H \cdot K_{负离子} \cdot (Q_{负离子} - 600) \cdot F/L \cdot d$$

式中：$U_{负离子}$——林分年提供负离子价值（元 / 年）；

　　　A——林分面积（公顷）；

　　　H——实测林分高度（米）；

　　　$K_{负离子}$——负离子生产费用（元 / 个）；

　　　$Q_{负离子}$——实测林分负离子浓度（个 / 立方厘米）；

　　　L——负离子寿命（分钟）；

　　　F——森林生态功能修正系数；

　　　d——贴现率。

（2）吸收气体污染物指标。二氧化硫、氟化物和氮氧化物是大气污染物的主要物质，选取森林吸收二氧化硫、氟化物和氮氧化物三个指标核算森林吸收污染物的能力。森林对二氧化硫、氟化物和氮氧化物的吸收，可使用面积－吸收能力法、阈值法、叶干质量估算法等。

①吸收二氧化硫。

年吸收二氧化硫量，计算公式如下：

$$G_{\text{二氧化硫}} = Q_{\text{二氧化硫}} \cdot A \cdot F / 1000$$

式中：$G_{\text{二氧化硫}}$——林分年吸收二氧化硫量（吨／年）；

$Q_{\text{二氧化硫}}$——单位面积实测林分年吸收二氧化硫量［千克／（公顷·年）］；

A——林分面积（公顷）；

F——森林生态功能修正系数。

年吸收二氧化硫价值，计算公式如下：

$$U_{\text{二氧化硫}} = Q_{\text{二氧化硫}} / N_{\text{二氧化硫}} K \cdot A \cdot F \cdot d$$

式中：$U_{\text{二氧化硫}}$——林分年吸收二氧化硫价值（元／年）；

$Q_{\text{二氧化硫}}$——单位面积实测林分年吸收二氧化硫量［千克／（公顷·年）］；

$N_{\text{二氧化硫}}$——二氧化硫污染当量值（千克）；

K——税额（元）。

A——林分面积（公顷）；

F——森林生态功能修正系数；

d—贴现率。

②吸收氟化物。

年吸收氟化物量，计算公式如下：

$$G_{\text{氟化物}} = Q_{\text{氟化物}} \cdot A \cdot F / 1000$$

式中：$G_{\text{氟化物}}$——林分年吸收氟化物量（吨／年）；

$Q_{\text{氟化物}}$——单位面积实测林分年吸收氟化物量［千克／（公顷·年）］；

A——林分面积（公顷）；

F——森林生态功能修正系数。

年吸收氟化物价值，计算公式如下：

$$U_{\text{氟化物}} = Q_{\text{氟化物}} / N_{\text{氟化物}} \cdot K \cdot A \cdot F \cdot d$$

式中：$U_{\text{氟化物}}$——实测林分年吸收氟化物价值（元／年）；

$Q_{\text{氟化物}}$——单位面积实测林分年吸收氟化物量［千克／（公顷·年）］；

$N_{\text{氟化物}}$——氟化物污染当量值（千克）；

K——税额（元）；

A——林分面积（公顷）；

F——森林生态功能修正系数；

d——贴现率。

③吸收氮氧化物。

年吸收氮氧化物量，计算公式如下：

$$G_{氮氧化物}=Q_{氮氧化物}\cdot A\cdot F/1000$$

式中：$G_{氮氧化物}$——林分年吸收氮氧化物量（吨／年）；

$Q_{氮氧化物}$——单位面积实测林分年吸收氮氧化物量［千克／（公顷·年）］；

A——林分面积（公顷）；

F——森林生态功能修正系数。

年吸收氮氧化物价值，计算公式如下：

$$U_{氮氧化物}=Q_{氮氧化物}/N_{氮氧化物}\cdot K\cdot A\cdot F\cdot d$$

式中：$U_{氮氧化物}$——实测林分年吸收氮氧化物价值（元／年）；

$Q_{氮氧化物}$——单位面积实测林分年吸收氟化物量［千克／（公顷·年）］；

$N_{氮氧化物}$——氮氧化物污染当量值（千克）；

K——税额（元）；

A——林分面积（公顷）；

F——森林生态功能修正系数；

d——贴现率。

（3）滞尘指标。滞尘功能是森林生态系统重要的服务功能之一，森林对粉尘有阻挡、过滤和吸附的作用，可提高空气质量。鉴于近年来人们对 PM_{10} 和 $PM_{2.5}$ 的关注，本书在评估总滞尘量及其价值的基础上，将 PM_{10} 和 $PM_{2.5}$ 从总滞尘量中分离出来进行了单独的物质量和价值量评估。

① 年潜在滞纳 TSP 量。计算公式：

$$G_{TSP}=Q_{TSP}\cdot A\cdot F/1000$$

式中：G_{TSP}——林分年潜在滞纳 TSP（总悬浮颗粒物）量（吨／年）；

Q_{TSP}——单位面积实测林分单位面积年滞纳 TSP 量［千克／（公顷·年）］；

A——林分面积（公顷）；

F——森林生态功能修正系数。

②年总滞纳 TSP 价值。森林生态连清中，用应税污染物法计算林分滞纳 PM_{10} 和 $PM_{2.5}$ 的价值。其中，PM_{10} 和 $PM_{2.5}$ 采用炭黑尘（粒径 0.4～1.0 微米）污染当量值结合应税额度进行核算。林分滞纳其余颗粒物的价值一般性粉尘（粒径＜75 微米）污染当量值结合应税

额度进行核算。计算公式如下：

$$U_{\text{TSP}}=[(G_{\text{TSP}}-G_{\text{PM}_{10}}-G_{\text{PM}_{2.5}})]/N_{\text{一般性粉尘}}\cdot K\cdot A\cdot F\cdot d+U_{\text{PM}_{10}}+U_{\text{PM}_{2.5}}$$

式中：U_{TSP}——林分潜在年滞纳 TSP 价值（元 / 年）；

　　　G_{TSP}——林分年潜在滞纳 TSP 量（吨 / 年）；

　　　$G_{\text{PM}_{10}}$——林分年潜在滞纳 PM_{10} 的量（千克 / 年）；

　　　$G_{\text{PM}_{2.5}}$——林分年潜在滞纳 $PM_{2.5}$ 的量（千克 / 年）；

　　　$U_{\text{PM}_{10}}$——林分年潜在滞纳 PM_{10} 的价值（元 / 年）；

　　　$U_{\text{PM}_{2.5}}$——林分年潜在滞纳 $PM_{2.5}$ 的价值（元 / 年）；

　　　$N_{\text{一般性粉尘}}$——一般性粉尘污染当量值（千克）；

　　　K——税额（元）；

　　　A——林分面积（公顷）；

　　　F——森林生态功能修正系数；

　　　d——贴现率。

（4）滞纳 PM_{10}。

①年潜在滞纳 PM_{10} 量。计算公式如下：

$$G_{\text{PM}_{10}}=10Q_{\text{PM}_{10}}\cdot A\cdot n\cdot F\cdot LAI$$

式中：$G_{\text{PM}_{10}}$——林分年潜在滞纳 PM_{10} 量（千克 / 年）；

　　　$Q_{\text{PM}_{10}}$——实测林分单位面积滞纳 PM_{10} 量（克 / 平方米）；

　　　A——林分面积（公顷）；

　　　n——年洗脱次数；

　　　F——森林生态功能修正系数；

　　　LAI——叶面积指数。

②年滞纳 PM_{10} 价值。计算公式如下：

$$U_{\text{PM}_{10}}=10Q_{\text{PM}_{10}}/N_{\text{炭黑尘}}K\cdot A\cdot n\cdot F\cdot LAI\cdot d$$

式中：$U_{\text{PM}_{10}}$——林分年滞纳 PM_{10} 价值（元 / 年）；

　　　$N_{\text{炭黑尘}}$——炭黑尘污染当量值（千克）；

　　　K——税额（元）；

　　　$Q_{\text{PM}_{10}}$——实测林分单位面积滞纳 PM_{10} 的量（克 / 平方米）；

　　　A——林分面积（公顷）；

　　　n——年洗脱次数；

F——森林生态功能修正系数；

LAI——叶面积指数；

d——贴现率。

（5）滞纳$PM_{2.5}$。

①年潜在滞纳$PM_{2.5}$量。公式如下：

$$G_{PM_{2.5}}=10Q_{PM_{2.5}} \cdot A \cdot n \cdot F \cdot LAI$$

式中：$G_{PM_{2.5}}$——林分年潜在滞纳$PM_{2.5}$量（千克／年）；

$Q_{PM_{2.5}}$——实测林分单位面积滞纳$PM_{2.5}$量（克／平方米）；

A——林分面积（公顷）；

n——洗脱次数；

F——森林生态功能修正系数；

LAI——叶面积指数。

②年滞纳$PM_{2.5}$价值。公式如下：

$$U_{PM_{2.5}}=10Q_{PM_{2.5}}/N_{炭黑尘} \cdot K \cdot A \cdot n \cdot F \cdot LAI \cdot d$$

式中：$U_{PM_{2.5}}$——实测林分年吸滞$PM_{2.5}$价值（元／年）；

$Q_{PM_{2.5}}$——实测林分单位叶面积滞纳$PM_{2.5}$量（克／平方米）；

$N_{炭黑尘}$——炭黑尘污染当量值（千克）；

K——税额（元）；

A——林分面积（公顷）；

n——洗脱次数；

F——森林生态功能修正系数；

LAI——叶面积指数；

d——贴现率。

2.3.6.6 森林防护功能

植被根系能够固定土壤，改善土壤结构，降低土壤的裸露程度；地上部分能够增加地表粗糙程度，降低风速，阻截风沙。地上地下的共同作用能够减弱风的强度和携沙能力，减少土壤流失和风沙的危害。防风固沙功能价值量计算公式：

$$U_{防风固沙}=A_{防风固沙} \cdot (Y_2-Y_1) \cdot K_{防风固沙} \cdot F \cdot d$$

式中：$U_{防风固沙}$——森林防风固沙生态服务功能价值量（元）；

$A_{防风固沙}$——实测林分防风固沙林面积（公顷）；

$K_{防风固沙}$——草方格人工铺设价格（元 / 公顷）；

Y_2——无林地风蚀模数数 [吨 /（公顷 · 年）]；

Y_1——有林地风蚀模数 [吨 /（公顷 · 年）]；

F——森林生态功能修正系数；

d——贴现率。

农田防护功能的价值量计算公式：

$$U_{农田防护} = K_a \times V_a \times m_a \times A_农$$

式中：$U_{农田防护}$——实测林分农田防护功能的价值量（元 / 年）；

K_a——平均 1 公顷农田防护林能够实现农田防护面积为 19 公顷；

V_a——稻谷价格（元 / 千克）；

m_a——农作物、牧草平均增产量（千克 / 公顷）；

$A_农$——农田防护林面积（公顷）。

2.3.6.7 生物多样性保护

生物多样性维护了自然界的生态平衡，并为人类的生存提供了良好的环境条件。生物多样性是生态系统不可缺少的组成部分，对生态系统服务功能的发挥具有十分重要的作用（王兵等，2012）。香农－威纳指数（Shannon-Wiener Index）是反映森林中物种的丰富度和分布均匀程度的经典指标，其生态学意义可以理解为种数一定的总体，各种间数量分布均匀时，多样性最高；两个物种个体数量分布均匀的总体，物种数目越多，多样性越高。但是，传统 Shannon-Wiener 指数对生物多样性保护等级的界定不够全面。

由于地球人口数量的迅猛增长，以及伴随而来的自然栖息地破坏、生物资源过度开发利用、环境污染、外来物种入侵等，使得大量物种的生存受到不同程度的威胁，甚至濒于灭绝的危险境地。濒危物种同样是生物多样性的重要组成部分，加强濒危物种的保护对于促进生物多样性的保护具有重要意义。在对物种多样性保护价值评估时，濒危指数是不可或缺的重要部分，有利于进一步强调物种多样性的保护价值，尤其是濒危物种方面的保护价值。

森林生态系统物种多样性保护价值评估时，特有种现象是其中一个重要指标（王兵等，2012，2016）。植物种群在遗传特性和自然条件方面存在异质性，种群遗传特性指的是基因突变、错位、多倍体及自然杂交等，生境包括当地的气候、土壤、地貌的多样性，因此便出现了特有科、特有属和特有种植物，使得每个植物区系或某个植物分布区域内的生物多样性存在特殊性。植物特有种的研究对于生物多样性的保护以及揭示生物多样性的形成机制也起着重要的作用。由于特有种是生物多样性的依据，多样性是特有种现象的体现。

古树名木是历史与文化的象征，是展示绿色文化的"活化石"，是自然界和前人留给后辈的宝贵财富，同时它也是其所在地区生物多样性的一个重要体现，在森林生态系统物种多样性保护价值评估时，古树年龄指数也是其中的一个重要指标。森林生态连清中增加濒危指数、特有种指数以及古树年龄指数对生物多样性保护价值进行核算。修正后的生物多样性保护功能核算公式如下：

$$U_{总} = \left(1+0.1\sum_{m=1}^{x} E_m + 0.1\sum_{n=1}^{y} B_n + 0.1\sum_{r=1}^{z} O_r\right) \cdot S_{生} \cdot A \cdot d$$

式中：$U_{总}$——林分年生物多样性保护价值（元/年）；

E_m——林分（或区域）内物种 m 的珍惜濒危指数（表 2-1）；

B_n——林分（或区域）内物种 n 的特有种指数（表 2-2）；

O_r——林分（或区域）内物种 r 的古树年龄指数（表 2-3）；

x——计算濒危指数物种数量；

y——计算特有种指数物种数量；

z——计算古树年龄指数物种数量；

$S_{生}$——单位面积物种多样性保护价值 [元/（公顷·年）]；

A——林分面积（公顷）；

d——贴现率。

森林生态连清根据 Shannon-Wiener 指数计算生物多样性保护值，共划分 7 个等级，即：当指数 <1 时，$S_{生}$ 为 3000[元/（公顷·年）]；当 1≤指数 <2 时，$S_{生}$ 为 5000[元/（公顷·年）]；当 2≤指数 <3 时，$S_{生}$ 为 10000 [元/（公顷·年）]；当 3≤指数 <4 时，$S_{生}$ 为 20000 [元/（公顷·年）]；当 4≤指数 <5 时，$S_{生}$ 为 30000 [元/（公顷·年）]；当 5≤指数 <6 时，$S_{生}$ 为 40000 [元/（公顷·年）]；当指数 ≥6 时，$S_{生}$ 为 50000 [元/（公顷·年）]。

表 2-1　物种濒危指数体系

濒危指数	濒危等级	物种种类
4	极危	
3	濒危	参见《中国物种红色名录》第一卷红色名录
2	易危	
1	近危	

表2-2　特有种指数体系

物种特有指数	濒危等级
4	仅限于范围不大的山峰或特殊的自然地理环境下分布
3	仅限于某些较大的自然地理环境下分布的类群，如仅分布于较大的海岛（岛屿）、高原、若干个山脉等
2	仅限于某个大陆分布的分类群
1	至少在2个大陆都有分布的分类群
0	世界分布的分类群

注：参见《植物特有现象的量化》（苏志尧，1999）。

表2-3　古树年龄指数体系

古树年龄	指数等级	物种种类
100～299年	1	参见全国绿化委员会、国家林业局文件《关于开展古树名木普查建档工作的通知》
300～499年	2	
≥500年	3	

2.3.6.8 森林康养功能

森林康养功能是指森林生态系统为人类提供休闲和娱乐场所产生的价值，包括直接价值和间接价值，采用林业旅游与休闲产值替代法进行核算。森林康养价值包括直接收入（森林旅游与休闲产值，包括森林公园、保护区、湿地公园等）和间接收入（森林旅游与休闲直接带动其他产业产值）。森林康养功能的计算公式：

$$U_r = \sum (Y + Y')$$

式中：U_r——森林康养功能的价值量（元/年）；

Y——森林公园的直接收入（元）；

Y'——森林公园的间接收入（元）。

2.3.6.9 林木产品供给功能

林木产品供给是指森林生态系统为人类提供木材和林副产品的功能，属于直接价值。本书仅从提供木材方面进行评估，其计算公式如下：

$$U_{林产品} = W_i \cdot P_i$$

式中：$U_{林产品}$——提供林产品功能的价值量（元/年）；

W_i——树种i的林木采伐量（立方米）；

P_i——树种i木材的价格（元/立方米）。

2.3.6.10 森林生态系统服务总价值评估

东北地区森林生态系统服务总价值为上述分项价值量之和，公式如下：

$$U_I = \sum_{i=1}^{3} U_i$$

式中：U_I——东北地区森林生态系统服务总价值（元／年）；

U_i——东北地区 i 省森林生态系统服务总价值（元／年）。

本章小结

本章详细介绍了东北地区森林生态连清技术理论架构的来源。以东北地区生态地理区划为单位，构建了东北地区森林生态连清观测布局体系；依据国家和行业标准建立了由野外观测连清体系和分布式测算评估体系两部分组成的东北地区森林生态连清技术体系，实现对东北地区同一森林生态系统长期连续、全指标体系观测与清查；配合国家森林资源连续清查，评价东北地区森林生态系统的质量状况，为东北地区森林生态连清和森林生态系统服务功能评估提供理论支持。

第3章

森林生态连清观测方法

森林生态要素观测是森林生态连清实现的重要基础，森林生态要素观测方法是森林生态要素监测数据质量的重要保障。随着森林生态系统长期定位观测新技术和新方法的不断涌现，野外仪器观测方法不但实现了传统人工观测的自动化、标准化和数字化，还实现了对以前不能观测的相关研究内容的观测。森林生态连清各生态要素的观测，应严格遵循国家标准《森林生态系统长期定位观测方法》（GB/T33027—2016）。该方法是以生态学理论为基础，充分参考借鉴了森林生态系统野外观测方法的国内外最新进展，针对森林生态系统长期定位研究的水文、土壤、气象、生物及其他要素方面关键科学问题，将野外观测系统按照生态系统结构和功能设置，制定完善的、易于使用的长期观测、试验、样品采集等野外系统观测方法。森林生态站应根据实际情况，依据该标准推荐的观测方法开展生态系统各要素的观测，使森林生态连清野外观测数据更系统、更全面、更精确，观测结果更具备科学性与可比性。

3.1 森林生态系统水文要素观测方法

3.1.1 水量空间分配格局观测

降水是水资源的总补给，对森林的生长起决定作用，是河川和湿地的重要补给源，也是水量平衡的重要要素之一。森林内的水分主要包括林外降水量、穿透降水量、树干径流量、枯枝落叶层持水量、地表径流量、土壤含水量、壤中流量等，这些不同空间水量分配特征称为森林生态系统水量空间分配格局。森林生态系统水量空间分配格局观测主要是由降水再分配观测、地表径流量及水质观测、水量平衡及水质观测和土壤水分观测及多个观测设施组成。降水再分配的观测内容包括林外降水量观测、穿透降水量观测、树干径流量观测和枯枝落叶截留量观测。对森林生态系统不同层次水量空间分配格局及水量平衡进行分析，可以揭示森林生态系统水文要素的时空规律，为研究森林植被变化对水分的分配和径流的调节机制提供基础数据（周梅，2003）。

（1）降水量观测。林外大气降水量观测采用自动记录雨量计测定。仪器放置在径流场或标准地附近的空旷地上，或者用特殊设施（如森林蒸散观测铁塔）架设在林冠上方。观测点要均匀布设，对于要进行水质分析的雨量观测点，应离林缘、公路或居民点有一定距离。降水量观测点数应按照集水区面积的大小配置，观测设备的安装参照《森林生态系统长期定位观测方法》（GB/T 33027—2016）执行。

（2）穿透降水量观测。穿透水量观测采用自动记录雨量计和沟槽式收集器观测。在一次性降水量较大的地区，穿透水的水量收集器会出现溢流，在监测中应设置水量仪分流装置，解决暴雨期间穿透水测定仪满溢问题。布点方法及数量采用网格机械布点法进行布设，即在标准地内，根据样地形状及面积，按一定距离画出方格线，在方格网的交点均匀布设雨量收集器，收集器口高出林地 70 厘米。雨量仪器布设个数参照《森林生态系统长期定位观测方法》（GB/T 33027—2016）执行。

（3）树干径流量观测。采用径阶标准木法调查观测样地内所有树木的胸径，按胸径对树木进行分级（一般 2 ～ 4 厘米为一个径级）。从各径级树木中选取 2 ～ 3 株标准木进行树干径流观测。将直径为 2.0 ～ 3.0 厘米的聚乙烯橡胶环开口向上，呈螺旋形缠绕于标准木树干下部，缠绕时与水平面成 30°，缠绕树干 2 ～ 3 圈，固定后用密封胶将接缝处封严。将导管伸入量水器的进水口，并用密封胶带将导管固定于进水口，旋紧进水口的螺纹盖。收集导入量水器的树干径流，并进行人工或自动观测。树干径流量计算参照《森林生态系统长期定位观测方法》（GB/T 33027—2016）执行。

（4）枯枝落叶层含水量观测。在每个样地内坡面上部、中部、下部与等高线平行各设置一条样线。环境异质性较小的林分，每条样线上等距设 3 个采样点；环境异质性较大的林分，在每条样线上设置 5 个采样点。用孔径为 1.0 毫米的尼龙网做成 1 米 ×1 米 ×0.25 米的收集器，网底离地面 0.5 米，置于每个采样点直接收集凋落物。采样时间以秋季落叶时间为准。将收集的凋落物按叶片、枝条、繁殖器官（果、花、花序轴、胚轴等）、树皮、杂物（小动物残体、虫鸟粪和一些不明细小杂物等）5 种组分分别采样，带回实验室。现存凋落物（林地枯落物）则采用在样地内设定的采样点划定 1 米 ×1 米小样方，将小样方内所有现存凋落物按未分解层、半分解层和分解层分别收集，装入尼龙袋中，带回实验室。森林生态系统现存凋落物未分解层、半分解层和分解层的分层见表 3-1。

将样品用精密电子天平称重并记录，然后用烘箱在 70 ～ 80℃下将样品烘干至恒重，冷却后称重，得到样品干重。枯枝落叶层含水量计算参照《森林生态系统长期定位观测方法》（GB/T 33027—2016）执行。

表 3-1　森林生态系统现存凋落物分层特征

层次	特征
未分解层	即凋落层，凋落物如叶、枝、皮、繁殖器官等的颜色和形态基本保持刚落地时的状态，外表看不出被分解的迹象
半分解层	即发酵分解层，在这一层已被部分分解，其叶形不完整，叶肉组织变色并开始腐烂，但有可辨认的叶脉相连，颜色多为灰褐至灰黑色，质地变软。在夏秋季里，该层具大量白色菌丝、菌丝膜和多种形态的菌素及菌丝束，肉眼可辨
全分解层	即腐殖质层，凋落物被完全分解成细碎状态，近似于土壤，但较土壤轻、松软，具一定的弹性

（5）地表径流量观测。在地形、坡向、土壤、土质、植被、地下水和土地利用情况等具有当地代表性的典型地段建立地表径流场。观测场位置应尽量设置在坡面平整的坡地上。目前普遍采用的径流场标准尺寸为宽 5 米（沿等高线），水平投影长 20 米，水平投影面积 100 平方米。径流场上部及两侧设置围埂，围埂外侧设置宽 2 米保护带；下部设置集水槽，在径流场集水槽出水口安装导流槽进行引流，确保径流场与地表径流测量系统对接严密无缝隙。试验区在平整的坡面可以设置 2 个或更多径流场并排在一起，合用围埂、保护带、集水槽和观测室。导流槽下垫面应平坦无凸起，边缘用水泥固定，下垫面保持平坦，仪器放置平稳牢固，导流槽接入分流箱，分流箱出水口与自记雨量计装置的进水口相连。确保分流箱旁路出水口通畅，当发生较大地表径流时，多余径流会由此流出。结合自记翻斗雨量计测定地表径流量。

（6）土壤含水量观测。野外观测土壤含水量宜采用时域反射仪（TDR）。根据土壤层最大土层深度安装 TDR 土壤水分观测管，把时域反射仪的探头放入观测管内，分别测量 0～10 厘米、10～20 厘米、20～40 厘米、40～60 厘米、60～80 厘米、80～100 厘米土壤含水量。

（7）壤中流量观测。利用坡面水量平衡场的壤中流观测设备，地表径流集水槽下端混凝土浇筑的挡墙留有水孔，利用导管将壤中流引入量水器，进行观测。

3.1.2　森林蒸散量观测

森林蒸散量是森林生态系统水量平衡与能量平衡的重要因素之一，准确测定或计算森林蒸发散的时空变化对于评价森林水文循环影响机理，探求区域乃至全球水分循环规律，正确认识陆地生态系统的结构与功能具有重要意义。目前，测定森林蒸散的方法主要有水文法、微气象法和生理法等，其中很多观测方法都是产生于农田或草地等具有均匀下垫面的生态系统，后期逐渐应用到森林生态系统的研究。由于森林生态系统下垫面的高异质性，增加了观测研究的不确定性。因此，根据森林生态系统野外观测的特点，结合新仪器、新方法，发展基于新技术和新途径的森林蒸散研究方法成为必然（刘京涛等，2006）。近年来，森林生态系统野外仪器观测方法的发展，也确实对森林蒸散量的观测研究起到了良好的推动作用。森林蒸散的观测研究可以在单株树木、单一林分和多林分尺度上开展，在不同研究尺度上也都有其各自的野外仪器观测研究方法。

3.1.2.1 单木蒸散量观测方法

单木蒸散量的观测主要是对树木的蒸散生理过程进行观测，其研究方法主要包括离体称重法、气孔计法、整树容器法、风调室法、蒸渗仪法、示踪同位素法和热技术法等（王兵，2019）。热技术法是目前进行单木蒸腾量观测的最佳方法，其能够在基本不破坏树木正常生长状态下，实现对树干液流量的连续测定。具有野外易操作、使用及远程下载数据等优点，能够通过精确的单木整株蒸腾测定，推算林木个体和群体的蒸散量（龙秋波，2012）。由于减少了从叶片到单株尺度的转换次数，提高了时间分辨率。应用热技术测定树干液流主要有热脉冲、热扩散和热平衡3种方法（丁访军，2011）。其中，热平衡法由于技术操作简单、数据可靠准确，在森林生态系统野外观测中推荐使用。

单木树干液流量观测场内的仪器设备应根据观测对象选择组织热平衡系统（THB）或茎干热平衡系统（SHB）。样木直径大于3厘米时，宜采用THB进行测定；样木直径小于3厘米时，宜采用SHB进行测定。THB测量时要注意，测量点定位的基本标准是组织的均一性和距离地面的高度。测量点应选取在高于地面1米，低于绿色树冠的树干上。在安装传感器时，需先清理树皮使其光滑平整，在形成层上面有一致的厚度（如4～15毫米）。同时要注意清理时不能损伤树皮后面的活体组织，当在同一树干安装两个测量点时，垂直高度应接近（对应于较粗树干）或超过30厘米。原则上，电极的正确长度应该覆盖通过导水剖面的绝大部分。可用的电极类型（60毫米、70毫米、80毫米）覆盖边材的25毫米、35毫米和45毫米。包裹式液流计使用时要注意根据被测植物直径的大小，选择适合的包裹传感器，并分别记录每一传感器序列号、型号及电阻值，测出植物被包裹处的横截面积。同时为了实现隔热防雨保障仪器正常使用，在安装传感器时需用橡皮泥密封顶部，安装后必须用铝膜包裹传感器及树干。

3.1.2.2 单一林分蒸散量观测方法

单一林分蒸散量的观测有微气象法和水文法两大类。微气象法是利用森林生态系统水分和能量的微气象学原理对林分蒸散量进行研究，包括波文比－能量平衡法（Bowen Ratio—Energy Balance，BREB）、空气动力学法、Penman—Monteith方程法、涡动相关法和闪烁仪法。波文比－能量平衡法、空气动力学法、Penman—Monteith方程法是通过能量平衡原理以及通量方程、湍流理论等微气象学理论和方程对林分蒸散量进行估算的方法；涡动相关法是利用涡动通量仪，测定垂直风速和湿度的瞬间脉动值，计算水汽通量，适用于集水区，时间尺度为小时、日；大口径闪烁仪也是一种基于气象原理的观测仪器，其利用水汽对光传输的影响，对区域森林蒸散量进行观测，既能够观测单一林分还可实现多林分的观测，因其方法简单、精度较高等特点，成为森林蒸散研究中最实用的方法之一，被广泛地应用于水文、气象等领域。水文学角度研究森林生态系统蒸散量有水量平衡法、水分运动通量法和蒸渗仪测定法 3 种。目前东北地区各森林生态站受仪器设备、研究能力等因素影响，对林分尺度森林蒸散量的观测多采用波文比 – 能量平衡法。

利用林内微气象梯度观测系统和林外标准气象场观测设备，开展林分蒸散相关参数的测定。林内微气象梯度观测系统安装于观测塔上，冠层上方安装空气温湿度传感器、净辐射传感器，土壤 5 厘米深度安装土壤热通量板，通过数据采集器采集并存储数据。利用林外标准气象场测定降水、气压、总辐射、净辐射和空气温湿度等数据。采用波文比 – 能量平衡法（BREB）计算林分的蒸散量，见《森林生态系统长期定位观测方法》（GB/T 33027—2016）。

3.1.3 水质样品采集及测定

进入到森林生态系统的降水，通过对树叶、枝条及树干表面尘埃物质的淋洗、淋溶和枝叶对降水中元素的吸收和吸附，使降水中所含化学元素发生变化（周梅，2003）。森林大气降水、穿透水、树干径流、地表径流、土壤渗漏水和地下水的水质观测采用野外定期采集水样带回实验室测定和利用便携式水质分析仪在野外定期定点现场速测两种方法。

3.1.3.1 水质样品采集

大气降水采样。由安装在集水区高于林冠层观测铁塔上的采样容器采集，或者把采样容器设于距林缘 1.5 ~ 2.0 倍树高的林外空旷地上，采样容器距地面 ≥ 70 厘米，待降水时接收水样。

穿透水采样。布设位置应该对整个林分的沉降有代表性，考虑到整个林分内穿透降水的空间变化，应布设 10 ~ 15 个采样容器；收集器可以围绕着一些树木摆放（围树采样），或在样地内系统摆放（样地采样），待降水时接收水样，并以 1 毫米滤网封口滤掉果、枝、花瓣等杂物。

树干径流采样。采用系统原则布设采样设备，充分考虑林分不同直径和树冠大小进行树干径流采样，每个类型选择 2 ~ 3 株标准树安装采样设备；树干径流采集容器应固定在样地内的样树上，并离地面 0.5 ~ 1.5 米，注意不能干扰样地上的其他监测活动，不能伤害树木。

枯落物层水采样。在样地坡面上、中、下三处布设采集容器，每处放置 5 个采集容器，在采集容器上方铺一层不锈钢滤网，贴近枯落物层将收集器放置于下方。雨后，将各采集容器所采集的枯落物层水混合，然后取部分作为实验室检测化验水样。

地表径流采样。在集水槽内采样。

地下水采样。在停滞的观测孔及水井中采样，应先抽去停滞水，待新的地下水流入后再行采样。采样后，样品应在现场封闭好，贴好标签，并在 48 小时内送至实验室。

3.1.3.2 采样容器及保存

水质采样容器应选用带盖、化学性质稳定、不吸附待测组分、易清洗可反复使用并且大小和形状适宜的塑料容器（聚四氟乙烯、聚乙烯）或玻璃容器（石英、硼硅）；容器壁不应吸收或吸附某些待测组分，不应与某些待测组分发生反应，不引起新的污染。在样品分析之前，取样瓶应在低温避光条件下贮存。对光敏感的组分，其水样应贮存于深色容器中。还可采取一些专门的保存措施，如作一般理化分析的水样，可加3～5滴甲醛或氯仿做防腐剂。

3.1.3.3 采样频率和数量

每次降水的各项水文要素（降水、穿透水、树干径流、枯落物层水、土壤渗透水、地表径流、地下水）都应采样。水样体积取决于分析项目、要求的精确度及水矿化度等，通常应超过各项测定所需水样体积总和的20%～30%，一般简单分析需水样500～1000毫升，全分析需要3000毫升。

3.2 森林生态系统土壤要素观测方法

3.2.1 样地设置及样品采集

森林土壤要素长期观测是在不同的空间尺度下，长期观测土壤结构、功能和重要生态学过程的长期变化，分析土壤重要物质循环、能量流动和信息传递过程的演变机制，分析人为和环境因子对土壤结构和功能演变的驱动作用，提出土壤可持续利用和管理的策略和措施，为区域和国家尺度的生态系统管理、生态环境保护、资源合理利用及社会经济的可持续发展提供长期的、系统的科学数据与决策依据。

3.2.1.1 观测样地设置

充分了解试验区的基本概况，包括地形、水文、森林类型、林业生产情况等。样地应具有完善的保护制度，可以保障长期研究，不受人为干扰或破坏；具有典型优势种组成的区域；具有代表性的森林生态系统，并包含森林变异性；样地应选择在宽阔地带，不宜跨越道路、沟谷和山脊等。确定采样区后，根据森林面积的大小、地形、土壤水分、肥力等特征，在林内坡面上部、中部、下部与等高线平行各设置一条样线，在样线上选择具有代表性的地段布设样地。因不同区域森林土壤的空间变异性较大，采样点数量参照《森林生态系统长期定位观测方法》（GB/T 33027—2016）设置。

3.2.1.2 采样点布设

采用点的布设有对角线采样法、棋盘式采样法、蛇形采样法3种方式（图3-1）。对地形平整、土壤养分较均匀的样地宜采用对角线采样法，采样点不少于5个；样地平整、土壤养分不均匀的样地宜采用棋盘式采样法，采样点不少于40个；地势不太平坦、土壤养分不均匀的样地按蛇形采样法采样，在样地间曲折前进来分布样点，采样点数根据面积大小确定。

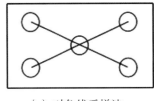 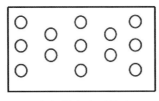 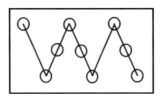

（a）对角线采样法　　　（b）棋盘式采样法　　　（c）蛇形采样法

图 3-1　采样点布设示意

3.2.1.3 采样方法

剖面法：①在每个采样点挖一个 0.8 米 ×1.0 米的长方形土壤剖面。坡地上应顺坡挖掘，坡上面为观测面；平整地将长方形较窄的向阳面作为观测面，观测面植被不能破坏，挖出的土壤应按层次放在剖面两侧，剖面的深度根据具体情况确定，一般要求达到母质层，土层较厚的挖掘到 1.0 ~ 1.5 米；先观察土壤剖面的颜色、结构、质地、紧实度、湿度、植物根系分布等，然后自上而下划分土层，并进行剖面特征的观察记载。②按先下后上的原则，自地表每隔 10 厘米或 20 厘米分层，用环刀分层采原状土样测定土壤密度、土壤水分等；采集不同层次土壤样品，剔除石砾、植被残根等杂物，将同一层次多样点采集的质量大致相当的土样混匀，利用四分法采集土壤样品，一般保留 1 千克左右为宜。③将采集土样装入袋内，土袋内外附标签，标签上记载样方号、采样地点、采集深度、采集日期和采集人等；观察和采样结束后，按原层次回填土壤。

土钻法。①采用管芯法测量原状土壤密度，测量和记录土壤取芯器的尺寸（直径和高度），称量核心锡盒的重量；把核心抽样器垂直压入地面，深度直到土壤能填满核心抽样器锡盒为止，抽出样本核心，不干扰样本核心内土壤；移出粘在样本盒上多余的土壤和凸出的根；称量锡盒与土壤重量，将装有土壤的锡盒在 105℃ 下烘干至恒重，计算土壤干重，进而求得土壤密度。②野外提取土壤样本，首先刮掉土壤表面，移出枯落物和石头，用土钻收集 0 ~ 15 厘米深的土壤样本；每一个样方选择 3 个抽样点，把土钻推进 15 厘米深，收集这一深度内所有抽样点的样本；把 3 个抽样点的样本放在一起，通过重复四分法筛选出一个样本；每个类型的同一深度至少收集 4 ~ 6 份样本；15 ~ 30 厘米深度的土壤内重复以上步骤，以此类推。③土壤样本带回实验室（24 小时内）或及时风干样本。

3.2.2 土壤理化性质观测

通过对森林生态系统土壤理化性质指标长期连续观测，了解森林生态系统土壤发育状况及其理化性质的空间异质性，分析森林生态系统土壤与植被和环境因子间相互影响过程，为深入研究森林生态系统各生态学过程与森林土壤之间的相互作用，充分认识土壤在森林生态系统中的功能提供科学依据。

3.2.2.1 土壤物理性质观测

土壤机械组成测定。将采集的土样平铺在遮阴处风干，然后放入土壤筛中按粒径大小分级，并记录每级土样的重量，将粒径 ≥ 0.25 毫米的土样利用比重法、吸管法或激光粒径粒形分析仪继续按粒径大小分级。

土壤容重测定。土壤容重是指土壤在未受到破坏的自然结构情况下，单位体积土壤的重量，通常以克 / 立方厘米表示。

土壤含水量测定。土壤含水量一般是指土壤绝对含水量，即 100 克烘干土中含有若干克水分，也称土壤含水率。土壤含水量的观测方法很多，实验室一般采用烘干法。土壤水分观测样地设置应根据典型森林植被所在地形和土壤物理性质空间差异来确定。在林地坡顶、坡中和坡底分别设置一个 10 米 × 10 米的观测样地，在每个观测样地内设置 3 个观测点，观测点位置宜沿观测样地对角线均匀分布。土壤样品按 0 ~ 10 厘米、10 ~ 20 厘米、20 ~ 40 厘米、40 ~ 60 厘米、60 ~ 80 厘米、80 ~ 100 厘米（根据土壤最大土层厚度划分）采集，土样混合均匀放入铝盒中，带回室内测定含水量。取干燥铝盒称重后，加约 5 克土于铝盒中称重。将铝盒放入烘箱，在 105℃烘干至恒重后取出，放入干燥器内，冷却 20 分钟称重。

土壤总孔隙度、毛管孔隙度、非毛管孔隙度测定。用环刀取各发生层土壤的原状土，带回实验室后，浸润 12 小时称重后，在干沙上搁置 2 小时称重，然后在干沙上搁置 24 小时称重，可以测定土壤最大持水量、毛管持水量。

土壤入渗率测定。又称土壤入渗速率或土壤渗透速率，是指单位时间内地表单位面积土壤的入渗水量。野外测定采用双环刀法，即在水分饱和的土壤中，其入渗率是根据达西定律确定土壤无理性质的计算，参见《森林生态系统长期定位观测方法》（GB/T 33027—2016）。

3.2.2.2 土壤化学性质测定

土壤化学性质包括土壤 pH 值、阳离子交换量、交换性钙和镁（盐碱土）、交换性钾和钠、交换性酸量（酸性土）、交换性盐基总量、碳酸盐量（盐碱土）、有机质、水溶性盐分、全氮、水解氮、铵态氮、硝态氮、全磷、有效磷、全钾、速效钾、缓效钾、全镁、有效态镁、全钙、有效钙、全硫、有效硫、全硼、有效硼、全锌、有效锌、全锰、有效锰、全钼、有效钼、全铜、有效铜等。主要化学性质测定方法见表 3-2。数据处理方法参见《森林生态系统长期定位观测方法》（GB/T 33027—2016）。

表 3-2　土壤主要化学性质测定方法

化学性质	测定方法
pH值	在野外可用混合指示剂在瓷盘上进行速测，也可将土壤样品带回实验室采用电位法测定，参见《土壤pH值的测定电位法》（HJ 962—2018）

（续）

化学性质	测定方法
全氮	采用半微量凯氏法和扩散法测定，详见《森林土壤全氮的测定》（LY/T 1228—1999）
水解氮	采用碱解－扩散法测定，详见《森林土壤水解性氮的测定》（LY/T 1229—1999）
硝态氮	采用酚二磺酸比色法测定，详见《森林土壤硝态氮的测定》（LY/T 1230—1999），或采用紫外分光光度法测定，见《土壤硝态氮的测定 紫外分光光度法》（GB/T 32737—2016）
全磷	采用碱熔法测定，详见《森林土壤磷的测定》（LY/T 1232—2015）
有效磷	采用盐酸－硫酸浸提法测定，详见《森林土壤磷的测定》（LY/T 1232—2015）
全钾	采用碱熔－火焰光度法测定，详见《森林土壤全钾的测定》（LY/T 1234—1999）
速效钾	采用乙酸铵浸提－火焰光度法测定，详见《森林土壤速效钾的测定》（LY/T 1236—1999）

3.2.2.3 土壤有机碳储量观测

对森林生态系统土壤有机碳储量观测，建立土壤碳库清单，评估其历史亏缺或盈余，测算土壤碳固定潜力，为进一步深入研究森林生态系统碳循环、合理评价土壤质量和土壤健康、正确认识森林土壤固碳能力提供基础依据。观测内容包括土壤有机碳储量、有机碳密度、有机碳含量、土壤容重、土层厚度等。土壤有机碳的测定采用重铬酸钾氧化－外加热法，详见《森林土壤有机质的测定及碳氮比的计算》（LY/T 1237—1999）。土壤有机碳储量计算参见《森林生态系统长期定位观测方法》（GB/T 33027—2016）。

3.2.3 土壤呼吸观测

土壤呼吸测定目的是通过对森林生态系统土壤呼吸的根系呼吸、微生物呼吸和动物呼吸等 3 个生物学过程进行精确区分和量化，了解各生物学过程在土壤总呼吸中的比例及其时空变化特征，分析不同组分二氧化碳释放速率的控制因子，了解土壤碳释放规律，测算生态系统土壤碳的年际通量，以及预测气候变化条件下土壤动物、根系、微生物对土壤碳释放格局的影响。当前土壤呼吸测定方法主要有微气象法、静态气室法、动态气室法（姜艳，2010）。其中，动态箱气流交换法是将气体采样箱与红外线气体分析仪（IRGA）相连接，能够基本保持被测表面的环境状况而使测量结果更接近于真实值（姜艳，2010）。在森林生态连清土壤呼吸观测中优先推荐使用该方法。

3.2.3.1 观测点布设

首先通过便携式土壤呼吸测量仪在待测区域随机测量多个样点土壤呼吸速率，计算其离散系数，估算所测结果的平均差（仪器显示为"error"），确定观测区域所需观测点的数量 $N \geqslant （2 \times Cv/error）^2$。根据森林类型设置观测样地，设置方法参见《森林生态系统长期定位观测方法》（GB/T 33027—2016），并按蛇形采样法随机布设土壤总呼吸观测点。

无根土壤呼吸测定。在距离每个土壤总呼吸测定点 1 米左右设置 5 米 ×5 米的样方，样方四周挖壕沟深至植物根系分布层以下 0.5 ~ 1 米；将所有根切断，然后在壕沟内用双层塑料布或者石棉网隔离，除去样方内所有活的植物体，然后将壕沟重新填平，待 6 ～ 12 个月后样方内活的根系彻底分解死亡成为无根样方，且土壤理化条件相对稳定后在样方内安置土壤呼吸环进行测定。

无动物土壤呼吸测定。距离每个土壤总呼吸测定点 1 米左右设置 1 米 ×1 米小样方，观测前 10 ～ 15 天，在土壤 0 ～ 15 厘米深度处随机埋置樟脑丸，并在土壤表面撒一层樟脑丸粉末驱逐螨虫、跳虫等土壤动物；土壤呼吸测定前 15 ～ 30 分钟，在已经布设樟脑丸的小样方内设置 3 排 9 根电棒，电棒标准为 500 毫米 ×9 毫米，每两根电棒之间间隔 12.5 厘米，电棒之间用 220 伏电线连接，将电棒插入土壤中 15 厘米左右，通过电击驱逐土壤中的蚯蚓、蚂蚁等；在樟脑丸 + 电棒样方内安置土壤呼吸环测定无动物土壤呼吸。

3.2.3.2 土壤呼吸自动观测仪器的安装与操作

（1）仪器的安装。选择地势平坦的测量点，将土壤呼吸圆形基座环提前 24 ～ 48 小时埋入土壤，在地面上留有 2 ～ 3 厘米高度即可，将圆形基座环内的植物进行修剪。将土壤呼吸室扣在土壤呼吸圆形基座环正上方，确保密封，并保持系统整体水平无倾斜。将外置传感器土壤温度和土壤湿度探头连接到辅助传感器端口上，插入待测土层。确保存储卡、网卡插入后连接供电单元，按电源键开启主机，预热灯亮起，表示预热完成。系统预热完成后，通过无线控制器（或电脑）进入"系统设置"菜单，选择使用的土壤呼吸室类型，设置测量持续时间（分钟）、土壤呼吸室测量的面积（平方厘米）、测量次数以及重复次数、设置土壤呼吸基座上沿距地面高度（厘米）、外接传感器设置等。根据需要选择手动测量模式或者自动测量记录模式，启动测量。每一次完整测量结束后，系统自动计算出土壤呼吸速率结果并保存，所有数据都会被记录保存。重复上述步骤，获取更多测量数据。下载数据，进行分析处理。

（2）数据采集。打开仪器进行土壤呼吸的测定。每次测定工作在 1 天内完成，每个观测点测 3 ～ 5 个循环（每次循环大约需要 90 秒），每个样点大约需要 5 分钟（夏季），春节、秋季需要更长时间，具体测定时间、重复次数视实验情况确定。测定结束后，取出存储卡，插入计算机，获取所测数据并可通过软件进行数据分析。

（3）观测的时间和频率。土壤呼吸速率日变化的具体观测时间为 6:00、9:00、11:00、13:00、15:00、17:00、19:00、22:00 和 2:00 ；土壤呼吸速率季节变化的观测频率一般为 2 次 / 月；土壤呼吸速率年变化的观测在每年的固定时间进行。

3.2.3.3 数据处理

土壤总呼吸样方测定出的土壤呼吸即为土壤总呼吸速率 R，壕沟法测得的无根样方内的土壤呼吸为 R_1，樟脑球 + 电棒法测得无动物小样方土壤呼吸为 R_2。植物根系呼吸（R_{root}）、土壤动物呼吸（R_{fauna}）、土壤微生物呼吸（$R_{microbial}$），及其贡献率的计算参见《森林生态系统长期定位观测方法》（GB/T 33027—2016）。

3.2.4 冻土和降雪观测

通过对多年冻土和降雪深度、温度、密度等的观测，分析冻土深度和雪特性的时空变化规律，揭示冻土温度、密度与深度之间以及雪特性之间的关系，阐明森林与冻土、降雪的关系，为研究森林及气候变化对冻土和降雪的影响提供依据。观测内容包括冻土含水率、冻土密度、冻结温度、冻土导热系数、冻胀量、多年冻土的上限深度、季节性冻土深度及上下限深度、降雪量、雪被厚度、雪温度、雪水当量、雪密度、太阳高度（计算雪反射率用）、雪面反射率、雪粒直径、融雪期径流量。

3.2.4.1 冻土观测

观测场的设置、冻土取样、冻土含水率、冻土密度、冻结温度、冻土导热系数、冻胀量等按照《森林生态系统长期定位观测方法》（GB/T 33027—2016）执行。

冻土深度采用冻土器观测。冻土器安装应符合下列要求：①应安装在观测场内有自然覆盖物的地段；②冻土器外管和内管的 0 刻度线要平齐，并与地表在同一水平面上，采用钻孔法将冻土器垂直埋入土中。套管理放后，把管壁四周与上层之间的孔隙用细土充填、捣紧。

冻土观测和记录方法：①当地面温度降到 0℃ 或以下，土壤开始冻结时，应在每日 8:00 观测一次冻土，直至次年土壤完全解冻为止；②观测时，一手把冻土器的铁盖连同内管提起。用另一只手摸测内管冰所在位置，从管壁刻度线上读出冰上下两端的相应刻度数，记入观测簿冻土深度栏。冻土深度观测完毕即将内管重新插入，并盖好盖子；③遇有两个或以上冻结层时，应分别测定每个冻结层的上下限深度，并按由下至上的层次，顺序记入观测簿冻土深度栏，冻土深度不足 0.5 米时，上、下限均记 "0"；④当冻结层的下限深度超出最大刻度范围时，应记录最大刻度数字，并在数字前加记 ">" 符号；⑤观测操作力求迅速，勿使内管弯折。

3.2.4.2 降雪观测

降雪量测定。用标准容器收集 12 小时内的降雪，将容器内收集到的雪融化，测量融化雪水的深度，按照雪水深度与积雪厚度 1:15 的比例换算降雪量。

雪被厚度测量。采用超声波雪深传感器测量。

雪温度测定。采集一定量的雪，用温度计测量雪温度。

雪水当量测定。采集一定量的雪，装在容器内，然后加定量的热水，使雪消融，减去所加水的体积。

雪密度测量。取一个已知体积为 V，质量为 m_1 的容器，装满雪，称量容器质量为 m_2，$m_2 - m_1$ 即雪的质量，雪的质量除以容器体积，即为雪密度。

3.2.4.3 数据处理

参见《森林生态系统长期定位观测方法》（GB/T 33027—2016）。

3.3 森林生态系统气象要素观测方法

3.3.1 常规气象观测

常规气象野外观测的目的是在森林生态系统典型区域内通过对风、温、光、湿、气压、降水等常规气象因子进行系统、连续观测，获得具有代表性、准确性和比较性的林区气象资料，了解典型区域气象因子的变化规律，揭示影响森林植被生长发育的关键气象因子，为研究森林对气候的响应提供基础数据。森林气象观测设施建设对于森林生态系统结构与功能及其环境效应的研究极为重要。建立森林生态系统地面气象观测是一项非常重要的工作，它是整个森林生态系统观测和研究的基础，为了使获得的气象资料具有代表性、可比性和准确性，减少其他因素的影响，有必要对气象观测仪器、环境条件、操作方法、观测时间等提出严格的要求和统一的规定。关于常规气象观测场的建设要求，国家标准《森林生态系统长期定位观测研究站建设规范》（GB/T 40053—2021）中已做详细规定。

（1）观测场设置要求。标准气象观测场建设参考《森林生态系统长期定位观测方法》（GB/T 33027—2016）。观测场应设在能较好反映本区较大范围气象要素特点的地方，避免局部地形影响。观测场四周必须空旷平坦，避免设在陡坡、洼地或临近有公路、工矿、烟囱、高大建筑物的地方。观测场应设在常年主导风向的上风方向，边缘与四周孤立障碍物距离大于该障碍物高度的 3 倍以上，距成排障碍物距离应大于其高度的 10 倍以上，距较大的水体的最高水位线距离应大于 100 米，观测场四周 10 米范围内不能种植高秆植物。

（2）观测场设计。根据《森林生态系统长期定位观测方法》（GB/T 33027—2016）要求进行规范化设计和施工（图 3-2）。观测场 25 米 × 25 米的平整场地，由于需要安装辐射仪器，观测场南边缘向南扩展 10 米；要测定观测场的经纬度（精确到分）和海拔高度（精确到 0.1 米），其数据刻在观测场内的固定标志上；观测场四周应设置约 1.2 米高的稀疏围栏，围栏不宜采用反光太强的材料；观测场围栏的门开在北面；场地应平整，保持有均匀草层（不长草的地区例外），草高不能超过 20 厘米；对草层的养护，不能对观测记录造成影响；场内不准种植作物。为保持观测场地自然状态，场内铺设 0.4 米宽的小路，人员只准在小路上行走。有积雪时，除小路上的积雪可以清除外，应保护场地积雪的自然状态；根据场内仪器布设位置和线缆铺设需要，在小路下修建电缆沟（管）。电缆沟（管）应做到防水、防鼠，并便于维护；根据气象行业规定的防雷技术标准要求，观测场防雷属于第三类防雷建筑物，应采用第三类防雷措施。

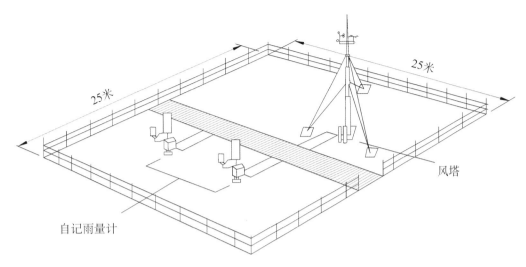

图 3-2　地面气象观测场示意（王兵等，2020）

（3）观测场内仪器设置。自动气象站在气象要素观测方面发挥了重要的作用，自动气象站具有获取资料准确度高、观测时空密度大、运行成本低等特点，大大提高了气象工作效率和气象观测的质量，实现了气象要素采集的自动化（王兵，2020）。自动气象站按照国家气象部门的要求，对温度、湿度、气压、风向、风速、辐射、日照、蒸发量、能见度等多个气象要素进行实时采集、处理、存储和传输的地面气象观测设备，仪器结构和原理参照《森林生态系统长期定位观测方法》（GB/T 33027—2016）。

3.3.2 森林小气候观测

"小气候"通常是指在一般的大气背景下，由于下垫面的不均匀性以及人类和生物活动所产生的近底层中的小范围气候特点，其涉及的水平范围在 10 ~ 10000 米间、垂直范围在 10 ~ 100 米间（王庚辰，2000）。森林小气候观测的目的是了解不同森林类型的小气候差异或森林对小气候的影响，通过对森林生态系统典型区域不同层次风、温、光、湿、气压、降水、土温等气象因子进行长期连续观测，了解林内气候因子梯度分布特征及不同森林植被类型的小气候差异，揭示各种类型小气候的形成特征及变化规律，为研究下垫面的小气候效应及其对森林生态系统的影响提供数据支持。将森林小气候与森林消长、群落动态变化同步观测，便于研究外界环境与森林群落或整个生态系统演替之间的相互关系、森林植被生长的物候潜力，为林业区划、森林资源利用和保护、林木生长乃至森林在区域和全球气候、环境变化中的作用提供科学依据。

（1）观测场设置要求。观测场的主要环境因子(气候、土壤、地形、地质、生物、水分)和树种、林分等应具有代表性，下垫面能够反映生态系统的特征和季节变化的特点。不应跨越两个林分，注意避开道路、河流及人为生产活动等影响。观测样地的形状应为正方形或长方形，地势应较平缓。林分面积 ≥ 50 米 × 50 米或观测场地内林木胸径（DBH）≥ 4 厘米的株数不少于 200 株。

（2）观测塔的建设。应建立固定的森林小气候观测塔。塔的水泥底座面积应足够小，确保不改变局部下垫面性质。建造过程中应注意保护塔四周下垫面森林的状态。观测塔的位置应位于观测场地中央或稍偏下风侧。塔应高出主林冠层。观测塔通常为拉线式矩形塔，塔体及其横杆的颜色应涂为银白色或浅灰色。观测塔的设计要方便工作人员安装检修仪器。观测塔应安装避雷系统。

（3）观测仪器的布设和安装。森林小气候观测方法主要有常规观测和梯度观测两大类，常规仪器观测方法与一般的常规仪器观测方法除一个布设在森林内，一个布设在森林外，观测方法一致。而梯度观测与常规观测存在显著差别，是对森林小气候垂直方向差异的观测，依据《森林生态系统长期定位观测指标体系》（GB/T 35377—2017）和《森林生态系统长期定位观测方法》（GB/T 33027—2016）规定，森林小气候梯度要素观测内容和观测层次分为地上四层和地下四层，见表3-3和图3-3。

表3-3　小气候观测塔传感器安装位置和高度

安装位置和高度	传感器
冠层上3米	风向传感器（1个）、风速传感器（1个）、空气温湿度传感器（1个）、辐射传感器（1个）
冠层中部	风速传感器（1个）、空气温湿度传感器（1个）、辐射传感器（1个）
距地面1.5米	风速传感器（1个）、空气温湿度传感器（1个）、辐射传感器（1个）
地被层	风向传感器（1个）、风速传感器（1个）、空气温湿度传感器（1个）、辐射传感器（1个）
地面以下5厘米	土壤水分传感器（1个）、土壤温度传感器（1个）、土壤热通量传感器（1个）
地面以下10厘米	土壤水分传感器（1个）、土壤温度传感器（1个）、土壤热通量传感器（1个）
地面以下20厘米	土壤水分传感器（1个）、土壤温度传感器（1个）
地面以下40厘米	土壤水分传感器（1个）、土壤温度传感器（1个）

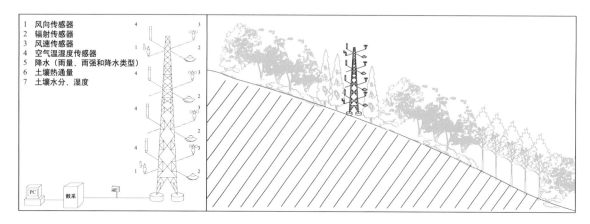

图3-3　森林小气候观测系统布设示意

3.3.3 树木年轮观测

树木年轮以独特的方式记载了长时间序列的树木生长信息，由于树木生长与气候环境和干扰具有紧密联系，树木年轮在生态响应、气候重建、生态系统生产力演变和水文变化过程研究方面具有重要价值。通过对树木年轮宽度、密度测定及年轮元素的分析，建立树木年轮表，探求不同树种生长与气候因子的关系，推测过去环境变化尤其是环境污染状况；根据区域内的气象资料和同时期的树木年轮信息，建立树木年轮数据与气象数据的相关关系，并据此重建典型气候带的气候变化谱，进一步揭示气候变化对森林生态系统的影响。

（1）样地设置与仪器设备。选择树木生长对环境因子（温度、降水等）变化非常敏感的地区，根据研究目的，按照海拔、坡向、坡位等因子进行样地设置。根据树木材质的不同，选取两线或三线螺纹式钻头取样。通常两线螺纹式生长锥适合硬质的树木，每旋转一圈可转进 8 毫米，三线螺纹式生长锥适合木质较软的树木，每旋转一圈可转进 12 毫米。

（2）采样方法。每个样地同一树种样本为 20 ～ 30 株，北方地区 20 株为宜。选择树木基部、根茎无动物洞穴、无干梢、树干通直的树木。为了重建尽量长时间的年轮气候变化谱，应选取树龄较长的树木包括枯死的古老树木。

活体树木用生长锥在树干胸径处采样，方向一般与山坡等高线方向一致，或者与山坡的坡向垂直，同一样地内采样方向必须保持一致。对已死亡的树木，在树干均匀处截采样本盘（树木截面）。用生长锥采样时，先将锥体取出装在锥柄上，然后将生长锥保持水平，两手持锥柄两端，前端螺旋刃口对准树体，旋转锥柄。当锥体过树芯后，停止旋转锥柄。用取芯勺提取钻芯，将勺尖紧紧贴在锥体内壁，平稳较快地提取钻芯并放置于钻条箱中。

（3）样品分析。待取回的样本自然风干后，用白乳胶将其固定在样本槽内，确保样本的木质纤维直立在样本槽内。样本槽长 0.8 ～ 1.2 米，宽 4.3 ～ 4.5 毫米，深 2.0 ～ 2.5 毫米。使用时截成比样芯略长的小段木条，在木条两端书写或粘贴样芯编号。固定后的样芯依次使用砂粒为 ISO (77) 240 号、320 号、500 号和 600 号 4 种规格的砂纸打磨抛光，使样本达到光、滑、亮，轮界清晰分明，以在 40 倍显微镜下可以看到清晰的细胞轮廓为止。

年轮宽度分析系统。由 LINTAB 数控操作平台、高分辨率显微镜、计算机及标准年轮分析软件四部分组成。年轮宽度测量采用年轮定位测量技术，将树轮样本盘或样芯固定在特制的可移动精确操作台架上，通过高分辨率显微镜对年轮边界精确定位，并通过精确的转轮控制对操作台上样芯或样盘精确移动，测量年轮宽度，专业年轮分析软件实时记录测量数据并进行统计和分析。

（4）交叉定年。生长在同一生态环境下的树木，由于受到同样的限制因子作用，其年轮的宽窄变化应该是同步的。如果在某一个年轮序列中存在失踪年轮、断轮或伪年轮，那么它与树干的另一侧读得的年轮序列就无法重叠起来。把这两个序列绘在图上，年轮变化曲线就会出现明显的位相差，通过比较最终确定每个年轮正确的生长年份。交叉定年要先从同一株树的不同样本开始对比，无误后再与其他树木的样本对比。交叉定年可以在样本上直接进行，也可以先量测，然后利用量测的轮宽序列进行定年。在定年前，对所有的样本都进行一次目估，进一步了解每一个样本年轮的走向、清晰程度、是否有疖疤、病腐等，选取生长正常的样本部分定年。

（5）年表编制。使用国际树木年轮数据库 ARSTAN 程序（显著水平为 $P=0.05$）编制 3 种树轮宽度年表，即标准年表（STD）、差值年表（RES）和自回归年表（ARS），能够增加在气候重建中年表的可选择性。生长量校正和标准化过程，能够消除树木生长中与年龄增长相关联的生长趋势及部分树木之间的非一致性扰动，排除其中的非气候信号。

标准化年表。对树木年轮样本进行前处理、初步定年和轮宽测定。通过轮宽的标准化，剔除与树龄有关的生长趋势，得到年轮指数，再根据指数序列与主序列之间的相关系数，剔除相关性差的标本，最后采用双权重平均法合并得到常规意义上的年轮年表。

差值年表。在标准化年表的基础上，考虑到森林内部由于树与树之间的竞争以及可能存在的人类活动导致的树轮宽度序列的低频变化，以时间序列的自回归模式对标准化年表进行拟合并再次标准化，去掉树木个体特有的和前期生理条件对后期生长造成的连续性影响而建立的一种年表，它只含有群体共有的高频变化。

自回归年表。估计采样点树木群体所共有的持续性造成的生长量，再将其加回到差值年表。它既含有群体所共有的高频变化，又含有群体所共有的低频变化。

（6）年表特征分析。利用树木年轮宽度、年轮密度和年轮元素浓度等资料以及必备的气象资料，采用单相关、逐步回归分析法建立回归方程，并利用误差缩减值、符号检验、乘积平均数以及逐一剔除法对回归方程进行检验。

重建结果特征分析主要包括变化阶段分析、周期分析、最大熵谱分析、频率极值分析、趋势分析和突变特征分析。

利用已有的资料，将所得到的重建结果与其他研究人员所得结果进行比较，一般包括阶段比较、突变比较、趋势比较等。

3.3.4 森林生态系统空气负离子、痕量气体观测

森林生态系统也是痕量气体重要的源和汇之一。通过野外长期连续定位观测森林生态系统负离子、痕量气体和气溶胶浓度的动态变化，掌握其时空分布规律和森林生态系统对空气负离子、痕量气体和气溶胶的调控，对阐述这些痕量气体导致温室效应的机理，揭示痕量气体在大气中的浓度变化趋势及变化机理，准确评价森林生态系统与环境之间的关系具有重要的意义。

（1）空气负离子。当自由电子与其他中性气体分子结合后，形成带负电荷的空气负离子。空气负离子的测量可利用负离子检测仪、量子级联激光探测器系统、大或中流量采样

器、孔口流量计等。选择典型林分设置观测样地，对角线五点法布设观测点，同时在垂直方向上布设梯度观测点进行连续观测。在选定的观测点对空气负离子进行同步观测。若无法实现同步观测，对所选观测点应在同一时段内测定完毕，并在该时段内对各观测点进行重复观测，再分别将各观测点所得数据取其均值，作为该时段内观测点上的空气负离子值。在同一观测点相互垂直的 4 个方向，待仪器稳定后每个方向连续记录 5 个负离子浓度的波峰值，4 个方向共 20 组数据的平均值为此观测点的负离子浓度值。观测频率为每月 1 次，每次 3 ~ 5 天，选择晴朗稳定的天气，每天观测时间为 6:00 ~ 18:00，间隔 2 小时观测 1 次，每次采样持续时间不少于 10 分钟。

（2）痕量气体观测。大气痕量气体测量主要采用光谱法和化学方法。光谱法相较化学方法更具优势，其可以反映一个区域的平均污染程度，不需要多点取样；能对不易接近的危险区域进行监测，可以同时测量多种气体成分。所以，光谱学技术是当前大气痕量气体在线监测的发展方向和技术主流（刘文清等，2004）。根据长期定位观测的特点，建议采用光谱学技术作为痕量气体观测方法，并给出观测仪器结构和原理、观测仪器的布设和安装、采样和数据采集。痕量气体观测仪器主机可放置在观测场的观测房内；采样进气口距离屋顶平面的高度以 1.5 ~ 2.0 米为宜。仪器机房位于大型建筑内（高度超过 5 米）时，采样口的位置应选择在建筑的迎风面或最顶端，采样进气口距离屋顶平面的高度应适当增加。系统测量环境温度应在 5 ~ 30℃。将采样管连接主机上，开启电源，设定样本测量时间后可开始测量。

3.4 森林生态系统生物要素观测方法

3.4.1 长期固定样地观测

生态系统的功能包括能量流、物质流和信息流（孙儒泳，2002）。生物是生态系统的核心部分，是生态系统功能的真正实现者，是生态系统结构与功能状况的直接体现者，生物要素观测是生态系统监测与研究的主体和核心。通过选定具有代表群落基本特征的地段作为森林生态系统长期定位观测样地，获取森林生态系统结构参数的样地观测数据，为森林生态系统水文、土壤、气候等观测提供背景资料。同时，开展森林生态系统生物群落动态变化的长期定位监测，为深入研究森林生态系统的结构与功能、森林可持续利用的途径和方法提供数据服务。

3.4.1.1 样地选择及设置

样地选择。样地设置在所调查生物群落的典型地段；植物种类成分的分布均匀一致；群落结构要完整，层次分明；样地条件（特别是地形和土壤）一致；样地用显著的实物标记，以便明确观测范围；样地面积不宜小于森林群落最小面积；森林生态系统动态观测大样地面积为 6 公顷，形状为长方形（200 米 ×300 米）。

样地体系设置。采用网格（络）法区划分割，区划单位的长度有 25 米、20 米、10 米及 5 米。首先将 6 公顷（200 米 ×300 米）样地分成 6 个 1 公顷样方，每个 1 公顷样方再分成 25 个 20 米 ×20 米样方，每个 20 米 ×20 米样方继续分成 16 个 5 米 ×5 米样方。使用行列数进行编号，行号从南到北编写，列号从西到东编写，如图 3-4。

样地设置步骤。全站仪定基线（中央轴线）。从样地中央向东、西、南、北 4 个方向测定行、列基线，在东西、南北两个方向上各定出三条平行线（平行线距离 20 米）。在基线的垂线上放样，在基线上每隔 20 米定一个样点，在每个样点上安置全站仪，按照基线垂直方向，定出基线的垂线，并在垂线上每隔 20 米定一个样点，将各样点连接，即可确定样地及其 20 米 ×20 米样格，如图 3-4。将 20 米 ×20 米样格划分为 5 米 ×5 米的样方。样地边界采用距离缓冲区法，即在样地内的四周设置带状缓冲区，通常缓冲区宽度为样地平均树高的 1/2 或不少于 5 米。对缓冲区内树木进行每木调查，但不定位。

编号	列号											西——东		
	0110	0210	0310	0410	0510	0610	0710	0810	0910	1010	1110	1200	1310	1410	1510
	0109	0209	0309	0409	0509	0609	0709	0809	0909	1009	1109	1209	1309	1409	1509
行号	0108	0208	0308	0408	0508	0608	0708	0808	0908	1008	1108	1208	1308	1408	1508
	0107	0207	0307	0407	0507	0607	0707	0807	0907	1007	1107	1207	1307	1407	1507
北	0106	0206	0306	0406	0506	0606	0706	0806	0906	1006	1106	1206	1306	1406	1506
↑	0105	0205	0305	0405	0505	0605	0705	0805	0905	1005	1105	1205	1305	1405	1505
南	0104	0204	0304	0404	0504	0604	0704	0804	0904	1004	1104	1204	1304	1404	1504
	0103	0203	0303	0403	0503	0603	0703	0803	0903	1003	1103	1203	1303	1403	1503
	0102	0202	0302	0402	0502	0602	0702	0802	0902	1002	1102	1202	1302	1402	1502
	0101	0201	0301	0401	0501	0601	0701	0801	0901	1001	1101	1201	1301	1401	1501

图 3-4　样地设置体系

林木定位与标识。对样地内胸径≥1.0 厘米木本植物（乔木、灌木、木质藤本）分别定位。采用极坐标法，在 20 米 ×20 米的样方内用罗盘仪与皮尺相结合对树木进行准确定位。用林木标识牌对所定位的每株林木进行编号并标识。林木编号以 20 米 ×20 米的样方为单位，对每个样方内的林木编号，编号用 8 位数字表示，其中前 4 位代表样方号，后 4 位代表样方内的林木编号。

3.4.1.2 生物要素数据观测与采样

样地基本情况观测。先观测样地的基本情况，描述内容主要包括植物群落名称、郁闭度、地貌地形、水分状况、人类活动等，并按图 3-5 观测样地内森林群落。

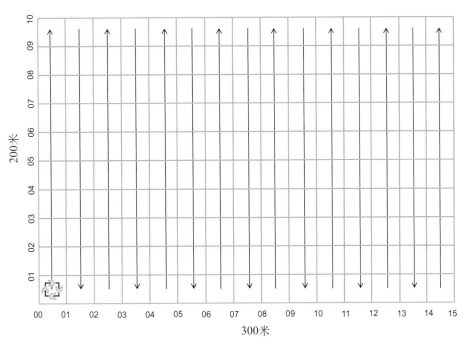

图 3-5　森林群落样地调查顺序

(1) 乔木层观测。准确鉴定并详细记录群落中所有植物种的中文名、拉丁学名。对于不能当场鉴定的，应采集带有花或果的标本，带回实验室鉴定；对样地内胸径≥1.0 厘米的各类树种的胸径、树高等进行逐一测定，并做好记录，每测一株树要进行编号，编号用 8 位数字表示，其中前 4 位代表样方号，后 4 位代表样方内的林木编号；按样方观测群落郁闭度，然后按每木调查数据，计算林分平均高度、平均胸径（如计算生物量则需要测定标准木）。

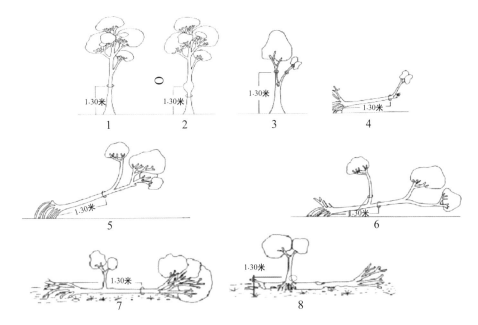

图 3-6　树木胸径测量标准示意图（引自《森林生态系统长期定位观测方法》）

注：图中的 2、3、6 应分别测量"O"处，取平均值。

采用围尺测量地面向上 1.3 米处树干，当树高 1.3 米处出现树干不规则现象，可按图 3-6 示意方法确定测量位置。在测树高时应以测量者看到树木顶端为条件，以米为计量单位。冠幅的测量，以两个人一组，一个人拿着皮尺贴树干站好，另一个人拉住皮尺的另一端向东、南、西、北 4 个方向转一圈，测定其冠幅垂直投影的宽度。

（2）灌木层观测。每个 20 米 ×20 米样方随机选取 5 个 5 米 ×5 米的样方，进行长期观测并记录灌木种名（中文名和拉丁学名），调查株数（丛数）、株高、盖度。多度测定，采用目测估计法，用 Drude 的 7 级制划分。密度测定，统计每一平方米样方内所测灌木的株数（丛数）。盖度测定，采用样线法，根据有植被的片段占样线总长度的比例来计算植被总盖度。

（3）草本层观测。每个 20 米 ×20 米样方内设置 5 个 1 米 ×1 米的草本小样方，调查并记录草本层种名（中文名和拉丁学名），调查草本植物的种类、数量、高度、多度、盖度。

（4）层间植物观测。层间植物主要以藤本植物和附（寄）生植物为主。藤本植物观测主要包括记录种名（中文名和拉丁学名），调查基径、长度、蔓数。附（寄）生植物观测主要包括记录种名（中文名和拉丁学名）、多度、附（寄）主种类。

3.4.2 植被生物量观测

3.4.2.1 乔木层各器官（干、枝、叶、果、花、根）生物量测定

指森林生态系统中乔木层有机物的干重，包括树干、枝、叶、果实、花和根的生物量。其中，乔木胸径和树高通过样地每木调查测定；选择平均胸径的立木作为标准木，或根据径级进行划分确定径级标准木，然后伐倒，进行树干解析，测定各部分（干、枝、叶、果、花、根）质量；选取各器官样品烘干称重，计算含水率，并将整株鲜重转换为干重。其中，枝叶进行分层、分级调查并取样，根系分层挖取并取样。

3.4.2.2 灌木层、草本层生物量测定

指森林生态系统中灌木层、草本层地上及地下的有机物干重总量。通过选取样方，记录物种名、株（丛）数、高度，确定优势种，调查各优势种的多度、丛幅和高度；并测定各优势种的基径，求平均直径和高。然后按平均直径和高选取各优势种标准株（丛）3～5 株（丛），齐地面收割，并挖出地下部分，草本全部收割，分别随机抽取 1 千克样品带回实验室，烘干称重，求出干重、鲜重比，进而推算整个灌木层和草本层的生物量。

3.4.2.3 森林群落的元素测定

植物样品中碳的测定，利用碳氮分析仪直接测定植物样品中碳含量。植物样品中氮、磷、钾的测定，采用 H_2SO_4-H_2O_2 消煮法制备用于测定植物样品全氮、全磷、全钾的待测液，用连续流动化学分析仪测定样品全氮，采用比色法测定样品全磷（分光光度计），用火焰光度计测定样品全钾（原子吸收仪）。

3.4.3 凋落物与粗木质残体观测

通过对森林生态系统凋落物、粗木质残体的长期观测,获取年凋落物量、粗木质残体贮量和凋落物分解速率的准确数据,掌握凋落物和粗木质残体分解规律,探讨凋落物和粗木质残体种类、数量和贮量上的消长与森林生态系统物质循环及养分平衡的相互关系,为研究森林土壤有机质的形成和养分释放速率、测算森林生态系统的生物量和生产力提供监测数据。

3.4.3.1 采样点设置

采样时应考虑环境异质性的变化。在每个样地内坡面上部、中部、下部与等高线平行各设置一条样线。环境异质性较小的林分,每条样线上等距设 3 个采样点;环境异质性较大的林分,在每条样线上设置 5 个采样点。

3.4.3.2 采样

凋落物采用直接收集法收集。用孔径为 1.0 毫米的尼龙网做成 1 米 ×1 米 ×0.25 米的收集器,网底离地面 0.5 米,置于每个采样点。全年采样,按月收集。将收集的凋落物按叶片、枝条、繁殖器官(果、花、花序轴、胚轴等)、树皮、杂物(小动物残体、虫鸟粪和一些不明细小杂物等)5 种组分分别采样,带回实验室。将带回实验室的样品,70 ~ 80℃烘干至恒重,按组分分别称重,测算林地单位面积凋落物干重。

粗木质残体采样。通常采用线截抽样法,在采样点用皮尺设置一个边长 10 米的正三角形,只将与三条边相截的所有粗木质残体作为调查对象。将粗木质残体根据尺寸大小和其状态进行分类,并依据分类标准确定其腐解等级。分类测量与三条边相截的粗木质残体长度及其与线条相截处的直径,并分别采样,称其湿重后记录带回实验室。

3.4.3.3 样品分析与数据处理

(1)年凋落物量的测定。将带回实验室样品,70 ~ 80℃烘干至恒重,按组分分别称重,测算林地单位面积凋落物干重。

(2)凋落物现存量的测定。将带回实验室的样品,70 ~ 80℃烘干至恒重,称重,测算林地单位面积现存凋落物干重。

(3)凋落物分解速率的测定。烘干的凋落物每份 200 克装入网眼 2 毫米 ×2 毫米的尼龙纱网袋(20 厘米 ×25 厘米)中并编号,种样品重复 3 ~ 5 个。模拟自然状态平放在样地凋落物层中,使网袋上表面与地面凋落物相平,网袋底部应接触土壤 A 层。依据研究目的,每份样品可分别设样,也可是叶、枝、花、果、皮等按比例的混合样,或者分为同一树种或样地内所有树种的混合样。放置的地点可以是同一生境,也可以是不同生境,每月取回样袋,清除样袋附着杂物,70 ~ 80℃烘干至恒重后称量,得到残留凋落物量。然后将样袋放在潮湿环境中,吸水至取回实验室时的含水量后,再放回原处。按月定期测定,即可获得凋落物逐月的分解过程。连续数年,直至样品完全失去原形,即可获得凋落物完整的逐年分解过程。

（4）粗木质残体贮量的测定。将不同腐解等级的粗木质残体标准株样品在 70 ~ 80℃烘干至恒重。计算干重（枯立木和倒木、大枝、根桩）、粗木质残体体积、粗木质残体密度。根据计算结果，测算标准株以及林地单位面积粗木质残体贮量。

凋落物与粗木质残体数据处理参见《森林生态系统长期定位观测方法》（GB/T 33027—2016）。

本章小结

森林生态要素观测方法是森林生态连清数据质量的重要保障。本章重点对东北地区森林生态系统长期定位研究的水文、土壤、气象、生物及其他要素的观测方法进行了较为详细地论述。东北地区森林生态连清各生态要素的观测，应严格遵循国家标准《森林生态系统长期定位观测方法》（GB/T 33027—2016），使森林生态连清野外观测数据更系统、更全面、更精确，且观测结果更具科学性与可比性。

第 4 章

大数据与森林生态连清

进入 21 世纪，我国森林生态系统定位观测研究网络飞速发展，大量的野外观测新技术和先进观测设备得到应用，森林生态站的监测也由原来的单站点、多站点联合逐渐走向流域、区域甚至国家尺度的联网观测，不断深化联网观测和联网研究的内容，并逐渐将自然生态要素与社会经济要素相结合，实现数据的共享和集成。森林生态系统长期定位观测数据呈现出指标数量多、数据类型丰富、长期连续性强、观测频度差异大等大数据特征，为基于大数据的生态系统服务功能评估提供了良好的数据基础（王兵等，2015）。森林生态观测数据的采集、传输、集成、存储和共享、分析、应用等理论和技术问题的解决，对实现森林生态观测数据的可感知、自动传输、多站融合、质量控制、数据资源共享、大尺度多维度分析，发挥森林生态观测数据在林业经营管理、生态效益评价等方面的应用具有重要意义。

4.1 森林生态连清数据发展趋势

4.1.1 森林生态连清数据发展

4.1.1.1 大数据时代之前的森林生态连清

1997 年，Costanza 等对生态系统服务的评估在生态学界引起轰动，但人们也指出这项估算存在较大偏差（谢高地等，2001）。究其原因是研究者在进行评估时采用的是小样本数据，且未构建评估指标体系，仅仅通过前人的研究结果对某一生态系统类型赋值，这样的数据缺乏准确性。国内相关学者采用 Costanza 等的研究结果，对森林生态系统服务功能开展了评估（蒋延玲等，1999；陈仲新等，2000；谢高地等，2003；余新晓等，2005；蔡中华等，2014）。但由于数据基础不扎实、数据量较少等问题，其评估结果存在高或过低的问题，且无法开展深入评估。由于以上不足的存在，导致评估结果在应用方面很难展开，无法为森林资源的保护与可持续发展提供科技支撑。

国内外还有一些研究人员虽然未采用 Costanza 等研究结果，但采用了他人或者相关部门发表的数据而进行了森林生态系统服务功能评估，其共同点是数据量少，且未利用实测数据进行验证，对于数据的准确与否未作出判断，不能对研究结果的空间分布格局、影响因子、发展趋势等进行深入的分析（David 等，1997；欧阳志云等，1999；薛达元等，1999；Richard 等，2002）。还有一部分研究，由于其评价过程中存在问题尚多，评价手段和数据应用上存有局限性，导致评估结果同样存在或多或少的问题（肖强等，2014），其成果仅能为部分林业政策的制定和环境工程的评价起有限的参考作用。

4.1.1.2 基于表象大数据的森林生态连清

随着"3S"技术的广泛应用，国外众多研究人员基于这项技术相继研发了多种适合于评估大尺度森林生态系统服务功能的生态模型，开辟了森林生态系统服务功能价值动态评估的新纪元（赵金龙等，2013）。目前，森林生态系统服务功能评估的模型有 GUMBO 模型（Boumans 等，2002）、InVEST 模型（Nelson 等，2008）和 IBIS 模型（Farquhar 等，1980）。

所有模型的特点均包括多个子模型，需要大量的数据支撑。模型的数据分为两部分，其一为评估数据，用来开展评估工作；其二为校正数据，用来调试模型（修正模型系数），使得模型适合在某一区域开展评估。但是，这些模型也有自身无法克服的缺点，如运行出错、数据库形式要求严格、对矢量图要求较高、全面评价生态系统服务时单薄不完整、子模型较为复杂等。基于模型开展的生态系统服务功能评估，所采用的数据看似具有数据量巨大、类型多样、来源广泛等大数据的特征，但是这些数据并不是连续获取的，而是采自于某一时段，也是属于采样数据。虽然采样数据有一定的随机性，但由于随机性程度不高，会影响数据的准确性，最终对评估结果造成影响。

还有一种表象大数据类型的森林生态系统服务功能评估，其特点为有众多科学家或组织参与、所使用的数据复杂多样和评估区域较大。如 2001—2005 年世界卫生组织、联合国环境规划署和世界银行等机构联合，首次对全球生态系统进行了综合评估，将生态系统服务功能与人类福祉建立了相关联系（MA，2005）。这项评估耗时 4 年，大约有 1500 名科学家、专家和非政府组织的代表参加这一活动。2009—2011 年，英国组织了 500 多名科学家，参照国际上 2001—2005 年开展的千年生态系统评估的模式，完成对英格兰、北爱尔兰、苏格兰和威尔士 4 个地区的 25 项生态系统服务功能评估。这些评估结果所采用数据量虽然很大，但是缺乏数据的连续性（时间和空间）。

4.1.1.3 基于大数据的森林生态连清

大数据时代之前的统计数据多属于抽样数据，由于所使用统计方法或方式受到技术手段的限制，诸多详细信息会被忽略或遗漏，这样数据只能反映出事物的大体趋势；利用政府 / 组织的统计数据或者他人研究结果数据开展的森林生态系统服务功能评估，由于其受到数据准确性的限制，评估结果存在极大的偏差，可比性较差。生态系统服务只有在景观和区域等更大尺度上才能够得以充分表达和为人类所感知（Prager 等，2012；Tscharntke 等，2012），在大尺度上进行生态系统服务功能评估，必须获取海量的生态数据。大数据的另一项核心功能是预测，生态系统评估除了评价其现状外，还可以通过评估结果去预测其发展趋势（傅伯杰等，2001）。进入 21 世纪以来，生态系统定位观测研究网络飞速发展，观测尺度从站点走向流域和区域，逐渐将自然生态要素与社会经济相结合，深化了联网观测和联网研究，使得研究者日益注重数据共享和集成，促进了大数据的产生。再加上野外观测技术的发展和先进观测设备的应用，使得生态系统观测数据积累量飞速增加，为基于大数据生态系统服务功能评估提供了良好的数据基础。

生态系统定位观测研究网络的诞生，使得生态系统野外观测数据告别了采样实验阶段，进入了清查时代。各个站点通过先进的观测设备获取大量、连续、翔实的数据，收集数据并进行简单处理（除去漂移数据、冗余数据），最后由生态网络中心将这些数据感知和融合并对其进行有效的表示。传统的数据处理方式已不能将这些大量、复杂、类型多样的数据价值表示出来，需要全新的大数据处理手段，即分布式数据处理。基于大数据的森林生态系统服务功能评估，将这项工作带入了一个全新的高度，其在生态系统服务评估发展历程的重要性与 Costanza 等开启生态系统服务功能评估和 MA（2005）构建生态系统服务与人类福祉的关系等价，同样具有里程碑的意义。基于大数据的森林生态系统服务功能评估，能够在大数据中获取所需要的详细信息，开展多尺度镶嵌评估工作。同时，还可以避免数据样本较少所带来的随机性误差，使评估结果更趋于精准。近年来，中国森林生态系统定位观测研究网络（CFERN）发展迅速，布局不断完善，森林生态站的长期监测数据和分布式测算方法为森林生态系统服务功能的评估提供了数据和技术支撑（王兵等，2004；Niu 等，2013）。

4.1.2 森林生态连清大数据特征

森林生态连清数据具有数量（Volume）、多样性（Variety）、速度（Velocity）以及真实性（Veracity）等大数据的"4V"特征，如图 4-1 所示。

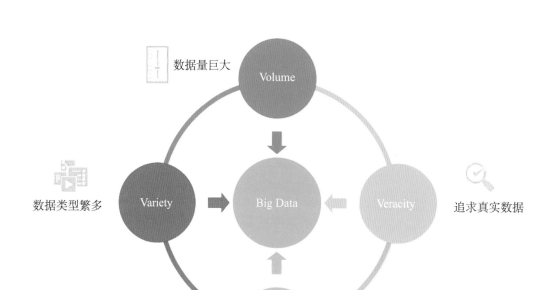

图 4-1 "4V" 理论

4.1.2.1 数据体量巨大

大数据的体量远不止上万行，而是动辄几十亿行，数百万列。数据量至少达到 PB（1PB=1024TB）级别，可以达到 EB（1EB=1024PB）甚至是 ZB（1ZB=1024EB）级别的数据量。随着我国森林生态系统定位观测研究网络的不断发展，森林生态连清观测尺度的不断深化和扩大，产生了巨大的观测及其衍生数据，当前森林生态连清领域的数据规模已经达到大数据的级别。再加上野外观测技术的发展和先进观测设备的应用，使得森林生态连清观测指标不断增加（附表 1），促使数据积累量飞速增长，为基于大数据的森林生态系统服务功能评估提供了良好的数据基础。

4.1.2.2 数据类型多样

在森林生态连清体系中，数据来源主要包括国家林业和草原局森林资源连续清查数据、全国森林生态站实测的森林生态连清数据和权威机构公布的社会公共资源数据这三大类。其中，森林资源连续清查提供的数据主要有林分面积、林分蓄积年增长量及林分采伐消耗量；社会公共资源数据则包括统计、物价等权威机构公布的社会公共数据，如各种统计年鉴、各种公报等发布的水质净化费用、排污收费标准等。这些数据既包括结构化数据（如表 4-1、表 4-2 所示的是某自动气象站采集的气象要素数据），也包括非结构化数据（如林业遥感数据）等。当前森林生态连清大数据主要包括结构化数据（即行数据，存储在数据库里，可以用二维表结构来表达逻辑实现的数据）和非结构化数据，相对于结构化数据，非结构化数据不能用数据库二维表来展现，它包括所有格式的办公文档、文本、图片、音频和视频信息等。未来 80% ~ 90% 的数据增长都将是非结构化数据，这对数据的存储和处理能力提出了更高要求。

表 4-1 气象要素结构化数据目录

目　录		
		备注
气压	转到表格	有
10米处风速	转到表格	有
10米处风向	转到表格	有
空气温度	转到表格	有
地表温度	转到表格	有
5厘米深度土壤温度	转到表格	有
10厘米深度土壤温度	转到表格	有
20厘米深度土壤温度	转到表格	有
40厘米深度土壤温度	转到表格	有
空气湿度	转到表格	有
辐射	转到表格	有
光合有效辐射	转到表格	有
冻土	转到表格	无
降水量	转到表格	有
水面蒸发量	转到表格	有
空气负离子	转到表格	无
PM$_{2.5}$颗粒物浓度	转到表格	无
PM$_{10}$颗粒物浓度	转到表格	无
……		

表 4-2 10 米处风速气象要素观测数据

年	月	日	1:00	2:00	3:00	…	22:00	23:00	24:00	最大	最小	平均	备注
2016	1	1	0.6	0.9	0.7	…	1.4	1.0	0.7	3.6	0.6	1.7	
2016	1	2	0.5	0.9	0.4	…	0.6	0.7	0.5	1.3	0.0	0.6	
2016	1	3	0.4	0.6	0.6	…	0.2	0.2	0.4	1.1	0.0	0.5	
2016	1	4	0.1	0.2	0.2	…	0.7	0.6	0.3	1.0	0.0	0.5	
2016	1	5	0.3	0.4	0.2	…	0.9	1.1	1.2	2.0	0.2	0.9	
2016	1	6	0.7	0.6	0.5	…	0.6	0.6	0.6	1.1	0.1	0.6	
2016	1	7	0.7	0.6	0.6	…	0.7	0.5	0.3	2.0	0.1	0.7	10米风速
2016	1	8	0.3	0.3	0.6	…	0.4	0.3	0.2	1.5	0.0	0.6	
2016	1	9	0.3	0.2	0.4	…	0.6	0.7	0.7	2.2	0.2	0.7	
2016	1	10	0.8	0.8	0.6	…	0.5	0.6	0.5	1.1	0.3	0.7	
2016	1	11	0.6	0.7	0.5	…	0.2	0.4	0.6	1.1	0.1	0.6	
2016	1	12	0.4	0.5	0.6	…	0.8	0.7	0.8	1.8	0.3	0.6	
2016	1	13	0.8	0.6	0.4	…	0.3	0.3	0.2	1.2	0.1	0.5	
…	…	…	…	…	…	…	…	…	…	…	…	…	

即使是结构化数据，数据格式也存在巨大差异。首先，不同属性数据之间的类型不同，如表示气压的数据是数值型数据，而表示采集日期的数据是时间类型的数据；其次，不同属性数据之间的精度不同，如大气降水数据最多有一位小数，而空气最高温度数据包含固定的两位小数；第三，同一属性数据的位数也不一定相同，如表示空气相对湿度的数据中，小数位数并不完全相同。在大数据时代来临之前，使用传统方法能够处理这些数据格式上的差异。但是，随着数据量的爆炸式增长，传统方法受制于自身的局限性，仅仅在简单的数据格式处理上已显得力不从心。大数据技术的发展为处理这种不同类型、不同格式的海量数据提供了可能。

4.1.2.3 数据处理速度快

大数据处理遵循"1 秒定律"，这是大数据区别于传统数据挖掘的最显著特征。这里的"快"有两个方面：一方面是数据产生快，在森林生态连续清查中，数据均由森林生态站的仪器设备进行采集，在对数据进行初步预处理和存储之后会进行持续不断地传输；另一方面是要求数据处理快，例如搜索引擎要及时收录刚刚发布的新闻信息，使得用户能够尽快查询到，或者尽可能以实时方式对客户进行个性化推荐等。

4.1.2.4 数据准确性高

数据的重要性在于对决策的支持，而真实、准确的数据是成功决策的基础，这是大数据应用中最重要一点。在森林生态连清体系中，基于大数据技术对森林生态站长期观测数据开展的森林生态系统服务功能评估，能够获取更多详细信息，进而开展多尺度镶嵌评估工作。同时，还可避免小数据样本选择所带来的随机性误差，使评估结果更趋于真实值，进而为森林资源的保护与可持续发展提供数据支撑。

4.1.3 大数据技术在生态系统研究中的应用

4.1.3.1 大数据概念

近年来，大数据迅速成为学术界关注的焦点，*Nature* 和 *Science* 等著名期刊发表专刊探讨大数据带来的挑战和机遇，掀起了对其研究的热潮。与传统的数据相比，大数据给我们带来了巨大的挑战，但同时还蕴含着划时代的意义，特别是对大数据的积累、处理和应用将成为国家综合实力的新标志，有助于推动社会经济和科学的持续发展。现在，大数据战略被认为是世界下一个创新、竞争和生产力提高的前沿（宋庆丰，2015）。

大数据本身并不是一个新出现的概念。在 1980 年，著名未来学家阿尔文·托夫勒在《第三次浪潮》一书中将"大数据"称为"第三次浪潮的华彩乐章"。大数据亦称为大规模数据或海量数据，其数据量之大以及其复杂程度已无法通过目前的主流数据分析工具，在合理的时间内加工、处理，是需要新的处理模式才能具有更强决策力、洞察发现力和流程优化能力的海量、高增长率和多样化的信息资产。大数据技术能够将数据量规模巨大到无法通过人工和主流软件工具在合理时间内达到截取、管理、处理的数据，整理成为人类所能解读的信息，为解决以前不可能解决的问题带来了可能性。大数据正在改变着我们理解世界的方式，通过分析大数据可以探寻现象背后隐藏的规律，继而制定相应的措施。2014 年 3 月 5 日，李克强总理在第二届全国人大二次会议上作政府工作报告中明确指出，要设立新兴产业创业创新平台，在大数据等方面赶超先进，引领未来产业发展。

4.1.3.2　大数据技术发展趋势

　　大数据是多学科交叉的综合性研究，涉及数学、统计学、计算机科学和管理科学等多个学科。大数据应用更是与互联网、金融、农业、林业等多领域相融合，这种交叉融合催生了数据科学的产生和兴起。数据科学研究的对象是数据本身，研究认识数据的各种类型、状态、属性及其变化形式和变化规律，其目的在于揭示自然界和人类行为的现象和规律。简单来说，数据科学是利用相关理论以及专业领域知识，借助计算机的运算能力对数据进行处理和分析，从数据中提取信息，进而形成"知识"，为未来的决策提供数据支撑。数据科学属于应用科学，在应用过程中必须与有关专业领域相结合，如图 4-2 所示。

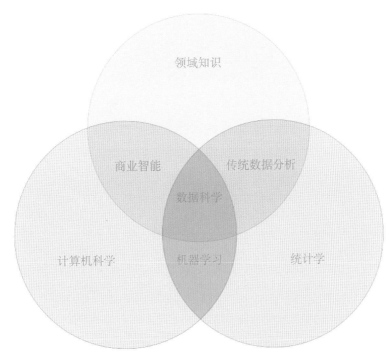

图 4-2　数据科学是交叉学科

　　数据科学是面向未来的，它不是简单地汇总历史数据，而是采用探索的方式分析数据来了解当前的情况，进而预测未来某个事件"是否会发生""如何发生"以及"为什么会发生"。这与大数据的很多应用不谋而合，大数据的热潮促进了数据科学的发展，数据科学为大数据注入源源不断的动力。

4.1.3.3 大数据在生态系统研究领域的应用

生态学研究已进入信息化时代，生态学家利用现代化的数据采集与传输工具，开展数据密集型科学研究来解决错综复杂的生态环境问题，如全球气候变化、环境污染、生物多样性保护等。以上问题的解决，需要开展多学科交叉研究，获取海量的数据，通过对海量数据的交换、整合、分析，实现科学和技术的新发现，形成新知识，用以解决生态环境问题（杨宗喜等，2013）。

生态系统是生态学领域的一个主要结构和功能单位，属于生态学研究的最高层次。大数据在生态系统研究方面的应用，最早可以追溯到国际地球物理年（1957—1958 年）和国际生物学计划（IBP）（1964—1974 年）。其目的是收集大量的数据，后来这种研究演变成了现在的美国长期生态研究计划（LTER）（Aronova 等，2010）。LTER 主要是依托研究站开展生态系统过程与格局方面的研究工作，并系统地收集和存储所有观测数据，进而开展生态预测和更好地为社会发展服务（赵士洞，2004）。在我国，可以追溯到 20 世纪 50 年代末 60 年代初开展的森林生态系统专项半定位观测研究，后来发展成中国森林生态系统定位观测研究网络（CFERN），其目标是通过在典型的森林生态系统内建立生态站，开展长期定位观测和采集数据，进而揭示森林生态系统结构和功能。

在国内外还有许多这样的观测网络，均为以长期定位观测为基础的生态系统研究网络，其所采集的数据属于大数据。例如：中国生态系统研究网络（CERN）也属于以采集大数据为基础的大型野外科研平台，其观测数据均由仪器设备传感器获得，且处于不断传输状态，这些数据各式各样，且蕴含着巨大的价值。大数据应用关键的第一步是感知和融合数据并对其进行有效地表示（靳小龙等，2013），生态系统的变化如何对人类生活产生影响，最终会体现在生态系统服务功能上。所以，大数据在生态系统研究方面的应用，还需要依靠生态系统长期定位研究的网络化。

4.2 森林生态连清大数据平台建设

4.2.1 森林生态连清大数据存储

数据存储与大数据应用密切相关。森林生态连清获取的数据规模庞大，可能需要存储 PB 甚至 EB 级别的数据，并且对数据处理的有效性、实时性要求较高，如森林小气候观测的应用，需要采用流式处理的方式分析数据，实时显示数据的分析结果。显然，本地文件系统已无法满足这样需求。在大数据环境下，需要为林业大数据建立分布式文件系统（Distributed File System，DFS）和非关系型数据库（Not Only SQL，NoSQL）。

4.2.1.1 分布式文件系统。

分布式文件系统就是分布式+文件系统，可以解决数据存储容量、数据备份等问题。从用户的角度来看，DFS 是一个标准的文件系统。用户在使用分布式文件系统时，无需关心数据存储在哪个节点上，可以像使用本地文件系统一样存储和管理文件系统中的数据。从内部实现来看，分布式文件系统是由很多节点组成的一个文件系统网络，每个节点可以分布在不同的地方，一个数据文件也可以由不同的节点进行存储，节点之间通过网络进行通信和数据传输。分布式文件系统为海量数据的存储提供了近乎无限的扩展能力。以分布式文件系统的代表——Hadoop 分布式文件系统（Hadoop Distributed File System，HDFS）为例，介绍分布式文件系统的基本原理及其特点。HDFS 是一种具有高容错、高可靠性、高可扩展性、高获得性、高吞吐率等特征的分布式文件系统。HDFS 可以为大量用户提供性能优越的文件存取服务，是海量数据存储解决的理想方案。

HDFS 采用 Master/Slave 架构，集群由一个 NameNode、一个 Second NameNode 及大量 DataNode 组成。HDFS 将元数据和应用数据分别存储在 NameNode 及 DataNode 中，各节点之间通过 RPC 协议进行通信，HDFS 架构如图 4-3 所示。

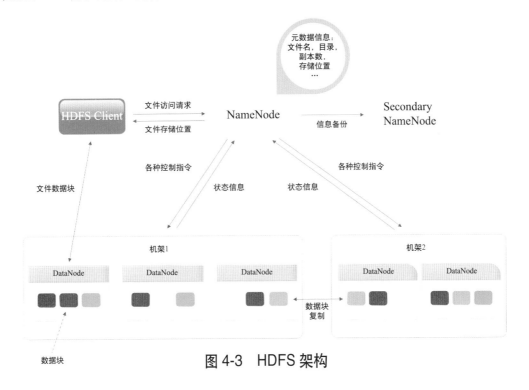

图 4-3 HDFS 架构

NameNode 是 HDFS 架构中最为重要的组成部分，相当于 HDFS 的大脑。一个 HDFS 集群中只能有一个节点作为 NameNode，它的主要作用是根据用户的设定配置副本数量，管理 HDFS 的命名空间，确定数据块与 DataNode 之间的映射以及处理客户端读写（Client）请求。

Secondary NameNode 的作用是定期同步 NameNode 中元数据映像文件和修复日志。当 NameNode 故障时，需要人工干预将新的 NameNode 恢复到 Secondary NameNode 保存的快照状态。Secondary NameNode 在一定程度上可以减少丢失的数据，降低集群的宕机时间。但是，Secondary NameNode 并不是 NameNode 的备用节点，更不是其热备。

DataNode 在 HDFS 集群中可以有多个，它在 NameNode 的统一调度下对数据块进行创建、删除和复制等操作。DataNode 还会定期向 NameNode 发送心跳消息，证明自己还"活着"，并且把自身存储的数据块信息报告给 NameNode，以保证 HDFS 集群元数据的实时更新。此外，DataNode 会根据客户端发来的请求，读取指定数据并返回给客户端或者将数据存储到指定位置。客户端（Client）是 HDFS 与外界交流的接口，用户可以通过客户端对 HDFS 文件系统进行访问和管理。

HDFS 存储数据文件时，会根据该文件的大小将其切分成若干个数据块（默认大小为128M），并以多个副本（默认为3）的方式存储在不同的 DataNode 上，数据块的大小和副本数量可以由用户根据具体需求自行设定。其具体有 3 个优点：一是多副本存储提高了数据的冗余性，即使某个 DataNode 出现故障，数据也不会丢失；二是由于不同 DataNode 之间通过网络传输数据，多副本存储可以判断节点之间数据传输是否出错；三是多副本存储可以让用户从不同的 DataNode 节点上读取数据，大幅度提高了数据读取速度。

数据块的副本放置与 HDFS 副本放置策略有关。HDFS 采用机架感知（Rack-aware）策略来放置数据块的副本。首先，将数据块的第一个副本放到同一机架的另一个节点上，然后第二个副本放到本地机架的其他任意一个节点上，最后将第三个副本放在其他机架的任意节点上，如图 4-4 所示。这些副本并不是均匀地分布在不同的机架上。通常两个不同机架上的节点通过交换机进行相互通信，大多数情况下相同机架上机器间的网络带宽会高于两个机架之间的网络带宽，因此在同一个机架上放置两个副本可以充分利用到机架内的高宽带特性，将另外一个副本放在不同的机架下，提高数据的安全性。

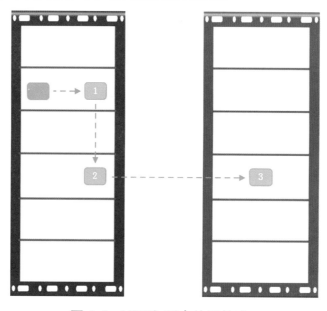

图 4-4　HDFS 副本放置策略

作为分布式存储系统，HDFS 为数据的安全提供了双保险。在架构层面，针对 Name Node 的单节点问题，HDFS 利用 Secondary Name Node 提供容错和恢复机制，一定程度上降低因 Name Node 故障导致数据丢失的风险。在数据存储层面，HDFS 采用多副本的方式存储数据提高了数据的可靠性；同时 HDFS 会尽量让程序读取离它最近的副本，尽可能地降低读取延迟和带宽消耗，如图 4-5 所示。整个读取的流程非常简单，客户端先向 NameNode 发起文件读取的请求，NameNode 收到请求之后，根据已经保存的元数据信息，返回客户端希望读取文件所在的 DataNode 信息。客户端根据该信息到相应的 DataNode 上读取文件信息即可。

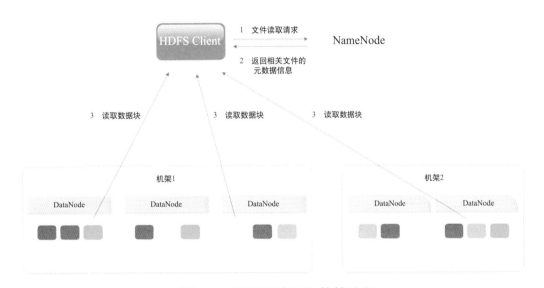

图 4-5　HDFS 读取文件的流程

HDFS 采用多种策略来提高其易用性、可靠性，可扩展性，这些性质也是分布式文件系统应该具有的特征。得益于这些优化措施，HDFS 成为 Hadoop 集群、Spark 集群最佳组合。

4.2.1.2 非关系型的数据库

非关系型数据库（NoSQL）主要用来存储各种非结构化数据，其在数据模型、可靠性、一致性等核心机制方面与关系型数据库有着显著的不同，完全能够满足森林生态连清对数据存储与处理的需求。NoSQL 与传统关系型数据库并不是竞争关系，而是互补关系，即根据不同的应用场景选择不同类型的数据库，各取所长。

NoSQL 最明显的特征之一是部署成本低廉。传统的关系型数据库通常被部署在价格高昂的高性能机器上，甚至是专用硬件上。而 NoSQL 可以运行在普通的服务器甚至是由 PC 机组成的集群上。相对高性能机器集群而言，廉价服务器集群具有更多的数据节点，使得数据存储更加可靠，数据备份更加完善，集群优势也更加明显。此外，当前主流的 NoSQL 均为开源软件，没有昂贵的许可成本。

NoSQL 数据格式灵活，模型简单，可以存储和处理非结构化、半结构化的大数据。与关系型数据需要预定义好数据表的结构（即数据的形式和内容）相比，NoSQL 写入数据时不需要事先定义数据模式和数据表结构，随时可以自定义存储的数据格式。NoSQL 可以很容易适应数据类型和结构的变化。

NoSQL 与关系型数据库均具备满足日益增长的数据存储所需的扩展能力。但是它们的扩展方式各不相同，NoSQL 采用基于分布式的水平方向扩展，这种方式的优势在于可以动态增加或者删除结点。以 Cassandra 为例，它的架构类似于经典的 P2P 模型，在数据库运行的过程中能够轻松地添加节点来扩展集群。扩展完毕后，数据还可以自动完成迁移，无需人工干预。相对于采用垂直方向扩展方式的中心化关系型数据库，NoSQL 具有近乎无限的扩展能力。

在海量数据面前，NoSQL 可以保持非常高的读写性能。一方面，与关系数据库主要基于硬盘不同，NoSQL 更多地使用了内存，提高了数据的处理速度。另一方面，NoSQL 存储的数据结构简单，不受关系型的桎梏，提升了读写性能。在保证高性能的同时，NoSQL 同样具有高可靠性。从数据存储策略的角度来看，NoSQL 使用数据分片技术将数据分布到多个物理节点上，即每个分片都被放置在集群中某个节点上面，每个节点上面都会运行一个或多个数据库。从数据备份策略的角度来看，NoSQL 采用基于日志的异步复制方式来完成数据备份，可以让备份数据尽可能快地写入一个节点，最大限度降低数据复制过程中因网络传输引起的迟延，提高数据备份的速度，增强数据库的可靠性。

当然，NoSQL 也有一些共同的缺点。首先，NoSQL 不提供对 SQL 的支持，造成关系型数据库转向 NoSQL 数据过程成本高昂，转换代价和所冒风险太大；其次，大部分的 NoSQL 数据库都是开源项目，缺乏专业化的技术支持，如果 NoSQL 出现故障，通常只能靠用户自己解决，显著增加运维的风险。

NoSQL 数据库已成为数据库领域中不可或缺的一部分，它弥补了关系型数据库在某些应用中的不足（NoSQL 是理想的分布式海量数据存取和处理解决方案）。但是 NoSQL 也并非万能，只有进一步和林业系统中已有的关系型数据库相结合，互相弥补短板，才能发挥出更高的效能。

4.2.2 大数据分布式并行处理

MapReduce 是由谷歌提出的一种用于大规模数据集的并行运算编程模型，它的目标是让编程人员在不熟悉分布式并行编程的情况下，也可以将自己编写的程序运行在分布式系统上。MapReduce 编程模型分为 Map(映射)和 Reduce(归约)两个阶段。与这两个阶段相对应，MapReduce 编程模型只需要用户实现 Map 函数和 Reduce 函数，即可完成简单的分布式程序设计。其中，Map 函数的作用是把输入数据以一对一映射方式转换为新的数据，映射规则由一个函数来指定。Reduce 函数用来对数据按照指定规则进行归约。

以统计大气降水总量频数为例，来阐明 MapReduce 编程模型的流程及其原理（图 4-6）。

MapReduce 主要分为：数据准备、Map 阶段、Shuffle 阶段、Reduce 阶段、结果输出五个阶段。

在数据准备阶段，输入数据集按照一定的规则进行分区，使之成为若干个数据子集，然后将每个数据子集分配给一个 Map Task 来进行处理，这样可以并行执行计算任务。本例中，数据集被分为两个子集：大气降水总量为 0 的数据为一个子集（紫色部分），其余数据为另一个子集（绿色部分）。

在 Map 阶段，Map Task 将每个数据子集中的数据，按照 Map 函数设定的规则转为 Key-Value 键值对。以大气降水总量为 0 的数据举例，经过 Map 函数转换之后的结果为"(0, 1)"。其中，Key 为"0"本身，Value 为"1"，表示"0"出现了一次。

Shuffle 是 MapReduce 框架中的特殊阶段，它介于 Map 阶段和 Reduce 阶段之间。Reduce 端按照一定的规则从 Map 端拉取数据的过程就是 shuffle。本例中，拉取的原则是将同一分区的数据放在一起。Shuffle 涉及数据的读写和在网络中传输，其运行时间的长短直接影响到整个分布式程序的运行效率。

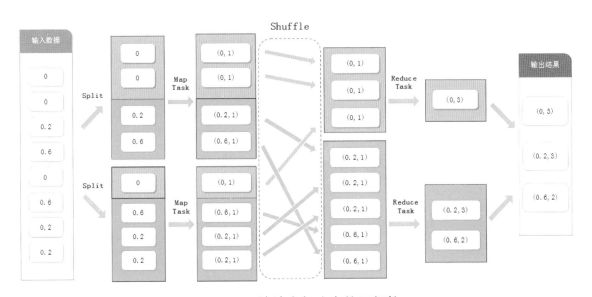

图 4-6　统计大气降水总量频数

在 Reduce 阶段，每个数据分区分配给一个 ReduceTask 来进行处理，即根据用户自定义的 Reduce 方法，把相同 Key 对应的所有 Value 进行聚合运算，得到新的 Key-Value 键值对，从而得到一个最终结果。仍以大气降水总量为 0 的数据举例，最终计算结果为"(0, 3)"，Key 为"0"，Value 为"3"，表示有 3 天大气降水总量为 0。最后，把结果输出到指定文件中，MapReduce 流程结束。

从以上分析的流程可以看出，Map 阶段和 Reduce 阶段的结果均要写磁盘，这会降低系统性能，但可以提高数据可靠性。另外，Map 阶段和 Reduce 阶段之间的 Shuffle 阶段，因包含了大量磁盘 IO、网络数据传输等过程，极易成为性能瓶颈。因此，如果要想让分布式程序的运行效率更上一层楼，有必要对 Shuffle 过程进行优化。常见的优化措施之一是进行

Combiner 操作，如图 4-7 所示。Combiner 的作用是将 Map 端的输出结果进行初步合并，合并之后再让 Reduce 端拉取数据，这样可以有效降低网络传输的数据量。

从执行过程来看，MapReduce 编程模型中的每个 Map、Reduce 任务相对独立，相同阶段的任务可以并发执行。因此，要求计算任务可以分解为多个相互独立的子任务，只有这样的场景才能符合 MapReduce 的核心思想。值得注意的是，MapReduce 本身是一种用于海量数据并行运算的编程模型，但并不局限于 Hadoop，在其他大数据计算框架中（如 Spark 等）也体现了 MapReduce 的编程思想。

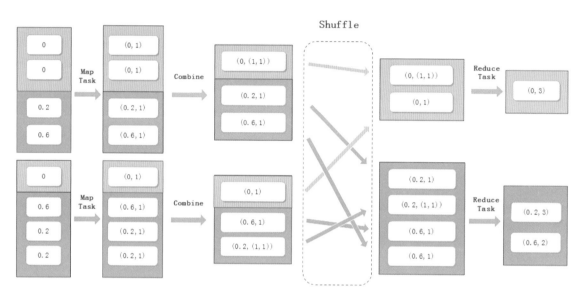

图 4-7　Combiner 优化

4.2.3 森林生态连清大数据平台构建

目前，森林生态系统服务功能评估理论体系已经较为完善，评估方法也较为成熟。基于森林生态连清的服务功能评估建立在物联网基础上，将全国森林生态站上各种仪器设备观测到的数据，传输到网络中心。在网络中心与森林生态站之间，需要建立一级数据管理系统，架构起分布式的数据传输、存储与分析体系。在对数据进行存储和分析之后，由网络中心将这些数据感知和融合并对其进行有效的表示，HDFS、NoSQL 可以解决分布式数据的存储问题。由于采集到的数据具有大量、连续、复杂多样等特点，若是将这些数据的价值表示出来，传统的数据处理方式已不适合，需要全新的大数据处理手段，即分布式数据处理，Spark 能够满足这样的需求。

4.2.3.1 Spark 简介

Apache Spark 是加州大学伯克利分校 AMP 实验室于 2009 年开发的通用分布式内存计算框架。Spark 保留了 Hadoop MapReduce 的可扩展性、容错性、兼容性等特点，同时 Spark 将计算任务中间输出的结果保存在内存中，而不是像 Hadoop 的 MapReduce 那样将结果写入硬盘，严重影响计算效率，从而弥补了 MapReduce 在迭代式机器学习算法和交互式数据挖掘等应用方面性能的不足。Spark 是当今最为活跃的大数据分布式技术，其与 Hadoop HDFS 的组合适合诸多大数据应用场合，已经成为一种功能极其强大的解决方案。

4.2.3.2 Spark 生态圈

Apache Spark 已经形成一个丰富的体系架构（图 4-8），包含官方组件和第三方开发工具。Spark 官方组件主要包括 Spark SQL、Spark MLlib、GraphX 以及 Spark Streaming，这使得 Spark 成为包含 SQL 结构化查询、流处理、机器学习、图计算等应用的一站式大数据快速处理引擎。Spark 体系架构可分为三层，中间层为 Spark 核心引擎，包含 Spark 最基本的功能与分布式算法。底层是第三方的数据存储层，Spark 从该层读取数据或者将计算结果写入该层。顶层是处理特定应用的四大模块，包括 SparkSQL、Spark Streaming、Spark MLlib 和 GraphX。这四大模块彼此间可以进行无缝连接，让 Spark 具备了适应混合计算场景的能力。

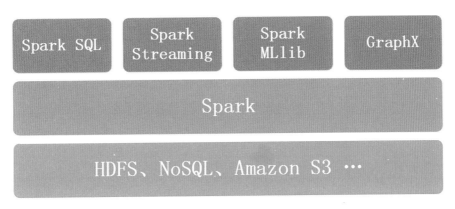

图 4-8　Spark 体系架构

Spark SQL 是用来处理 SQL 和结构化数据的工具，支持 JDBC/ODBC 的服务端模式（以便建立与 JDBC/ODBC 的数据库建立连接），起到大数据分析查询作用。Spark SQL 支持 Scala、Java、Python 和 R 等四种语言。

Spark Streaming 是 Spark 的流式处理模块，它的原理是将流式数据切分成一个个小的时间片段，以类似批处理的方式来处理这一小部分数据，从而模拟流式计算达到准实时（0.5 ～ 2 秒）的效果。Spark SQL 支持 Scala、Java 和 Python 等 3 种语言。

Spark MLlib 是 Spark 提供的分布式机器学习库，包含了常见的机器学习算法，用于机器学习和统计等场景。Spark 擅长迭代式计算，基于相同的数据集，采用同样的算法，运行效率比在 Hadoop MapReduce 中效率更高，性能更好。Spark MLlib 支持 4 种语言编程，分别为 Scala、Java、Python 和 R。图 4-9 展示了当前 Spark MLlib 支持的算法和统计工具。

图 4-9　Spark MLlib 中的算法和工具类

GraphX 是一个分布式图处理框架，它实现了很多能在分布式集群上运行的图形算法(如 PageRank、Triangle 等)。在计算速度上，GraphX 已经能够与专业的图处理系统相媲美。目前，GraphX 仅支持用 Scala 语言编写的程序。

4.2.3.3　弹性分布式数据集（RDD）

与许多专有的大数据处理平台不同，Spark 可以应用于各种大数据处理场景。这是因为 Spark 的四大组件均建立在统一的底层抽象弹性分布式数据集（Resilient Distributed Datasets，RDD）之上。RDD 是 Spark 的核心，是一种具有容错性和并行性的抽象数据结构，任何数据在 Spark 中都被表示为 RDD。

从编程的角度来看，RDD 可以看成一个只读的大数据集。和普通数据集不同的是，该数据集以分区的方式保存在 Spark 集群节点的内存中。具体而言，RDD 中的数据在逻辑上被划分成多个分区（Partition），这些分区可以分布在 Spark 集群中一个或多个节点上，如图 4-10 所示。RDD1 包含 3 个分区。其中，Partition1、Partition2 分布在 Worker1 节点上，Partition3 分布在 Worker2 节点上；RDD2 包含两个分区：Partition3 和 Partition4，均分布在 Worker2 节点上；RDD3 仅包含一个分区 Partition6，分布在 Worker3 节点上。RDD 的分区个数决定了并行计算的速度，多个分区内部的数据能够进行并行计算，从而提升运算速度。

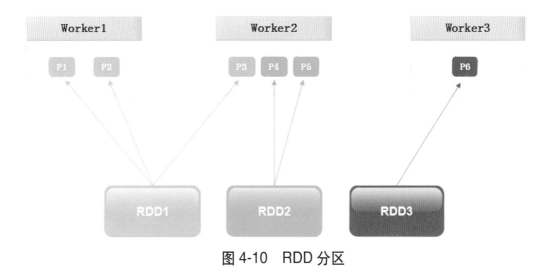

图 4-10　RDD 分区

从用户的角度来看，RDD 可以按照用户的设置保存在内存或磁盘中，用户还可以手动调整数据的分区，提高并行处理的效率。同时，Spark 为用户提供了丰富的算子来操作 RDD。算子分为两种类型：转换（transformation）算子和行动（action）算子，前者用来设定 RDD 之间的相互依赖关系，后者对 RDD 进行计算产生一个结果，并把结果返回给 Driver 或是把结果存储到外部存储系统（如 HDFS 等）。转换算子（如 map、filter 等）接收 RDD 并返回 RDD，而行动算子（如 collect、count 等）接收 RDD 但返回一个值或结果（非 RDD）。

从 Spark 应用程序角度来看，应用程序所做的无非是把需要处理的数据转换为 RDD，然后对 RDD 进行一系列的变换，从而得到最终的计算结果。典型的执行过程如下：①从外部数据源或者从内存中的集合创建 RDD；②对 RDD 进行一系列的转换操作，每一次转换操作都会产生不同的 RDD，供给下一个转换算子处理；③对最后一个 RDD 使用行动算子，生成计算结果并进行输出。

需要说明的是，RDD 采用了惰性调用的策略，即在 RDD 的执行过程中真正触发计算的是行动算子。对于行动算子之前的所有转换操作，Spark 只是记录下转换算子作用的数据集以及 RDD 之间的依赖关系，而不会触发真正的计算。如图 4-11 所示，从外部数据源创建 A 和 C 两个 RDD，经过一系列转换操作，逻辑上生成 D。之所以说是"逻辑上"，是因为计算并没有真正发生，Spark 只是记录了 RDD 之间的依赖关系。当对 D 应用行动算子的时候，Spark 才会根据 RDD 的依赖关系从起点开始进行真正的计算。

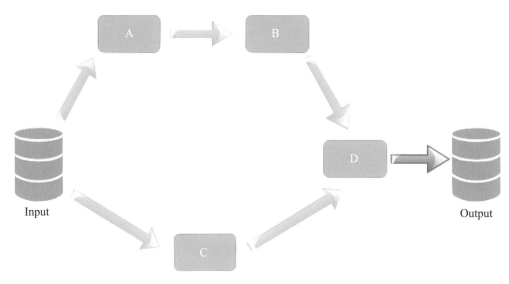

图 4-11　RDD 执行流程

在 Spark 中，RDD 之间的依赖关系分为窄依赖（narrow dependency）与宽依赖（wide dependency）两类。窄依赖是指父 RDD 的每个分区至多被一个子 RDD 的分区使用。具体表现为两种形式。第一种形式为：父 RDD 的分区分别对应一个子 RDD 的分区，如图 4-12 所示。图中 RDD1 是 RDD2 的父 RDD，RDD2 是子 RDD。RDD1 的分区 A 对应于 RDD2 的分区 D。同样，RDD1 中的分区 B、C 分别对应与 RDD2 中的分区 E、F。因此，RDD1 与 RDD2 之间的依赖类型为窄依赖。

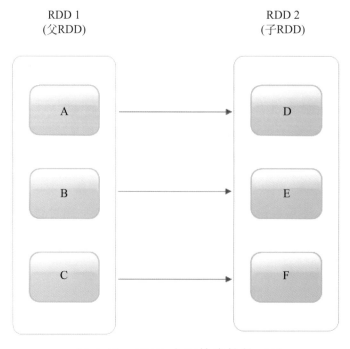

图 4-12　RDD 之间的窄依赖（1）

　　窄依赖的第二种表现形式是多个父 RDD 分区对应一个子 RDD 分区，如图 4-13 所示。图中 RDD1、RDD2 均为 RDD3 的父 RDD，RDD3 是子 RDD。RDD1 中的分区 A 和 RDD2 中的分区 D 都对应于 RDD3 中的一个分区 G。即子 RDD3 中的分区 G 依赖于多个父 RDD 中的一个分区。同样，子 RDD3 中的分区 H 依赖于 RDD1 中的分区 B 和 RDD2 中的分区 E，子 RDD3 中的分区 I 依赖于 RDD1 中的分区 C 和 RDD2 中的分区 F。从子 RDD 角度来看，每一分区与两个父 RDD 之中的一个分区有关，即一对多的关系。而从父 RDD 角度来看，以 RDD1 为例，它里面的分区与 RDD3 为分别对应关系，即分区 A 仅对应分区 G、分区 B 仅对应分区 H、分区 C 仅对应分区 I，这是一对一的关系。同样，RDD2 与 RDD3 之间也是窄依赖关系。

　　如果一个父 RDD 中的分区对应多个子 RDD 的分区，则为宽依赖关系，如图 4-14 所示。图中 RDD1 是 RDD2 的父 RDD，RDD2 是子 RDD。RDD2 中的分区 D 与 RDD1 中的三个分区有关（即分区 A、分区 B 和分区 C），RDD2 中的另外分区也是类似的情况。

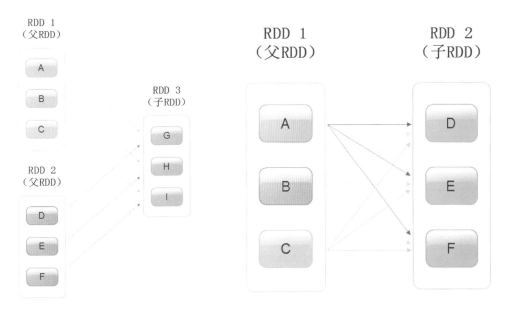

图 4-13　RDD 之间的窄依赖（2）　　　　图 4-14　RDD 之间的宽依赖

　　总之，如果子 RDD 的一个分区只依赖于父 RDD 的一个分区为窄依赖，否则为宽依赖。其中，宽依赖也是 Spark 为应用程序划分 Stage 的依据，具体内容请见"Spark 运行原理"小节。窄依赖典型的操作包括 map、filter、union 等方法，宽依赖典型的操作包括 groupByKey、sortByKey 等方法。

　　具有窄依赖关系的 RDD 能够以类似流水线的方式执行多个操作，例如在执行完 Map 方法之后，可以紧接着执行 filter 方法，使得计算效率大大提升。同时，窄依赖也不会让数据在不同节点之间传输，降低网络瓶颈对 Spark 性能的影响。而具有宽依赖关系的 RDD 通常伴随着 Shuffle 操作，即首先需要计算好所有父 RDD 各个分区的数据，然后在不同节点之间进行 Shuffle 来获取相应的计算结果。当发生数据丢失时，窄依赖关系只需依据 RDD 中保存的元数据信息重新计算丢失的分区数据即可（即所谓血统信息，lineage），数据恢复的耗时较短。例如，图 4-15 中 RDD2 的分区 D 数据丢失，这时可以根据 RDD2 中保存的元数据信息（即分区 D 是从 RDD1 中的分区 A 演变而来）在内存中重新运算丢失的数据分区。对于宽依赖则要将父 RDD 中的所有分区数据重新计算来恢复，数据恢复的速度较慢。

基于血统的容错机制是 Spark 的一大特色。一般而言，分布式系统支持的数据容错机制主要有检查点和日志记录两种，这两种方式都需要跨集群网络拷贝大量的数据，数据恢复代价十分高昂。而基于血统的容错机制成功规避了网络传输的瓶颈，使 Spark 具有高效的容错机制。当然，Spark 也支持检查点容错机制，在 RDD 血统链特别长或者是遇到宽依赖的时候，应当在合适的时机设置数据检查点，防止这些来之不易的数据丢失。

4.2.3.4 Spark 运行原理

在介绍 Spark 运行原理之前，需要了解一些 Spark 运行相关概念（表 4-3）。

表 4-3　Spark 运行相关概念

术语	描述
Application	用户编写的Spark的应用程序，包含Driver端代码和Executor端代码
Driver	Driver是整个Spark应用程序的大脑，负责创建SparkContext、解析应用程序以及调度Task到Executor上运行
SparkContext	Spark应用程序的入口，负责与Spark集群进行交互
Cluster Manager	集群资源管理器，负责管理整个集群中的计算资源
Worker	负责管理本节点的计算资源，定期向Master汇报状态；接收Master的命令启动Driver和Executor；一个Worker上可以运行一个或多个Executor
Executor	Worker节点上的进程，用于执行Task；负责将数据存储在内存或磁盘上；每个Spark应用程序都有各自独立的Executor
Job	Job与Spark的行动（Action）算子相对应，每一个Action都会触发一个Job；一个Job会包含多个Stage；一个Application可以包含多个Job
Stage	每个Job会根据RDD之间宽依赖关系被切分多个Stage，各个Stage相互独立
TaskSet	TaskSet用来完成对Stage的封装，每个TaskSet包含具有相同处理逻辑的多个Task，这些Task能够并行的方式进行计算
Task	Task是Spark的最小执行单位，在Executor的线程池中运行

目前，Spark 支持 3 种集群部署模式：Standalone 模式、ApacheMesos 模式、Hadoop YARN 模式。虽然 Spark 的运行模式很多，但运行流程大体一致，都是将任务分为任务调度和任务执行两部分。下面以 Standalone 模式为例，介绍 Spark 运行原理，如图 4-15 所示。

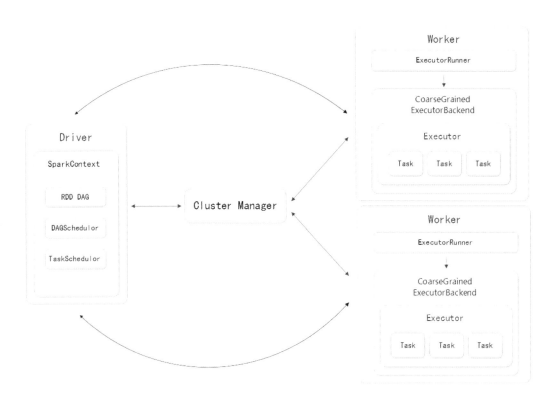

图 4-15　Spark 之运行原理

　　Spark 应用程序（Application）提交到集群中后，相应的 Driver 将被启动。Driver 要完成的第一个任务是创建 Spark Context，Spark Context 负责与 Spark 集群进行交互，是应用程序与 Spark 集群连接的唯一桥梁。如果把 Spark 集群当作服务端，那么 Driver 就是客户端，而 Spark Context 则是客户端的核心。实际上，可以将 Spark Context 理解为 Driver 的代表。在 Spark Context 的初始化过程中，会分别创建 DAG Scheduler 和 Task Scheduler。其中，DAG Scheduler 负责整个 Spark 计算任务的逻辑调度，Task Scheduler 负责具体的任务执行。

　　Spark Context 初始化完毕之后，Driver 通过 Spark Context 向集群管理器 Cluster Manager 申请运行 Spark 作业所需要的资源（Executor）。当集群资源能够满足应用需求时，Cluster Manager 会在相应的 Worker 上启动 Executor。具体过程为：Worker 创建一个 Executor Runner 线程，该线程再启动 Coarse Grained Executor Backend 进程。实际上，Coarse Grained Executor Backend 是 Executor 运行时的进程名称，它与 Executor 是一一对应的关系。Coarse Grained Executor Backend 启动成功后会向 Driver 汇报 Executor 的初始化工作已经完成。Executor 初始化完毕之后，Driver 对 Spark 应用程序代码进行分析，确定该应用程序划分为 Job 的数量。对于每个 Job，Driver 会根据其内部 RDD 之间的依赖关系生成 DAG 图，并将该图交给 DAG Scheduler 进行解析。DAG Scheduler 根据 DAG 图进行 Stage 划分，划分依据是 RDD 之间是否存在宽依赖关系。具体方法是：对 DAG 图进行反向解析，遇到宽依赖断开，并划分为两个 Stage；遇到窄依赖把 RDD 加入当前的 Stage 之中，将窄依赖划分在同一个 Stage 的优势在于可以实现流水线计算，从而提高 Spark 应用程序的运行速度。以图 4-16 为例，举例说明 Stage 的划分过程。

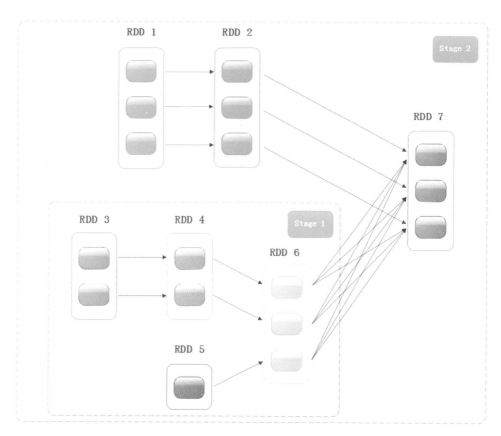

图 4-16　Stage 划分原理

由于 RDD7 与 RDD6 之间的依赖是宽依赖（宽依赖往往意味着 Shuffle），所以要在 RDD7、RDD6 之间进行切分，将这两个 RDD 划分到不同 Stage 之中（RDD7 属于 Stage2，RDD6 属于 Stage1）。划分完毕之后，DAG Scheduler 继续进行逆向解析。由于 RDD7 与 RDD2、RDD2 与 RDD1 均为窄依赖，所以它们同属于 Stage2。同样，RDD6 与 RDD5、RDD6 与 RDD4、RDD4 与 RDD3 的依赖类型都为窄依赖，因此这些 RDD 都属于 Stage1，至此解析完毕。解析生成的两个 Stage 内部均可进行流水线计算。如在 Stage2 中，RDD1 到 RDD2、RDD2 到 RDD7 这两步操作可以变成一个流水线操作，计算效率显著提高。

DAG Scheduler 把 DAG 图划分成多个 Stage 以后，每个 Stage 均代表一组关联的、相互间没有 Shuffle 依赖关系的任务集合，即 TaskSet（如 RDD1 到 RDD2、RDD2 到 RDD7 的计算任务集合）。DAG Scheduler 会把这些 TaskSet 发送给 Task Scheduler，然后 Task Scheduler 会把 TaskSet 中包含的 Task 分发到 Worker 节点的 Executor 中去执行。Executor 会以多线程的方式运行这些任务，每个线程运行一个 Task。当所有 Task 执行完毕后，最终的计算结果将返回给 Driver。

4.3 大数据在森林生态连清的应用

4.3.1 大数据应用的基础

每个森林生态站在获取数据后，会进行预处理和存储。这些数据具有时空连续性，其中空间连续性表现为在我国的每个典型生态区内，均布设有森林生态站；其二是时间连续性，每个森林生态站均在一定的时间频率采集观测数据。

拥有大数据是开展评估工作的第一步，若实现生态观测大数据的有效表示，首先要构建科学合理的评估规范，使得不同评估人员或者组织的评估结果实现可比性。国家标准《森林生态系统服务功能评估规范》(GB/T 38582—2020) 的制定，为开展基于大数据的森林生态系统服务功能评估提供了技术支撑。由于大数据的特殊性，传统的数据处理方法已不再适合，森林生态系统服务功能分布式测算方法研究 (Niu 等，2012) 将复杂的评估过程分解成若干个测算单元，然后逐级累加得到最终的评估结果。这样使每个评估单元内森林生态站观测的大数据进行综合处理，避免在更大尺度上处理大数据的繁琐步骤。

4.3.2 大数据应用的优势

森林生态连清体系与国家森林资源连续清查相耦合，评估一定时期内森林生态系统服务功能及动态变化。森林生态连清体系由野外观测体系和分布式测算评估体系两个部分组成，其中野外观测体系是海量数据提供的保证，分布式测算方法保证评估的精确性，同时解决森林生态系统服务评估中不同尺度之间的转化难题。相比目前国内外森林生态系统服务研究体系框架中生态研究和经济核算的相对独立，森林生态连清体系将森林资源清查、生态参数观测调查、指标体系和价值评估方法集于一套框架中，即通过合理布局来实现评估区域森林生态系统特征的代表性，又通过标准体系来规范观测、分析、测算评估等各阶段工作。这一套体系是在耦合森林资源数据、生态学参数和社会经济价格数据的基础上，在统一规范的框架下完成对森林生态系统服务功能的评估。由于 Spark 是高效的一站式大数据分析引擎，它既能完成复杂的离线批量处理，又能基于历史数据的交互式查询以及实时流数据处理等任务。因此，Spark 可以满足森林生态连清体系中森林生态服务分布式评估系统的各种需求，如评估模型的建立、修正和完善，生态参数的纠偏、实时更新等应用，从而实现对森林生态系统服务功能的连续观测和评估，为政府提供决策依据。

4.3.3 基于大数据的森林生态系统服务功能评估

王兵研究员带领的研究团队基于我国第五、六、七、八、九次森林资源清查数据和森林生态站长期观测的大数据，对我国不同发展时期森林生态系统服务功能进行动态评估。评估结果表明，得益于近年来我国实施的大量的林业政策，带动了森林面积的不断增长，并且使得森林质量也在逐渐提升。我国森林生态系统服务功能不断地增强，在维持我国社会经济可持续发展方面起到了非常重要的作用。大数据的特性决定了这样的评估结果可以揭示更深层的现象，可以分析出我国森林生态系统服务功能在不同时空尺度、不同林分类型、不同起源、不同林龄等的分布格局，能明确地评估出某区域森林生态系统的主导功能，并开展驱动力分析（张永利等，2010；中国森林生态服务功能评估项目组，2010）。这样的评估结果对于加深人们的环境意识，加强林业建设在国民经济中的主导地位，提高森林经营管理水平，加快将环境纳入国民经济核算体系及正确处理社会经济发展与生态环境保护之间的关系具有重要的现实意义。

第七、八、九次国家森林资源清查数据和森林生态连清大数据评估结果显示，我国2008年、2013年和2018年森林生态服务价值分别为10.01万亿元、12.68万亿元和15.88万亿元；2018年我国森林全口径碳汇量达4.34亿吨碳当量，折合成二氧化碳量为15.91亿吨，全国森林吸收了全国二氧化碳排放量的15.91%（根据"中国碳排放网"报道，我国2018年二氧化碳排放量为100亿吨），起到了显著的碳中和作用。森林蓄积量的增长除有森林面积增长的原因，森林质量的提高是其主要影响因子。研究表明，森林质量的提升会带动服务功能的增强（谢高地等，2003；陈国阶等，2005；黄玫等，2006）。另外，价格波动也是其中的驱动因子之一，近年来随着我国经济的不断发展，社会商品价格也在不断提升。基于大数据而开展的评估，可以挖掘出隐藏在大数据背后的自然规律，进而探寻出森林生态系统服务功能的形成机制以及某区域内森林生态系统的主导功能，最终为森林生态系统管理提供可靠的理论依据，制定更加行之有效的政策措施。

本章小结

随着森林生态系统定位观测研究网络的发展和新技术、新设备的广泛应用，森林生态系统服务功能评估数据在经历了抽样调查数据和表象大数据阶段后，已经进入了大数据评估阶段。基于森林生态连清数据开展的森林生态系统服务功能评估，能够避免抽样调查样本选择带来的随机性误差，在大数据中获取所需要的详细信息，使评估结果更趋于真实。本章介绍了森林生态连清数据发展过程、森林生态连清大数据平台建设和大数据在森林生态连清的应用等内容，为开展大数据分析的生态系统服务功能评估，提供良好的数据采集、传输、集成、存储和共享、分析、应用等理论基础和技术解决方案。

第 5 章
生态 GDP 核算体系构建

生态文明建设是关系人民福祉、关系民族未来的长远大计，必须树立尊重自然、顺应自然、保护自然的生态文明理念，把生态文明建设放在更加突出的地位，融入经济建设、政治建设、文化建设、社会建设各方面和全过程。2011 年，联合国环境规划署发布的《迈向绿色经济》报告指出，"实现绿色经济不仅会实现财富增长，特别是生态共有资源和自然资本的增益，而且还会在今后一段时期产生更高的国内生产总值增长率，使地球自然资本的真正价值纳入一个成功的可持续发展经济道路"。2013 年，习近平总书记在全国组织工作会议上强调，"要改进考核方法手段，把民生改善、社会进步、生态效益等指标和实绩作为重要考核内容，再也不能简单以国内生产总值增长率来论英雄了"。党的十八大报告鲜明提出，"要把资源消耗、环境损害、生态效益纳入经济社会发展评价体系，建立体现生态文明要求的目标体系、考核办法、奖惩机制"。因此，客观评价自然环境生态系统的生态产品为国民经济发展和人民生活水平提高所作出的贡献，准确地反映自然生态系统对国家可持续发展的支撑力，是推进生态文明建设的重要保障，是国家生态系统和经济社会可持续发展政策制定的重要科学依据和理论支撑。

5.1 环境经济综合核算体系

5.1.1 环境经济综合核算体系研究进展

国内生产总值（Gross Domestic Product，GDP）是国民经济核算体系中最为重要的总量指标，它反映了一个国家（或地区）的经济实力和市场规模，被公认为衡量国家或地区经济状况最为综合的衡量指标，并用以进行国家（地区）间的横向比较，或一个国家（地区）不同时期的纵向比较（马嘉芸，2008）。然而，在 GDP 的核算过程中没有考虑经济发展对资源环境的消耗利用，过高估计了经济活动的成就，不能衡量社会分配和社会公正，忽略了巨大的自然资源消耗成本和环境降级成本；没有反映经济增长的效率、效益和质量，无法反映经济增长方式和为此付出的代价，忽视了经济领域以外的资源与环境、人口因素，导致为了单纯追求 GDP 的增长而为自然资源损失与环境状况恶化付出沉重的代价，最终导致经济不可持续发展，加剧全球性生态灾难，使得人类居住环境日益恶化，严重威胁人类的生存与发展。

1971 年，美国麻省理工学院首先提出"生态需求指标"这一概念，将可持续发展理念纳入人类追求和谐未来的行为依据。1973 年，日本在国家层面上提出"净国民福利"指标；1980 年，挪威第一次完成了国家层面的自然资源核算，1987 年公布了《挪威自然资源核算》研究报告，通过把环境、自然资源分为实物资源和环境资源两类，初步建立了实物核算体系，并进行实物量核算（王金南，2009；周龙，2010）。1989 年，联合国环境署、联合国统计署、世界银行、经济合作与发展组织欧洲经济委员会和国际货币基金组织，联合开展了关于"环境经济综合核算问题"的研究。1992 年，完成"环境卫星账户的国民账户体系（SNA）框架"和"环境经济综合核算的 SNA 框架"两项研究成果（世界银行，1992；周龙，2010）。1994 年，联合国统计署发布了《综合环境经济核算体系（1993）》（SEEA），首次提出"绿色国内生产总值（绿色 GDP）"，并为建立绿色国民经济核算总量自然资源账户和污染账户提供一个共同框架（王金南，2009）。该框架建议建立一个资源和环境的卫星账户，提出了绿色国内生产总值的计算方法，即现行的 GDP 减去固定资产折旧、再减去自然资源的损耗和环境退化损失，对环境资产进行全面核算，形成了可持续发展的概念和进行环境核算的理念（王金南，2009，周龙，2010）。联合国 SEEA 制定后，以美国、日本、欧盟等为代表的发达国家根据 SEEA 基本思路对国家基本资源进行了核算（王金南，2009；周龙，2010；Chen 等，2004）。

2001 年，内罗毕小组、联合国统计署和联合国环境署合作出版了《综合环境和经济核算业务手册（2000）》（SEEA）（王金南，2009；周龙，2010）；2003 年，联合国又在各国实践的基础上对原有绿色核算体系框架进行了进一步的补充和完善，推出了《综合环境和经济核算操作手册（2003）》（SEEA），重点介绍了环境与经济综合核算的有关核算账户（王金南，2009）。2012 年，联合国统计署和世界银行又出版了《环境经济核算体系中心框架（2012）》（SEEA）。与 SEEA—2003 版本相比，SEEA—2012 有四个明显的变化：一是扩展了环境退化内涵和与之相关的核算方法内容，主要是对各种环境退化而造成生态系统退化的估价方法；二是建立了一个可供查找各国核算相关范例材料的档案和网络平台；三是完善了 SEEA 选项中相关的核算方法；四是基于 2008 年修改的 SNA 变化信息而变化，并设立了试验性生态系统账户，对生态系统物质量进行评估。

虽然 SEEA—2012 从经济的角度考察了渔业、森林和水等自然资源如何用于生产和消费，以及造成废物、水和空气排放形式的污染，但是自然和经济之间的相互作用远远超出了收获、开采和利用自然资源和污染。2013 年 3 月，联合国统计委员会批准开展环境经济核算体系——实验生态系统核算（SEEA EEA），目的是增加生态系统服务对人类福祉的贡献；2018 年，联合国统计委员会第 49 届会议正式启动 SEEA EEA 的修订程序，SEEA EEA 修订程序启动以来得到快速发展，已被用于促进世界各地的政策发展。2021 年 3 月，联合国统计委员会第 52 次会议正式采用了环境经济统计与生态统计体系（System of Environmental Economic Accounting—Ecosystem Accounting，简称 SEEA EA），建立了一个用于管理有关栖息地和景观、评估生态系统服务、跟踪生态系统资产变化及将信息与经济活动和其他人类活动联系起来的综合、全面统计框架。目前，已经有超过 34 个国家（地区）使用生态系统账户为政策制定提供信息。

中国学术界借鉴联合国、世界银行与世界自然基金会提出并逐步完善了"综合环境经济核算体系"基本理论，制定了《中国资源环境经济核算体系框架》和《基于环境的绿色国民经济核算体系框架》，以此作为建立中国绿色 GDP 核算的依据。绿色 GDP 核算的关键是环境成本的核算，即将经济发展中的自然资源耗减成本和环境资源耗减成本纳入国民经济核算体系。绿色 GDP 是扣除经济活动中投入的资源和环境成本后的国内生产总值，是对 GDP 核算体系的进一步完善和补充，在一定程度上反映一个国家或地区真实经济福利水平，同时也较全面地反映了经济活动的资源和环境代价。绿色 GDP 核算体系建立在以人为本、协调统筹、可持续发展的观念之上，力求将经济增长与环境保护统一起来，综合性地反映国民经济活动的成果与代价，即经济与环境之间的部分影响。

我国绿色 GDP 核算依据是联合国发布的 SEEA 体系，但是该核算方式只考虑了经济发展中对资源消耗和环境损害应该扣除的价值，忽略了作为自然主体的资源再生产价值，即自然生态系统在自身发展过程中产生的生态效益，对自然界的主观能动性认识不足，进而失去了创造生态价值的积极性。绿色 GDP 指标对经济与社会发展的真实情况不能做出客观反映，更没有反映出经济、社会、环境之间的相互影响，只代表可持续发展的指标之一，不能真正符合生态文明评价制度的要求（中国绿色时报，2013）。鉴于现行的 GDP 和绿色 GDP 核算体系都不能真正、公平地评价国民经济发展情况，中国林业科学研究院王兵研究员提出了"生态 GDP"的概念，即从现行 GDP 指标中扣除环境退化价值和资源消耗价值，再加上生态效益，即在把生态效益纳入绿色 GDP 核算体系中，以弥补绿色 GDP 核算的缺陷，进一步改进和完善环境经济核算体系，真实、公平地评价环境、经济、社会可持续发展状况。生态 GDP 概念是对绿色 GDP 的进一步升华和完善，是现阶段最符合我国国情，同时充分体现生态文明要求的理念（中国绿色时报，2013）。

5.1.2　SEEA—2012 的整体框架

2011 年，联合国环境署组织召开了关于 SEEA 中建立生态系统账户的 3 次关键性会议，以启动全球财富核算和生态系统服务估值，在环境经济核算体系中拟定生态系统账户，为生态系统账户提供概念框架，2012 年正式纳入环境经济核算框架，对生态系统账户采用的系统方法提供具有一致性和连贯性的描述，环境经济核算制度试验性生态系统账户获得了广泛共识，受到了学术界的重视（叶有华等，2019）。SEEA—2012 采用系统方法编列环境和经济信息，尽可能全面地涵盖与环境和经济问题分析相关的存量和流量，得出各种环境和经济问题的总量、指标和趋势。在该体系中，自然资源账户是从物质循环角度进行全链条计量记录的，主要焦点是利用物理单位记录出入经济体的物质和能源流量及经济体内部的物质和能源流量，从而使得 SEEA 比 SNA 中的自然资源环境核算更加系统和全面（姜微和刘俊昌，2018）。SEEA—2012 包括扩大国民账户资产范围，而不是改变其生产范围的综合账户补充。通过对环境资源的存量和流量进行系统核算，将常规的经济账户与环境和资源账户联系起来，形成一种支持社会、经济和环境政策的综合信息。

　　SEEA—2012 使用国民账户体系的核算概念、结构、规则和原则，主要计量三个领域的信息：第一领域信息为计量实物流量。使用物理单位记录出入经济体的物质和能源流量及经济体内部的物质和能源流量。大体而言，从环境进入经济体的流量，作为自然投入记录（例如矿物、木材、鱼类和水的流量等）；经济体内的流量，作为产品流量记录（包括固定资产存量的增加量）；从经济体进入环境的流量，作为残余物记录（例如固体废物、废气排放和水回归流量）。第二领域信息为计量环境资产，记录经济体对自然投入的使用，与产生这些投入的环境资产存量的变化有关联。环境资产是地球上自然发生的生物和非生物组成部分，共同构成生物物理环境，可为人类带来利益。虽然它们是自然发生的，但很多环境资产因经济活动而发生不同程度的转型。SEEA—2012 着重计量为所有经济活动提供物资和空间的各项环境组成成分，包括矿物和能源、木材资源、水资源和土地。第三领域信息为计量与环境有关的经济活动，除了计量环境资产存量和环境与经济之间的流量外，SEEA—2012 还记录与涉及环境的经济活动有关的流量，包括环境保护和资源管理支出，以及环境货物和服务生产。主要包括：实物型和价值型供应使用表，记录自然投入、产品和残余物流量；各项环境资产的实物型和价值型资产账户，记录每一个核算期开始和结束时的环境资产存量和存量变化；经济账户重点记录针对耗减做出调整后的经济总量；功能账户记录用于环境目的的交易和其他经济活动信息。

　　SEEA—2012 中心框架在明确各类自然资源定义和分类的基础上，设置了 7 组自然资源资产账户，这些资产账户包含了实物量和价值量两大类的核算表格，基本反映出了自然资源在生态、经济中的流转模式，即期初存量、本期存量增加、本期存量减少、本期实物量与价格调整、期末存量等。与此同时，SEEA—2012 还对资源管理和环境保护两类主要环境活动以账户形式进行了系统核算，SEEA—2012 将单个自然资源的来源和用途以资产来源等于资产使用（占用）的形式反映出来，已经具有资产负债表来源等于使用的功能属性；SEEA—2012 环境活动及其相关流量账户对环境活动的支出和收入进行了账户核算，其本质是对环

境债务的处理和偿还进行计量记录。

SEEA—2012 上述资产和活动账户可以将水资源、能源、矿物、木材、鱼类、土壤、土地和生态系统、污染和废物生产、消费和积累信息放在单一计量体系中，并为每个领域制定了具体而详细的计量办法，以 SEEA—2012 单项自然资源资产核算环境活动及其相关流量核算为理论基础和现实依据，可以提出自然资源资产负债表的会计要素和列报科目（姜微和刘俊昌，2018）。王美力等（2017）提出，在 SEEA—2012 中，森林资源核算分为两个部分：在木材资源账户中，介绍相关定义、分类及核算范围，给出了实物型和价值型账户和木材资源中碳的核算方式；在森林和其他林地资产账户中，介绍核算范围并给出了实物型账户表，但价值型账户未单独列出。

与 SEEA—2003 相比，SEEA—2012 对有关森林资源核算存在争议的内容进行了重点修订，并将达成一致的内容整理成中心框架。修订的主要内容包括：SEEA—2012 对木材、土地等每个资源领域制定了具体而详细的计量办法，使得木材资源账户比 SEEA—2003 版更详细，各国可根据本国实际情况修改使用其中的国际标准账户样表；其次，SEEA—2012 加入碳核算，单独介绍了木材资源中碳的核算方式，这是对木材资源实物型资产账户的扩展；第三，明晰资产核算增减项，实物型和价值型资产核算从期初资产存量开始，以期末资产存量结束，中间记录了造林、自然扩张、采伐、灾害损失等因素使存量发生的各种增减变动，并对增加项和减少项进行了合计。价值型资产账户还增加了"重估价"项目，用来记录核算期内因价格变动而发生的资产价值变化；第四，提供森林产品数据实例，增加了森林产品的合并列，提供了木材和薪柴等森林产品的供应使用量、木材资源存量、开采森林产品所用的固定资产存量等可以编制的数据类型实例。

5.1.3 生态服务功能价值核算

2013 年联合国第十届森林与经济发展论坛召开，会议强调了森林对经济的贡献，特别是森林的非货币贡献（包括非木材林业产品、生态系统服务、社会效益等），是货币收益的数十倍。随着国际上对生态系统服务功能及其价值评估的日益重视，20 世纪 80 年代中期，我国学者借鉴国外科学界的一些理论和方法，开始全面、系统地对生态系统服务功能及其价值进行评估（靳芳等，2007；薛达元，1999；李文华，2002）。张嘉宾等（1982）利用影子工程法、替代费用法对云南省森林保护土壤和涵养水源价值进行估算，其价值分别为 154 元 / 亩和 142 元 / 亩；欧阳志云等（1996，1999）全面系统地阐述生态系统服务功能的概念、内涵、生态价值评估的分类与方法，对生态系统服务功能与可持续发展的关系进行了探讨，并对海南岛及其中国陆地生态系统服务功能进行了价值评估（欧阳志云，2004），为我国社会经济环境的综合决策提供了科学参考。

赵景柱等（2000）用物质量评价和价值评价方法对生态系统服务功能进行比较，分析了这两类评价方法的优缺点，提出了采用物质量和价值量两种不同方法对同一个生态系统服务进行评价会得出不同的结论，两类评价方法在一定意义上是互相促进和互为补充的理论；张新时等（2000）采用 Costanza 等的研究方法，按照面积比例对我国生态系统服务功能价值进行估算，我国生态系统服务功能价值为 20 万亿；谢高地（2001）估算了我国草地生态系统服务功能价值为 14 万亿；鲁绍伟等（2006）根据全国 3 次森林资源清查资料（1993—2003 年）及 Costanza 等人的计算方法，估算了 1993 年、1998 年和 2003 年我国森林生态系统八项服务功能的总价值分别为 2.14 万亿元 / 年、3.64 万亿元 / 年和 4.12 万亿元 / 年，其中间接价值是直接经济价值的 28 倍以上，森林生态系统间接经济价值远远大于直接产品价值。但生态系统功能与服务的复杂性、价值的多重认识、市场失效及价格空缺、实证的困难与自然资本总价值的无限性一直制约着生态系统服务功能价值研究的进展（谢高地，2001，2003；鲁绍伟，2006）。

2004 年 4 月，国家林业局和国家统计局联合启动了"绿色国民经济框架下的中国森林核算研究"。项目经过 5 年多的研究，取得重要研究成果：一是开展了森林核算的理论与方法研究，形成了一套比较系统的中国森林核算方法，建立了从森林存量到森林流量、从森林开发到森林保护、从森林经济功能到森林生态功能的系统核算体系；在全面衡量了森林的存量和带来的产出基础上，重点核算和确认了森林生态服务产出，为全面考核和衡量森林与经济社会发展之间的关系及其所作出的贡献提供了科学依据。二是实现了森林生态服务价值的核算，把森林所提供的生态产品与服务纳入国民经济核算体系，明确提出了开展森林生态系统服务价值核算的基本思路和重点，并从森林涵养水源、维持生物多样性、固土保肥、固碳释氧气、防风固沙、净化空气和景观游憩等七个方面对全国森林生态系统服务价值进行了测算（中国森林资源核算研究项目组，2015）。

王兵等（2011）根据全国第 7 次森林资源清查资料（2004—2008 年）和森林生态系统研究网络（CFERN）台站多年连续观测数据，基于《森林生态系统服务功能评估规范》（LY/T 1721—2008），于 2009 年开展了全国及各省级行政区森林生态系统服务功能价值评估。结果表明：我国森林生态系统服务功能总价值为 10.01 万亿元 / 年；各项森林生态系统服务功能价值表现为涵养水源＞生物多样性保护＞固碳释氧＞保育土壤＞净化大气环境＞积累营养物质；森林生态系统服务总价值空间格局分布特点：森林生态系统服务价值较大的区域主要分布在我国西南部地区（四川、云南）和东北地区（黑龙江、内蒙古）以及南部地区（广东、广西和福建），我国北方地区总价值普遍低于南方地区，东部地区普遍高于西部地区；单位面积价值量较高的区域主要分布在南部沿海地区（海南、广东和广西），较低的区域主要分布在西北地区（甘肃、青海、宁夏和新疆）和中部地区（天津、北京和河南）。

2014 年，王兵等基于第八次全国森林资源清查数据（2009—2013 年），对涵养水源、保育土壤、固碳释氧等 7 类 13 项森林生态系统服务进行物质量和价值量两方面的评估，并

分析了不同地区和不同服务的生态效益特点。结果表明：中国森林生态系统服务总价值为
12.68 万亿元/年，相当于 2013 年全国 GDP 的 22.3%，是当年全国林业产业总产值的 2.68 倍，
每年为每位国民提供了约 0.94 万元的生态系统服务。在总价值量中，生物多样性保护价值
量最高（占总价值量的 34.20%），其次为涵养水源价值量。各项服务的物质量和价值量西部
地区均最高，主要是森林资源面积和蓄积量影响较大，降水、温度、土壤类型和树种等也有
重要影响。森林资源占有比例和产生生态系统服务价值比例，也在一定程度上体现了中国森
林资源分布、温度梯度和水分梯度变化的基本规律。

5.2 生态 GDP 核算体系构建

5.2.1 生态 GDP 提出背景

绿色 GDP 的提出是解决整个社会经济发展由于资源环境代价问题过大的必然。随着人
类对环境认识的进一步深入，绿色 GDP 核算仍存在着不完善，不能完全反映经济、环境、
社会的可持续发展，需要进一步完善和提高。

5.2.1.1 绿色 GDP 的局限

首先，绿色 GDP 概念在经济发展与资源价值相关的认识上存在着一定的局限性。绿色
GDP 认为经济发展总量增加的过程，一定是对自然资源消耗增加的过程，必然是环境污染
和生态破坏的过程。建立环境经济混合型平衡表、环境保护支出账户和与环境有关的其他交
易核算账户，通过这些内容的核算，支持人类对减轻环境影响的经济成本和环境受益之间的
评估，其出发点决定了 GDP 的减量因素。在绿色 GDP 核算中扣除消耗的主要是环境污染和
生态破坏成本核算，表现的仅仅是经济的实际水平，在反映经济活动中资源和环境代价方面
发挥着重要作用，但绿色 GDP 核算仅考虑了经济发展消耗资源的量，而没有考虑资源再生
产的价值（即自然界自身的生态效益），没有将生态系统价值统计出来（做"加法"），在一
定程度上忽略了自然界的主动性，进而制约了创造生态价值的积极性。

其次，可持续发展是生态文明建设的切入点和落脚点，即经济、社会、环境协调发展。
绿色 GDP 的概念本身反映的是环境资源损失的代价，即经济与环境、经济与社会之间的部
分影响，从某种程度上反映出国家和地区在经济发展过程中对环境保护和治理的重视程度。
而没有反映出环境与社会的相互影响，尤其是自然环境所带来的生态效益与经济、社会的相
关关系，只能说其是可持续发展的指标之一而不是全部。

再次，绿色 GDP 概念体现的是环境资产存量和环境损失的收支流量范畴，而忽略资源
再生产所带来生态效益价值量属于环境账户中收入流量范畴，更没有反映出如何实现生态效
益价值量的收入流量与存量的紧密衔接。当前社会已经向现代生态社会转型，如果只注重绿

色经济的发展而对地球形成生态欠账，那么绿色 GDP 可能要大打折扣甚至是负数。因此，只有将生态效益价值流量收入考虑进去，才能极大地调动各级政府加大环境保护投入及经济再生产活动中的主动性和创造性，才会调节各级政府对环境资源的态度。

以上可以看出，绿色 GDP 概念定义在诞生时就存在着对自然生态环境认识的不足，没有涉及自然资源的生态产品相关理念，导致其核算难以开展。简单地认为绿色 GDP 的提出乃至其核算就能反映经济与社会发展的真实情况、可以推进生态文明评价制度的建设，未免显得偏颇，更不能担当生态文明建设评价体系的重任。

5.2.1.2 生态 GDP 的提出

生态 GDP 核算体系是"基于生态 GDP 核算的生态文明评价体系"的简称，是在 SEEA 整体框架基础上进一步设计的体系，即在中国绿色 GDP 基础上增加生态系统生态效益核算，包括以资源消耗和环境污染损失为对象的绿色 GDP 核算和以生态系统为对象的生态服务功能价值，即环境生态效益的生态经济核算。生态 GDP 理论是用科学的态度继续探索绿色 GDP 核算，进一步改进和完善 SEEA，提出能真实体现反映环境、经济、社会可持续发展的最符合我国国情、充分体现生态文明要求的一种核算体系。

生态 GDP 核算体系框架主要包括绿色 GDP 核算和生态效益核算两个关键组成部分。其中，绿色 GDP 核算主要包括资源耗减和环境污染损失两部分，通过资源消耗和环境污染损失的实物量和价值量核算，用环境成本对部门和地区的国内生产总值等指标进行调整，得出经环境污染损失调整的绿色 GDP；生态效益核算主要是核算自然生态系统对国民经济活动的服务功能与支撑作用。生态 GDP 是绿色 GDP 和生态效益核算的结合，实现了国民经济核算、环境核算、生态效益核算之间的有机衔接和一体化，促进 GDP 的不断完善，更能全面衡量经济、社会、环境发展状况。

在绿色 GDP 中提到生态价值估计，考虑到要扣除经济活动对生态环境破坏而造成的损失价值来解决当时迫切的环境问题，忽略了自然生态系统作为主体不仅为经济活动提供资源支持，而且也在不断地通过自身的结构和功能为生命系统提供服务，改善环境效益。生态效益是通过对自然生态系统生态服务功能进行物质量和价值量核算，用生态效益对部门和地区的国内生产总值等指标进行调整，得出经环境损害和生态效益调整的生态 GDP，引导建立正确的政绩观和领导考核制度，实现环境外部成本和生态效益内部化，最终建立基于生态 GDP 核算的生态文明评价体系（潘勇军，2013）。

5.2.2 生态 GDP 核算理论基础

在生态文明建设和可持续发展方式的构建中，如何使自然资本成为市场经济发展自身具有的内在因素，构建生态服务和市场经济活动沟通的有效方式，把绿水青山变成金山银山？自然资本作为经济增长的核心要素，其成本和效益应在经济总量指标中得到正确的体现，在给 GDP 做减法的同时也要做加法，增加区域发展的整体资本总量，正确反映经济增长。将生态服务指标融入经济系统，核算自然资本的存流量、生产活动中的资源消耗、生产过程中的污染物排放、生态环境保护成果，构建生态 GDP 核算体系是实现市场经济和生态环境协调可持续发展的关键所在。

生态 GDP 核算体系依据《SEEA-2012 中心框架》和《SEEA 试验性生态系统核算》，确定环境实物流量和价值流量账户核算内容和方法，同 SNA 常规的经济账户联系起来，即将核心账户中没有反映的资源环境内容在附属账户中给予充分反映，又可以使 SNA 核心账户的结构保持相对稳定。主要涉及资源、废弃物排放和生态服务三类账户，根据自然资产和生态服务实物流量核算账户，通过内部估价建立价值流量账户，将自然资产和生态服务价值纳入国民经济核算体系中，形成完整的自然资产概念，全面系统地反映自然资产、生态服务在国民经济中的作用和地位，客观反映自然资产、生态环境与国民经济运行的主要指标关系。

生态 GDP 核算即在现行 GDP 的基础上减去环境退化价值和资源消耗价值，再加上生态效益，也即在原有绿色 GDP 核算体系的基础上加入生态效益，即生态系统服务功能价值，以弥补绿色 GDP 核算中的缺陷。生态 GDP 核算体系是一个与 SNA 相联系的卫星账户系统，而不是直接修改或替代 SNA 的核心系统，是对绿色 GDP 核算的完善。

$$ECO\text{–}GDP=GDP-V_{Rd}-V_{Ed}+V_{Es}$$

式中：ECO–GDP——生态 GDP；

GDP——国内生产总值；

V_{Rd}——资源耗减价值；

V_{Ed}——环境损害价值；

V_{Es}——生态效益。

生态 GDP 与绿色 GDP 的关系如下：

$$ECO\text{–}GDP=GDP_{green}+V_{Es}$$

式中：ECO–GDP——生态 GDP；

GDP_{green}——绿色 GDP；

V_{Es}——生态效益。

GDP 为当年经济活动所生产出的全部最终产品和劳务的价值；资源耗减价值代表当年减少的自然资本，主要是矿产资源（原油、煤炭、天然气）；环境损害价值代表当年经济活动生产的环境污染物（废水、废气和固体废弃物）所造成的环境退化和损害价值；生态效益为当年生态系统服务功能价值流。

资源耗减价值是指在规定的使用期限内，按一定比例提取的资源生产租金。规定资源生产补偿年限为 25 年，每年对资源生产租金现值的提取率为 4%，核算公式如下：

$$V_{Rd}=R_p \times R_r \times 4\%$$

式中：V_{Rd}——资源耗减价值；

R_p——资源生产量；

R_r——单位资源租金率 [（单位价格－单位成本）/ 单位价格]。

单位价格和单位成本是指资源的国际平均价格和平均成本。环境污染损害价值包括四部分：一是由于环境事故造成对某些行业生产的损失，一般以国家或地区统计的污染灾害损失为准；二是环境污染对固定资产设施、设备及生产设施的使用寿命缩短等造成的损失；利用市场价值法对其造成的损失进行核算；三是环境污染诱发人体疾病，对人体健康造成的损失，采用医疗费用法和人力资本法对损失进行核算；四是环境污染废弃物排放超标或未进行污染处理排放后对环境质量造成的损失，采用污染虚拟治理成本核算环境退化成本，避免与GDP 统计重复计算环境污染治理成本。

生态效益即自然生态系统为社会提供的生态产品的价值，既包括已纳入 SNA 核算的部分产品价值，也包括其在提高生活环境质量、娱乐服务等间接使用收益，本文的生态效益核算只针对森林生态系统服务。森林生态系统提供生态服务功能如涵养水源、保持水土、净化环境、调节气候、生态游憩等，所有这些都以一种复杂的、非市场化的方式为人类福利作出贡献，其生态效益可以看作是生态环境保护的边际成本和效益分析，只不过是不提供货币经济而是直接增加人类福利。生态系统服务功能边际效应高，核算其通过生态过程产生的生态"边际"服务流量价值就高，可以将其与经济系统核算联系起来。

根据生态经济学、环境经济学、资源经济学的研究成果，目前对生态系统服务功能计量的方法主要有两种：一种是物质量评估；另一种是价值量评估。物质量评估主要是从物质量的角度对生态系统提供的各项服务功能进行评估，其特点是能够比较客观地反映生态系统的生态过程，进而反映生态系统的可持续性。运用物质量评估方法对区域生态系统服务功能进行评估，其评估结果比较直观，且仅与生态系统自身健康状况和提供服务功能的能力有关，不会受市场价格不统一和波动的影响。物质量评估特别适合于同一生态系统不同时段提供服务功能能力的比较研究，以及不同生态系统所提供的同一项服务功能能力的比较研究，是区域生态系统健康评估和服务功能评估研究的重要手段。

生态系统服务功能机制是物质量评估的理论基础，其研究程度决定了物质量评估的可行性和结果的准确性。物质量评估采用的手段和方法主要包括长期定位观测研究、地理信息系统（GIS）、遥感（RS）调查等，其中长期定位观测研究是重要生态服务功能机制研究手段和数据参数获取手段，RS 和调查则是数据来源方式，GIS 为物质量评估技术平台。物质量评估能够比较客观地评估不同生态系统所提供的同一项服务功能的大小，不会随生态系统所提供服务的稀缺性增加而改变，物质量评估是价值量评估的基础。但单纯利用物质量评估方法也有局限性，其往往需要耗费大量的人力、物力和资金支持，其结果不直观、不能引起足够的关注，并且由于各单项服务功能量纲的不同而无法进行合计，无法评估某一生态系统的综合服务功能（张永利，2010）。

价值量评估是从货币价值量的角度，对生态系统提供的服务功能进行定量评估。由于价值量评估结果都是货币值，因此既能将不同生态系统同一项生态服务功能进行比较，也能将某一生态系统的各单项服务功能综合起来。对价值评估方法有许多探索性研究，但是由于生态系统服务功能的特殊性和复杂性，其价值量评估至今还存在着许多问题需要进一步深入研究（中国森林资源核算研究项目组，2015）。价值量评估方法能为环境核算提供方法和理论依据，但价值量评估方法也有其局限性，主要是由于价值量反映的绝大多数是人类对生态系统服务的支付意愿，评估结果往往存在着主观性和随机性（李少宁，2007）。

目前常用的评估方法主要可分为三类：第一类是直接市场法，包括费用支出法、市场价值法、边际机会成本法、恢复和保护费用法、影子工程法、人力资本法等；第二类是代替市场法，包括旅行费用法和享乐价格法等；第三类是模拟市场价值法，包括条件价值法等。在诸多的经济价值评估方法中，最为常用的评估方法是条件价值法、费用支出法和市场价值法。在实际运用中，每种方法都各有利弊，所以有时一种服务功能只需一种评估方法，有时需要两种甚至多种评估方法（王兵等，2009）。

生态 GDP 概念的提出，是顺应历史潮流，在历史中构建未来。中国经济发展进入了可持续发展阶段，环境生态效益应该纳入经济核算体系。生态 GDP 概念是在全面、协调和可持续发展观指导下，通过建立经济与环境投入产出关系，在经济活动过程中体现资源环境因素，将资源耗减、环境损害、生态效益纳入 SNA，这是对 SNA 进行补充和完善，是对绿色 GDP 核算的传承和完善（潘勇军，2013）。

5.2.3 生态 GDP 核算体系构建

生态 GDP 核算是考虑国民经济活动对环境的影响，以及自然生态系统为人类提供的服务价值。对环境主要包括资源耗减、环境污染损失和生态服务的实物量与价值量核算，以资源耗减价值、环境退化成本和生态效益对传统 GDP 进行局部调整，计算出部门和地区的生态 GDP。其资源耗减和环境污染损失的核算原理、核算方法、核算表式以及数据来源必须与整个绿色国民经济核算体系一致。

5.2.3.1 生态 GDP 核算体系构建原则

一是要与国际接轨。联合国围绕资源耗减、环境污染和生态破坏等方面确立完整的核算体系，SEEA 经过多次整合，形成了系统的理论框架，体现了从基本概念扩展到经环境调整的国内产出的完整思路，从理论框架的提出到推向具体实践的进程，为各国 SNA 的研究提供了起点和指导。生态 GDP 核算体系的核算方法和内容应与国际接轨，在联合国提出的关于 SEEA 的理论框架下进行，与 SEEA 框架保持一致。

二是要与中国环境统计与 SNA 相衔接。生态 GDP 核算体系作为 SNA 的附属环境卫星账户，一方面要借鉴国际经验，同时也要根据中国国情，核算目标模式、核算内容表式设计都要依托中国 SNA 和环境统计体系的特点，尽可能与中国现有的 SNA 基本衔接。生态效益的核算原理依据不同的生态系统特点和属性进行生态服务功能物质量和价值量，与国家、行业标准体系的核算指标、核算方法保持一致。

三是理论型框架和实用型框架相结合。生态 GDP 核算体系是一个新的理论概念，要形成适应中国实际，考虑不同区域的特点，最大限度借鉴参考国际先进的研究成果，形成适应中国特点的生态 GDP 核算体系理论框架。同时考虑生态 GDP 核算的实际难度以及数据资料的易得性，考虑现阶段的实际需要，选择优先领域和重点内容，建立生态 GDP 核算的实用性框架。

四是要坚持资源消耗、环境损害和生态效益核算并重。随着对环境保护的重视，中国的环境保护工作已经得到深入推进，从传统的污染防治向生态保护和污染防治并重的方向转变，生态环境保护与污染防治已经成为各级政府环境保护工作的两大主要任务，生态环境得到很大的转变。生态 GDP 核算体系框架中要包含资源消耗、环境污染和生态破坏的核算，体现经济发展对环境的损害和生态破坏，也包含由于自然生态系统产生的生态效益，体现生态环境保护对经济发展的贡献。

五是要具有明确的环境政策导向。将资源消耗、环境损害和生态效益纳入经济发展体系，建立体现生态文明的考核机制、奖惩机制是我国将要推行的各级政府领导考核的改革，生态 GDP 核算体系框架一定要与国家、地区的环境政策导向一致，要为国家经济与管理服务。

5.2.3.2 生态 GDP 核算体系框架

依据联合国 SEEA—2012，借鉴中国绿色 GDP 核算体系框架，王兵等根据现实统计数据的可获取性和实际问题分析的需要，建立了生态 GDP 核算体系总体框架。东北地区生态 GDP 核算体系也依托该体系建立，具体内容如下（图 5-1）。

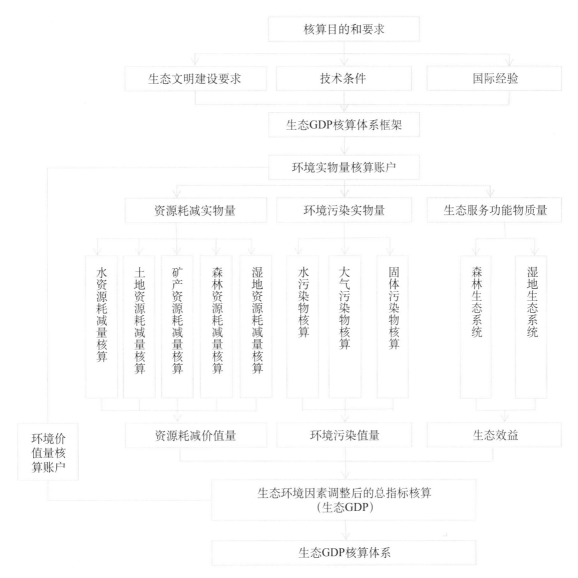

图 5-1　生态 GDP 核算总体框架

　　按照 SEEA 框架确定环境实物量核算内容和方法，将资源环境要素纳入经济资产之中，形成完整的自然资产概念。主要涉及资源、污染物排放和生态服务三类账户。资源账户选取土地、森林、草原、湿地、矿产等资源类型，主要是煤炭、石油和天然气三种最重要的一次能源，进行资产存量核算；同时将资源环境利用消耗作为投入纳入当期经济活动核算之中进行流量核算，构成自然存量减少的主要因素是当期经济活动对资源环境的消耗利用。

　　自然环境的受纳和生态功能是生态 GDP 核算体系的重要组成部分，环境污染物账户设置废水、废气和固体废弃物三大类污染物，并结合我国目前的能耗特点和现实中典型的环境问题将废气类污染物细化为二氧化硫、氮氧化物、总悬浮颗粒物、二氧化碳；生态服务功能分为涵养水源、固碳释氧、保育土壤、积累营养物质、净化大气、生物多样性保育等。具体指标因不同生态系统类型做调整，按照资源实物流量编制自然资源实物流量核算表。

　　实物量核算是生态 GDP 核算体系的第一步，充分利用资源环境统计数据，使其与经济核算数据一致，显示资源环境与经济之间的关系。根据环境实物量账户，通过估价建立环境价值量账户。生态 GDP 核算体系只有通过价值量才能与经济体系按照统一计量单位进行衔接，对资源耗减量进行虚拟估价建立资源消耗账户，根据污染物实物流量账户建立环境损害价值账户；对生态系统服务功能虚拟价值量建立支付账户，设计环境价值量总体核算表，价值量表征资源环境经济核算的最终目标至关重要。

依据生态 GDP 核算公式，以核算的价值量为基础，按照生产法、成本法、收入法，用环境成本（包括资源耗减成本和环境退化成本）和生态效益对传统 GDP 进行总量核算，得出绿色 GDP 和生态 GDP。对传统国民经济核算总量指标进行调整，经过环境因素调整，形成以生态 GDP 为中心的一组关键总量指标，用于可持续发展成果的评价。

5.3 生态 GDP 核算方法

5.3.1 以生态 GDP 为指标的总量核算

开展体现生态文明建设的国民经济核算，客观上需要开发出功能上类似 GDP 的指标，即生态 GDP。生态 GDP 核算的目的是把资源消耗、环境损害、生态效益纳入其中的经济核算体系，对传统国民经济核算总量指标进行调整，形成经生态环境因素调整后的以生态 GDP 为总量的综合性指标。

5.3.2 生态 GDP 总量核算

生产法、收支法和支出法是国内生产总值核算的 3 种基本方法，分别从不同方面反映出国内生产总值及其构成。经生态环境因素调整的生态 GDP 也采用这 3 种方法表示。

生产法：

$$ECO\text{–}GDP = O_t - I_i - C_{rd} - C_{ed} + V_{Es}$$

式中：ECO–GDP——生态 GDP；

　　　　O_t——总产出；

　　　　I_i——中间投入；

　　　　C_{rd}——资源耗减成本；

　　　　C_{ed}——环境损害成本，即环境污染虚拟治理成本和环境退化成本；

　　　　V_{Es}——生态效益。

收入、支出法：

$$ECO\text{–}GDP = R_l + N_{PT} + C_c + S_o - C_{rd} - C_{ed} + V_{Es}$$

式中：ECO–GDP——生态 GDP；

R_l——劳动报酬；

N_{PT}——生产税净额；

C_c——固定资本消耗；

S_o——营业盈余；

C_{rd}——资源耗减成本；

C_{ed}——环境损害成本，即环境污染虚拟治理成本和环境退化成本；

V_{Es}——生态效益。

遵循总产出等于总收支的原理，支出法和收入法核算的生态 GDP 应该基本相等。对于环境污染的实际治理成本实际上已在现行 GDP 中进行了核算，所以在生态 GDP 核算中将不调整环境污染的实际治理成本。

5.3.3 生态 GDP 核算体系中环境价值量分项

以生态 GDP 核算为中心的核算体系是在传统 GDP 基础上考虑环境因素，把资源耗减、环境损害和生态效益纳入经济核算，从不同方面反映出国民经济发展状况。其体系中包含了传统 GDP、绿色 GDP 和生态效益等，突出了环境污染和生态效益。环境价值量汇总核算包括资源耗减成本、污染治理成本、污染损失成本和生态效益。

首先是资源消耗成本核算。主要体现经济活动对资源的利用状况、能耗状况。通过对能源消耗折算为煤炭、石油和天然气等不可再生资源进行净价格法核算。

$$C_{rd}=\sum C_{coal}+\sum C_{petroleum}+\sum C_{natural\,gas}$$

式中：C_{rd}——资源耗减成本；

C_{coal}——煤炭资源消耗成本；

$C_{petroleum}$——石油资源消耗成本；

$C_{natural\,gas}$——天然气资源消耗成本。

其次是污染治理成本。环境污染核算是绿色 GDP 核算的一部分。同绿色 GDP 一样，环境污染核算包括两个层次的内容：一是环境污染的实物量核算；二是环境污染的价值量核算。对环境污染价值量的核算可采用基于实物量核算的治理成本法以及基于剂量反应关系的污染损失法两种核算方法。由于剂量反应关系研究的局限性，现实中对环境污染价值量的核算多采用治理成本法，由此方法核算出的环境污染成本称为虚拟治理成本，即生产和消费过程中所排放的污染造成了环境质量的降级，为把环境质量恢复到期初水平而需要支付的成本。

$$C_P=\sum C_{P\text{-}water}+\sum C_{P\text{-}gas}+\sum C_{P\text{-}solid}$$

式中：C_P——环境污染虚拟治理成本；

$C_{\text{P-water}}$——水污染虚拟治理成本；

$C_{\text{P-gas}}$——大气污染虚拟治理成本；

$C_{\text{P-solid}}$——固体废弃物虚拟治理成本。

三是环境污染损害成本。通过污染损失调查和污染损失核算，将水体污染经济损失、固体废弃物经济损失，以及污染事故经济损失进行汇总核算。

$$C_{\text{P}}=\sum C_{\text{P-water}}+\sum C_{\text{P-solid}}+\sum C_{\text{P-gas}}+\sum C_{\text{P-accident}}$$

式中：C_{P}——污染损失成本；

$C_{\text{P-water}}$——水体污染经济损失成本；

$C_{\text{P-solid}}$——固体废弃物经济损失成本；

$C_{\text{P-gas}}$——大气污染经济损失成本；

$C_{\text{P-accident}}$——污染事故经济损失成本。

四是生态效益核算。对不同自然生态系统提供的生态服务功能进行价值总核算。

$$V_{\text{Es}}=\sum V_{\text{w}}+\sum V_{\text{s}}+\sum V_{\text{c}}+\sum V_{\text{g}}+\sum V_{\text{n}}+\sum V_{\text{p}}$$

式中：V_{Es}——生态效益；

V_{w}——涵养水源价值；

V_{s}——保育土壤价值；

V_{c}——固碳释氧价值；

V_{g}——净化大气环境价值；

V_{n}——林木积累营养物质价值；

V_{p}——森林防护价值。

本章小结

生态 GDP 是以环境价值量核算结果为基础，扣除环境成本，增加生态系统服务功能价值，形成对传统国民经济核算总量指标进行环境因素调整后的新国民经济核算指标。本章对生态 GDP 发展过程、核算理论基础、核算方法等进行了详细的介绍，为正确认识和处理东北地区经济社会发展与生态环境保护之间的关系、开展地区生态 GDP 核算提供理论依据。生态 GDP 改进和完善了环境经济核算体系，提出了能真实体现环境、经济、社会可持续发展的指标。

东北地区
森林生态连清技术理论与实践

实践篇

第 6 章
东北地区概况

东北地区，广义上包括辽宁、吉林、黑龙江，以及内蒙古东部的呼伦贝尔市、兴安盟、锡林郭勒盟、赤峰市、通辽市，土地面积约 145 万平方千米，是我国森林面积最大、资源分布最集中的重点林区和最重要的木材生产基地。本地区林地生产力高，原生林分质量好，有较高的生态服务功能和较大的生产潜力，是我国生态建设的重点地区（李文华，2011）。狭义上的东北地区指由辽宁、吉林、黑龙江三省构成的区域。本书所述东北地区特指辽宁省、吉林省和黑龙江省。

6.1 东北地区基本情况

6.1.1 地理位置

东北地区的东面和北面有鸭绿江、图们江、乌苏里江和黑龙江环绕，西面与俄罗斯、蒙古国交界，大致从大兴安岭西侧的根河口，沿大兴安岭西麓的丘陵台地边缘，向南延伸至阿尔山附近，然后向东沿洮儿河谷地跨越大兴安岭至乌兰浩特以东，再沿大兴安岭东麓南下，经突泉至白音胡硕，然后沿松辽分水岭南缘，经白城市瞻榆、通辽市保康，沿新开河、西辽河至东西辽河汇合处，南临黄海、渤海。该区主要分布于我国的寒温带和温带湿润、半湿润地区，以冷湿的森林和草甸草原景观为主。

6.1.2 基本情况

东北地区是我国著名的老工业基地、重要的农产品生产基地，也是我国重要的生态屏障。这里具有综合的工业体系、完备的基础设施，是我国重要的重工业基地（表 6-1），在石油、化工、钢铁、汽车、造船、航空产品等重点行业中占据优势；这里是我国重要的粮食和农副产品生产基地，2019 年东北地区粮食总产量占全国粮食总产量（66949 万吨）的 1/5，黑龙江省粮食总产量连续多年全国第一，吉林省粮食单产多年全国第一；这里也是我国生态建设的重点地区，有林地面积超过 3000 万公顷，是我国森林面积最大、资源分布最集中的重点林区和最重要的木材生产基地（李文华，2011），我国六大重点生态工程基本覆盖了整个东北地区。因此，东北森林在维持地区农业生产环境，保证区域社会、经济可持续发展和生态安全方面起着举足轻重的作用，是整个东北地区不可替代的生态屏障。

表 6-1　东北地区基本情况

东北地区	面积 （万平方千米）	人口数量 （万人）	经济总量 （亿元）	粮食总产量 （万吨）	数据来源
黑龙江省	45.25	3751.3	13612.7	7503.0	2020年黑龙江省统计年鉴
吉林省	18.70	2601.7	11726.8	3877.9	2020年吉林省统计年鉴
辽宁省	14.86	4190.2	24909.5	2430.0	2020年辽宁省统计年鉴
合计	78.81	10543.2	50249.0	13810.9	

6.2 东北地区自然环境特征

6.2.1 地质地貌

东北地区的西、北、东三面分别被大兴安岭、小兴安岭和长白山系所包围，中、南、西部为辽阔的平原。区内地貌形态差异明显，主要地貌类型有山地、丘陵、平原、高原，海拔在 30～1600 米。山地包括东北—西南走向的大兴安岭山地、西北—东南走向的小兴安岭山地，以及东北—西南走向的张广才岭、老爷岭和完达山山脉，吉林省东部山地在威虎岭至龙岗山以东，有延边山地、敦化熔岩台地中山和长白山熔岩高原山地，海拔在 300～1000 米。丘陵主要分布于威虎岭、大黑山、老虎岭、哈达岭等山系周围，海拔 300～400 米。平原主要包括松嫩平原、三江平原和辽河平原，位于大兴安岭和长白山之间。松辽分水岭将东北平原区分为两部分，南部主要为辽河冲积而成的辽河平原；北部又分为两块，主要由松花江、嫩江冲积而成的松嫩平原和小兴安岭东部和长白山北部黑龙江、松花江和乌苏里江汇合的三江平原，海拔 30～300 米。盆地有松辽盆地、呼伦贝尔盆地、乌珠穆沁盆地，其中松辽盆地是我国东北地区由大小兴安岭、长白山环绕的一个大型沉积盆地，跨越黑龙江、吉林、辽宁三省，松花江和辽河从盆地中穿过。

6.2.2 气　候

东北地区地域广阔，受纬度、海陆位置、地势等因素影响，气候类型多样，主要为温带季风性气候。冬季寒冷漫长，达半年以上；夏季温热多雨，降雨主要集中于每年7～9月。东北地区自南而北跨暖温带、中温带与寒温带，热量差异显著，≥10℃的积温南部可达3600℃，北部则仅有1000℃。自东而西，降水量由1000毫米降至300毫米以下，气候上从湿润区、半湿润区过渡到半干旱区（表6-2）。

表6-2　东北地区主要气候指标

温度带	研究区域	年平均温度（℃）	极端最低温度（℃）	无霜期（天）	年降水量（毫米）
寒温带	大兴安岭（漠河）	-5.5	-52.3	86.2	460.8
	大兴安岭（根河）	-5.3	-58.0	90	400～500
温带	小兴安岭（凉水）	-0.3	-41.2	110～125	676
	长白山（长白）	2.0	-36.3	113	691.1
	辽东山区（西丰）	5.2	-41.1	133	684
暖温带	辽东半岛（岫岩）	8.8	-25.2	170	900
	白石砬子（宽甸）	5.3	-32.5	132	1349

6.2.3 水　系

东北地区水资源丰富，区域内有黑龙江、松花江、乌苏里江、鸭绿江、图们江、嫩江和辽河等主要水系。其中，黑龙江省主要有黑龙江、松花江、乌苏里江三大水系，全省流域面积50平方千米及以上的河流有2881条，主要河流有黑龙江、松花江、嫩江、乌苏里江、牡丹江等，水面总面积30.37万公顷（杨国亭等，2016）；吉林省主要由松花江、辽河、鸭绿江、图们江、绥芬河五大水系组成，全省流域面积20平方千米以上的河流有1648条，河流和湖泊水面26.55万公顷（任军等，2016）；辽宁省共划分为黑龙江、辽河、海河三大流域和鸭绿江、辽河等七个水系。流域面积50～1000平方千米以上的河流有740条，主要河流有辽河、浑河、太子河、大凌河、鸭绿江、绕阳河等（王兵等，2020）。

6.2.4 土　壤

受气候、生物、水文等的影响，东北地区土壤种类丰富，包含棕色针叶林土、灰色森林土、暗棕壤、棕壤、黑钙土、白浆土、草甸土、盐碱土、沼泽土等。黑龙江省以暗棕壤为主，其次为黑土、白浆土，再次为黑钙土。暗棕壤主要分布于小兴安岭、完达山和张广才岭等地区，其理化性质较好，且上面附着有丰富的腐殖质层和枯枝落叶层，较适合林木生长，尤其是针阔混交林。吉林省以暗棕壤分布面积最大，其次是黑钙土、白浆土、草甸土和黑土，东部山区、半山区的针阔混交林以暗棕壤和白浆土为主，也有草甸土、沼泽土、泥炭土等零星分布，暗棕壤主要分布于坡地、阶地。辽宁省境内土壤有两个地带性分布区，即东部的棕壤区和西部的褐土区，棕壤主要分布在辽东和辽西丘陵山地，暗棕壤主要分布在海拔700～800米的辽东山地。

6.3 东北地区森林概况

6.3.1 森林资源概况

东北地区跨越寒温带、温带和暖温带，森林面积分布广、类型多样、资源丰富，是我国重要商品木材和多种林产品生产基地。第九次全国森林资源清查（2014—2018）结果显示，东北地区森林面积 3347.16 万公顷，占全国森林面积的 13.86%；森林蓄积量 315749.04 万立方米，占全国森林蓄积量的 18.51%（表 6-3）。该区是我国最主要的天然林分布区，天然林面积 2612.64 万公顷，占该区森林面积的 78.06%；天然林蓄积量 272175.05 万立方米，占该区森林蓄积量的 86.20%。

表 6-3　东北地区各省森林资源概况

地区	林地面积（万公顷）	森林面积（万公顷）	森林覆盖率		活立木总蓄积量（万立方米）	森林蓄积量（万立方米）
			占比（%）	排序		
黑龙江	2453.77	1990.46	43.78	9	199999.41	184704.09
吉林	904.79	784.87	41.49	14	105368.45	101295.77
辽宁	735.92	571.83	39.24	16	30888.53	29749.18
合计	4094.48	3347.16	42.39	—	336256.39	315749.04
占全国比率（%）	12.6	13.86	—	—	17.7	18.51

森林资源主要分布在黑龙江省大部，吉林省东部，辽宁省东部的大、小兴安岭和长白山地区。第九次全国森林资源清查（2014—2018）结果显示，黑龙江省森林面积 1990.46 万公顷，森林覆盖率 43.78%，活立木蓄积量 199999.41 万立方米，森林蓄积量 184704.09 万立方米，每公顷森林蓄积量 93.08 立方米；森林资源以防护林较多，防护林面积 1156.05 万公顷、蓄积量 108898.25 万立方米，分别占全省的 58.08% 和 58.96%；全省森林以天然林为主，天然林面积 1747.20 万公顷、蓄积量 164338.44 万立方米，分别占全省的 87.78% 和 88.97%。吉林省森林面积 784.87 万公顷，森林覆盖率 41.49%，活立木蓄积量 105368.45 万立方米，森林蓄积量 101295.77 万立方米，每公顷森林蓄积量 130.76 立方米；防护林与用材林各占约一半，面积和蓄积量分别占全省的 51.57%、41.65% 和 49.51%、42.20%；全省森林以天然

林为主，天然林面积 608.93 万公顷、蓄积量 89573.66 万立方米，分别占全省的 77.58% 和 88.43%。辽宁省森林面积 571.83 万公顷，森林覆盖率 39.24%，活立木蓄积量 30888.53 万立方米，森林蓄积量 29749.18 万立方米，每公顷森林蓄积量 69.91 立方米；森林资源以防护林较多，防护林面积 278.13 万公顷、蓄积量 16421.88 万立方米，分别占全省的 48.64% 和 55.20%；人工林比重较大，人工林面积 315.32 万公顷、蓄积量 11486.23 万立方米，分别占全省的 55.14% 和 38.61%。东北地区森林面积和蓄积量按林种统计见表 6-4。

表 6-4　东北地区森林面积和蓄积量按林种统计

万公顷，万立方米

地区	防护林		特用林		用材林		薪炭林		经济林		合计	
	面积	蓄积量	面积	蓄积量	面积	蓄积量	面积	蓄积量	面积	蓄积量	面积	蓄积量
黑龙江	1156.05	108898.25	260.79	25740.62	565.01	50056.66	0.32	6.09	8.29	2.47	1990.46	184704.09
吉林	404.77	50151.04	43.41	8352.31	326.86	42751.87	1.49	40.55	8.34	—	784.87	101295.77
辽宁	278.13	16421.88	14.48	1184.64	154.14	11574.2	20.53	563.72	104.55	4.74	571.83	29749.18
合计	1838.95	175471.17	318.68	35277.57	1046.01	104382.73	22.34	610.36	121.18	7.21	3347.16	315749.04

6.3.2 森林质量变化

东北地区森林质量总体保持稳定，呈上升趋势（图 6-1）。其中，吉林省单位面积森林蓄积量最高，达 130.76 立方米 / 公顷；黑龙江次之，为 93.08 立方米 / 公顷；辽宁省单位面积森林蓄积量为 69.91 立方米 / 公顷，仅是吉林省单位面积森林蓄积量的 53.46%。从龄组结构看，黑龙江省中幼林比重较大，中幼林面积和蓄积量占全省的 61.12% 和 48.69%；吉林省以近成过熟林为主，其面积和蓄积量分别占全省的 50.81% 和 69.47%；辽宁省中幼林所占比重较大，中幼林面积和蓄积量分别占全省的 71.18% 和 53.93%。

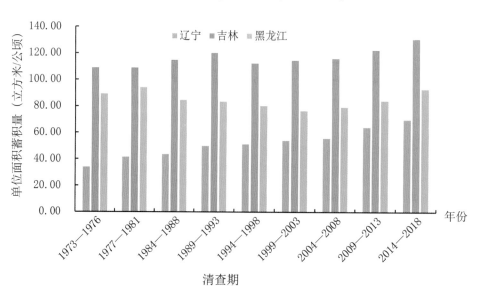

图 6-1　东北地区森林质量动态变化

6.3.3 主要植被类型

东北地区森林类型复杂，包括以落叶松为主的寒温带针叶林、以红松为主的温带针阔混交林和经过人为破坏之后形成的以杨桦林及多种阔叶树种组成的次生林，以及南部的暖温带落叶阔叶林（李文华，2011）。该区有草本、木本植物 164 科 928 属 3103 种（傅沛云等，1995），这些植物既包括西伯利亚植物区系、长白植物区系，又包括蒙古植物区系和华北植物区系的代表种，其中许多植物为本地区所特有的珍稀植物和分布中心。

黑龙江省主要植被分区大致划分为大兴安岭寒温带针叶林区、东部山地温带针阔叶混交林区、平原森林草原区。大兴安岭山地植被属西伯利亚山地南泰加林的南缘，为寒温带针叶林区，针叶林树种主要有兴安落叶松、樟子松以及云杉。大兴安岭山地岭北植被是以兴安落叶松为主的寒温带针叶林和针阔混交林，岭南以阔叶林为主，阔叶树种主要是白桦、蒙古栎、黑桦以及山杨。小兴安岭、张广才岭、老爷岭以及完达山的植被属于长白植物区系，小兴安岭林区主要是以红松为主的温带针阔叶混交林，张广才岭、老爷岭以及完达山等林区的地带性植被是针阔混交林和阔叶混交林。主要森林类型有阔叶红松林、云冷杉林、长白落叶松林、岳桦林、蒙古栎林、白桦林和山杨林等。松嫩平原和三江平原的植被主要以森林草原为主（黑龙江森林编辑委员会，1993）。按优势树种（组）统计，落叶松林、桦木林和栎类林较多，其分别占乔木林面积和蓄积量的 16.50%、15.19%、9.13% 和 15.20%、10.96%、10.20%。黑龙江省主要优势树种（组）历次清查期面积、蓄积量见图 6-2、图 6-3。

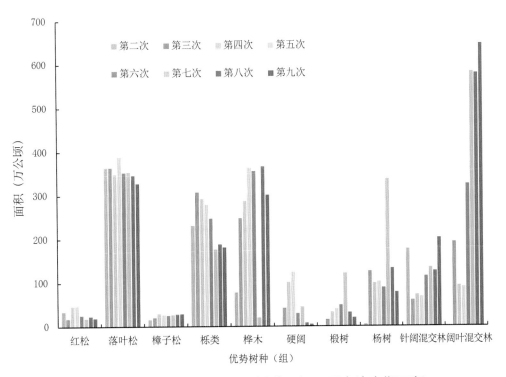

图 6-2 黑龙江省主要优势树种（组）历次清查期面积

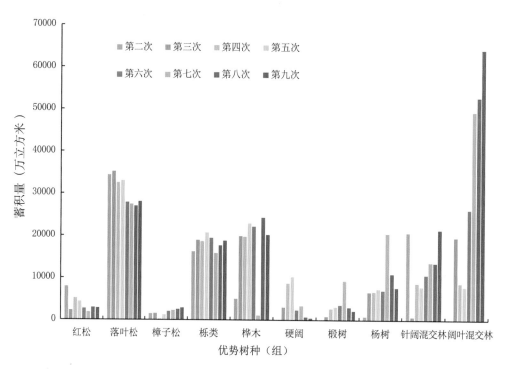

图 6-3　黑龙江省主要优势树种（组）历次清查期蓄积量

　　吉林省森林植被既有水平地带性分布，又有垂直地带性分布。从水平地带性上看，吉林省东部地势高，海拔差异大，气候湿冷，形成了以温带针阔混交林为主的森林植被类型，其中针叶林以红松、臭冷杉、红皮云杉、鱼鳞云杉以及落叶松等为主，阔叶林以蒙古栎、紫椴、白桦、山杨、水曲柳和胡桃楸为主。中部台地处于半湿润地带，具有东部针阔混交林向西部草原过渡的特征，为森林草原交错区，分布有干旱草原和湿地，森林多以块状分布于沟谷之中，树种多以栎属、榆属为主。西部平原降水较少、地势平坦，属于半湿润半干旱气候，形成了以莎草科、禾本科、菊科以及豆科为主要植被的草原。从垂直地带性上看，由于海拔、坡度以及土壤等条件的影响，尤其是受水热条件的影响，植被分布随海拔变化的规律明显。以长白山为例，山体自下而上依次分布的植被类型为落叶阔叶林、针阔混交林、针叶林、岳桦林、高山苔原和高山荒漠等 5 个植被类型，从温带类型逐步过渡到寒温带类型（任军等，2016）。按优势树种（组）统计，栎类林、落叶松林和杨树林较多，其分别占乔木林面积和蓄积量的 11.09%、8.22%、7.22% 和 11.76%、5.59%、4.01%。吉林省主要优势树种（组）历次清查期面积、蓄积量见图 6-4、图 6-5。

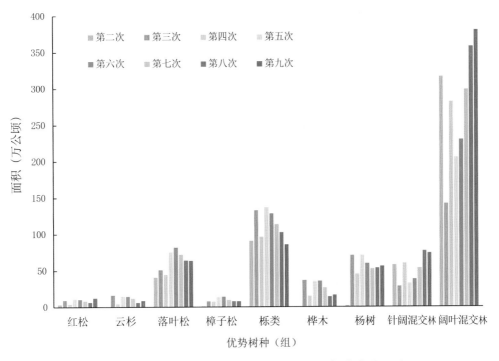

图 6-4 吉林省主要优势树种（组）历次清查期面积

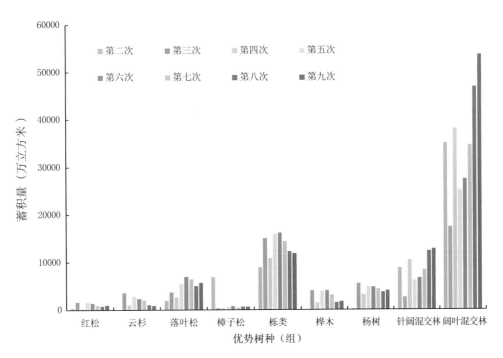

图 6-5 吉林省主要优势树种（组）历次清查期蓄积量

辽宁省森林主要分布在辽东山区，位于铁岭—营口一线以东地区，以红松、沙松、阔叶混交林和油松、赤松、落叶阔叶林为地带性植被，次生的蒙古栎林和各类灌丛分布很广。以开原—南杂木—青城子—青椅山线为界把辽东分为两个植被地带，北部为山地，属于长白植物区系，植被类型为温带针叶阔叶混交林地带，南部为辽东半岛丘陵，属于华北植物区

系，并具有一些耐寒性的亚热带植物，植被类型为暖温带落叶阔叶林地带。在暖温带落叶阔
叶林地带内，熊岳—青椅山线的东南部为赤松栎林亚地带，西北部为油松栎林亚地带（董厚
德，1981）。按优势树种（组）统计，栎类林、油松林和落叶松林较多，其分别占乔木林面
积和蓄积量的 22.04%、11.07%、10.47% 和 21.58%、8.82%、13.03%。辽宁省主要优势树种（组）
历次清查期面积、蓄积量见图 6-6、图 6-7。

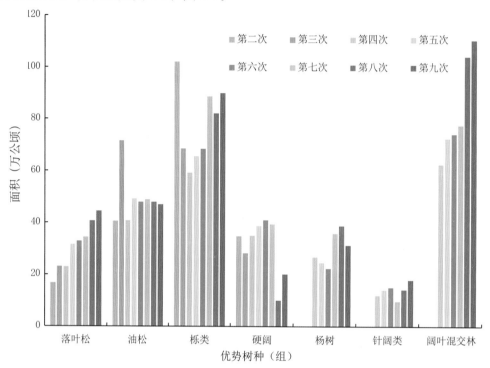

图 6-6　辽宁省主要优势树种（组）历次清查期面积

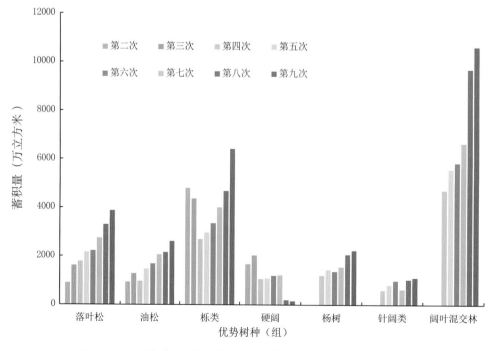

图 6-7　辽宁省主要优势树种（组）历次清查期蓄积量

6.4 东北地区森林生态连清野外观测布局

6.4.1 布局原则

野外观测是构建东北地区森林生态连清体系的重要基础，为做好这一基础工作，需考虑如何构架观测体系布局。紧紧依靠国家林业和草原局在东北地区及周边建设的森林生态站作为东北地区森林生态连清的野外监测平台，在建设时要坚持"统一规划、统一布局、统一建设、统一规范、统一标准，资源整合，数据共享"原则。

6.4.2 野外观测台站布局

森林生态站作为森林生态系统服务监测站，在东北地区森林生态系统服务评估中发挥着极重要作用。东北及相邻地区目前已建和在建的森林生态站 24 个，在布局上已能充分体现区位优势和地域特色，森林生态站布局在国家和区域层面的典型性和重要性已经得到兼顾，并且已形成层次清晰、代表性强的森林生态站及辅助观测网点，可负责相关站点所属区域各级测算单元，优势树种组、林分起源组和林龄组等生态连清。依托这些森林生态站，可以满足东北地区森林生态连清和科学研究需求。本书中所采用的数据主要源于东北地区及其相邻区域分布的森林生态系统定位观测研究站，具体森林生态站见表 6-5。

表 6-5　东北地区森林生态站基本情况

地带性森林类型	已建站	主要森林类型	地点
大兴安岭山地兴安落叶松林区	内蒙古大兴安岭森林生态站	兴安落叶松林	内蒙古自治区根河市
	黑龙江嫩江源森林生态站	兴安落叶松林、白桦林	黑龙江省大兴安岭地区
	黑龙江漠河森林生态站	兴安落叶松林、山地樟子松林	黑龙江省漠河县
小兴安岭山地丘陵阔叶与红松混交林区	黑龙江小兴安岭森林生态站	阔叶红松林	黑龙江省伊春市
	黑龙江凉水森林生态站	阔叶红松林	黑龙江省伊春市
	黑龙江黑河森林生态站	阔叶红松林	黑龙江省孙吴县
长白山山地红松与阔叶混交林区	黑龙江雪乡森林生态站	云冷杉针阔混交林	黑龙江省海林市
	吉林松江源森林生态站	云冷杉林、天然次生林	吉林省汪清县
	吉林长白山森林生态站（北坡）	阔叶红松混交林	吉林省安图县
	吉林长白山西坡森林生态站	阔叶红松混交林	吉林省抚松县
	吉林长白山森林生态站（南坡）	阔叶红松混交林	吉林省长白县
	辽宁冰砬山森林生态站	天然次生林、人工林	辽宁省西丰县
	辽宁清原森林生态站	天然次生林、人工林	辽宁省清原县
松嫩辽平原草原草甸散生林区	辽宁辽河平原森林生态站	沙地樟子松人工林	辽宁省昌图县

（续）

地带性森林类型	已建站	主要森林类型	地点
三江平原草甸散生林区	黑龙江帽儿山森林生态站	天然次生林、人工林	黑龙江省尚志市
	黑龙江七台河森林生态站	天然次生林、人工林	黑龙江省七台河市
	黑龙江牡丹江森林生态站	阔叶红松混交林	黑龙江省穆棱市
辽东半岛山地丘陵松（赤松及油松）栎林区	辽东半岛森林生态站	赤松林、栎类林	辽宁省本溪县
	辽宁白石砬子森林生态站	天然次生林、阔叶红松混交林	辽宁省宽甸县
呼伦贝尔及内蒙古东南部森林草原区	河北塞罕坝森林生态站	华北落叶松人工林	河北省围场县
	内蒙古赛罕乌拉森林生态站	天然次生林、人工林	内蒙古巴林右旗
	内蒙古特金罕山森林生态站	天然次生林	内蒙古扎鲁特旗
	内蒙古七老图山森林生态站	天然次生林、人工林	内蒙古喀喇沁旗
	内蒙古赤峰森林生态站	半干旱地区退耕还林、城市森林和农田防护林	内蒙古赤峰市

本章小结

　　本章从东北地区的地理位置，自然、经济和社会基本情况，森林资源概况等方面详细介绍了东北地区在我国经济、粮食安全和生态安全中的重要性；介绍了东北地区森林生态连清野外监测台站的布局原则和已建森林生态站情况。本书中所采用的数据主要源于东北地区及其相邻区域分布的森林生态系统定位观测研究站，森林生态站在东北地区森林生态系统服务评估中发挥着非常重要的作用。

第7章
东北地区森林水文要素生态连清

森林能够影响一个区域的生态环境，同时其自身生长也受到环境因素制约。降水因子作为自然环境中最活跃的因子之一，其与林木生长之间也相互影响。降水多寡既影响着森林植被的生长、发育和经营，同时森林植被通过降水的截留、贮存、利用和转化对降水资源进行再分配，影响降水的利用方式及河川径流的形成和发展，进而影响人类的生产和生活。研究分析森林植被对降水过程的调节特征，能够揭示森林对土壤侵蚀和降水再分配的影响，对防治土壤侵蚀、调节河川径流、流域管理、防洪减灾和水资源可持续利用等都有重要意义（刘胜涛，2016）。

7.1 森林生态系统水量空间分配规律

7.1.1 典型森林降水再分配

森林冠层是大气降水进入森林生态系统的第一步，大气降水经过林冠层后可分为穿透水量、树干径流量及林冠截留量（Carlyle—Moses，1999）。森林冠层截留能改变林下降水特性，降低雨滴的动能，减轻雨滴溅蚀，减少进入地面雨量，对地面径流形成与发展有重要影响（王彦辉，2001；李奕，2014），林冠截留直接影响到达林内的水分，在森林水量分配过程中发挥着重要的作用。林冠特性（林冠大小、叶片形状、林分郁闭度等）、降水特征（降水强度、降水历时、雨滴大小等）和其他气象因子（风速、风向、温度、压强）等影响林冠对降水的再分配（党宏忠，2005；Holwerda，2008；王晓燕，2012；Wallace，2013）。在林冠层未饱和前，林冠截留量与林外降水量成正比，是个动态变化过程，在林冠层达到饱和含水量后逐渐趋于稳定值（姜海燕，2008）。森林对降水的再分配是森林水文研究的热点（Muoghalu，2000）。

7.1.1.1 森林对降水的截留特征

东北地区森林类型丰富，在大小兴安岭、长白山和东北南部的辽东山区分布着兴安落叶松林、樟子松林、白桦林、阔叶红松林、赤松林和蒙古栎林等典型森林类型。研究结果显示，在未达到冠层截留容量之前，林冠截留量随降水量增加而增加，但增加比率越来越小，最终达到冠层截留最大容量，不同森林类型的林冠截留率存在明显差异，结果见表7-1。东北地区不同森林类型的林冠截留率为13.04% ~ 87.33%，变化范围高于全国主要森林平均林冠截留率14.7% ~ 31.8%（Wei 等，2005）。

表7-1　东北地区主要森林的林冠截留

研究区域	森林类型	降水量（毫米）	林冠截留量（毫米）	占降水量比值（%）	拟合方程
大兴安岭	兴安落叶松林	396.0	92.2	23.29	$I=0.448P^{0.716}$，$R^2=0.826$，$n=37$
	樟子松林	493.1	123.5	25.04	$I=-14.552\ln P_G+71.292$，$R^2=0.7506$，$n=26$
	白桦林	465.8	60.8	13.04	$I=0.4859P^{0.5896}$，$R^2=0.7649$，$n=39$
小兴安岭	阔叶红松林	828.5	177.8	21.47	$I=0.243P+0.112$，$R^2=0.809$，$n=97$
长白山	白桦	217.4	120.2	55.27	$I=0.732P_G^{0.878}$，$R^2=0.941$，$n=35$
	云冷杉	393.6	343.32	87.33	$I=0.874P_G^{1.020}$，$R^2=0.963$，$n=50$
辽东山区	蒙古栎	596.1	119.0	19.96	$I=-0.001P^2+0.163P+0.413$，$R^2=0.671$，$n=82$
	赤松	670.3	215.3	32.12	$I=-0.001P^2+0.181P+0.640$，$R^2=0.795$，$n=78$

森林对大气降水的截留一方面受森林类型的影响，同时也受大气降水的影响，同一森林类型不同场次降水的林冠截留量和截留率差异较大。如大兴安岭北部的兴安落叶松林整个生长季中，当雨量级 < 2.0 毫米、2.1 ~ 5.0 毫米、5.1 ~ 10.0 毫米、10.1 ~ 20.0 毫米、20.1 ~ 50.0 毫米和 > 50.1 毫米时，林冠截留率分别为50.31%、33.45%、22.82%、20.20%、16.48% 和33.72%，其中雨量级 < 2.0 毫米时林冠截留率最大，雨量级 20.1 ~ 50.0 毫米时林冠截留率最小，结果见表7-2。在整个生长季期间，林冠层的平均截留量为 2.49 毫米，变异系数为150.98%，平均截留率为31.26%，变异系数为46.28%。兴安落叶松的其他地区不同森林类型的林冠截留率也表现为随雨量级的不同有较大差异。

表7-2　大兴安岭北部兴安落叶松林冠对降水的再分配

雨量级（毫米）	降水总量（毫米）	林冠截留量（毫米）	占降水量比值（%）
< 2.0	9.61	4.83	50.31
2.1 ~ 5.0	44.31	14.82	33.45
5.1 ~ 10.0	59.88	13.67	22.82
10.1 ~ 20.0	29.61	5.98	20.20
20.1 ~ 50.0	187.10	30.84	16.48
50.1	65.51	22.09	33.72
合计	396.01	92.23	23.29

7.1.1.2 不同森林类型的穿透降水特征

降水对不同森林类型穿透的穿透率与森林类型和大气降水特征密切相关。东北地区不同森林类型的平均穿透水率为 7.04% ~ 84.27%。其中，长白山地区云冷杉林的降水穿透率最低，大兴安岭白桦林的穿透率最高，见表 7-3。

表 7-3 东北地区主要森林的穿透水特征

研究区域	森林类型	降水量（毫米）	穿透降水量（毫米）	占降水量比值（%）	拟合方程
大兴安岭	兴安落叶松林	396.01	303.20	76.57	$TF=0.538P^{1.131}$，$R^2=0.984$，$n=37$
	樟子松林	493.12	362.85	73.58	$TF=0.7731P-0.7074$，$R^2=0.9984$，$n=26$
	白桦林	465.8	392.55	84.27	$TF=0.9408P-1.3429$，$R^2=0.9983$，$n=34$
小兴安岭	阔叶红松林	828.5	636.04	76.77	$TF=0.737P-0.059$，$R^2=0.976$，$n=97$
长白山	白桦	217.4	6.99	21.61	$TF_{白}=0.332-0.024P_G+0.009P_G^2$，$R^2=0.827$，$n=35$
	云冷杉林	393.6	27.67	7.04	$TF_{云}=0.184-0.078P_G+0.005P_G^2$，$R^2=0.942$，$n=50$
辽东山区	赤松	670.3	388.5	57.96	—
	蒙古栎	596.1	421.7	70.73	—

不同森林类型穿透水率与大气降水特征关系密切，总体表现为随降水量增加而增大趋势。如大兴安岭北部的兴安落叶松林，当大气降水量超过 10 毫米时（除唯一一场暴雨外），穿透水率均超过 75%，平均为 82.39%；当大气降水量超过 5 毫米时，穿透水率均超过 64%，平均为 78.37%；而林外降水量小于 5 毫米时，其平均穿透水率为 60.45%；林外降水量 0.6 ~ 1.6 毫米时，平均穿透水率为 50.20%，林外降水量 2.0 ~ 4.8 毫米时的平均穿透水率为 67.27%；樟子松林穿透水率为 21.04% ~ 79.23%，平均穿透水率为 65.10%，樟子松林穿透水率均表现为大雨（76.67%）＞暴雨（75.52%）＞中雨（72.96%）＞小雨（58.48%），且林内穿透水率的变异系数随着降水量增大呈逐渐减小。

7.1.1.3 不同森林类型的树干径流特征

东北地区不同森林类型的树干径流量占大气降水的比例为 0.14% ~ 23.12%。其中，兴安落叶松树干径流仅占降水总量的 0.14%，结果见表 7-4。

表 7-4 东北地区主要森林的树干径流特征

研究地点	森林类型	降水量（毫米）	树干径流量（毫米）	占降水量比值（%）	拟合方程
大兴安岭	兴安落叶松林	396.01	0.6	0.14	$SF=0.002P-0.009$，$R^2=0.824$，$n=37$
	樟子松林	493.12	6.8	1.38	$SF=0.024P-0.1985$，$R^2=0.8164$，$n=22$
	白桦林	465.8	12.5	2.68	$SF=0.0024P^2+0.2026P-0.0393$，$R^2=0.7274$，$n=32$

（续）

研究地点	森林类型	降水量（毫米）	树干径流量（毫米）	占降水量比值（%）	拟合方程
小兴安岭	阔叶红松林	828.5	14.6	1.76	$SF=0.020P-0.054$，$R^2=0.652$，$n=88$
长白山	白桦林	217.4	50.2	23.12	$SF_{白}=0.131-0.031P_G+0.011P_G^2$，$R^2=0.965$，$n=35$
	云冷杉林	393.6	22.1	5.63	$SF_{云}=0.110-0.062P_G+0.003P_G^2$，$R^2=0.904$，$n=50$
辽东山区	赤松林	670.3	66.5	9.92	—
	蒙古栎林	596.1	55.5	9.31	—

树干径流除了与林分的树种组成有关外，与大气降水特征和树木径级等也有较大关系。在白桦林中，当林外降水大于 1.6 毫米的时候开始产生树干径流，当降水量小于 5.2 毫米时树干径流率变动范围在 0.00%～1.81%，当降水量继续增大时，树干径流率也随之增加，最大为 4.66%，但当降水量超过 38.0 毫米时，树干径流率大幅下降至 2.88%；在对樟子松林的树干径流研究中发现，在整个观测期间 20 厘米以下径级树干径流总量占观测期总树干径流量的 15.17%；25～30 厘米径级树干径流总量占观测期总树干径流量的 19.91%；30～35 厘米径级树干径流总量占观测期总树干径流量的 43.00%。

通常树干径流在整个降水分配中所占比例很小，但是其所携带的养分元素含量却很高，这部分水通过树干径流直接进入林地，对提高根际土壤水分含量和土壤养分、促进林木的生长有重要作用（周梅，2003）。

7.1.2 典型森林林冠截留模型模拟

林冠截留模型是通过野外观测数据，在数据分析基础上结合已有经验建立的一种对林冠降水截留量进行估算和预测的有效方法（余新晓，2013）。Gash 模型参照空气动力学原理，考虑林分冠层的特性，简化了计算参数，被认为是实用性较强的模型（Shi 等，2010）。

7.1.2.1 修正 Gash 模型的建立

修正的 Gash 模型是基于 Rutter 模型（Rutter 等，1977）基本的物理推理方法建立的林冠截留解析模型（Gash，1979），描述的是一系列彼此分离的降水事件，每个降水事件均包括以下三个过程：加湿期，必要条件是林外降水量（P_G）小于林冠达到饱和所必需的降水量（$P_{G分}$）；饱和期，当林外降水量＞林冠饱和降水量后，林冠达到并维持饱和状态，平均降水强度（R）大于饱和林冠的平均蒸发速率（$\bar{E}$）；干燥期，降水停止后到林冠和树干干燥的阶段。此模型假定降水间隔期足够满足林冠恢复到降水前的干燥程度，利用修正的 Gash 模型计算整个降水过程中的林冠截留总量，表达式如下：

$$\sum_{j=1}^{m+n}I_j=c\sum_{j=1}^{m}P_{Gj}+\sum_{j=1}^{n}(c\bar{E}_e/\bar{R})(P_G-P_G')+c\sum_{j=1}^{n}P_G'+qcS_t+cP_t(1-\bar{E}_e/\bar{R})\sum_{j=1}^{n-q}(P_{Gj}-P_G')$$

式中：I_j——林冠截留量（毫米）；

n——林冠达到饱和的降水次数；

m——林冠未达到饱和的降水次数；

j——总降水次数；

c——林分郁闭度；

P_t——树干径流系数；

R——平均降水强度（毫米／小时）；

E_e——单位覆盖面积平均林冠蒸发速率（毫米／小时）；

P_{Gj}——总降水量（毫米）；

P_G——单次降水的降水量（毫米）；

$P_{G分}$——林冠达到饱和的降水量（毫米）；

q——树干达到饱和产生树干径流的降水次数；

S_t——树干持水能力（毫米）；

$c\sum_{j=1}^{m}P_{Gj}$——m 次未能饱和冠层的降水量（$P_G < P_G'$）；

$\sum_{j=1}^{n}(c\bar{E}_e/\bar{R})(P_G - P_G')$——降水过程中的蒸发量（毫米）；

$c\sum_{j=1}^{n}P_G'$——n 次使林冠达到饱和降水事件的降水量（毫米）；

qcS_t——降水后的蒸发量（毫米）；

$cP_t(1 - \bar{E}_e/\bar{R})\sum_{j=1}^{n-q}(P_{Gj} - P_G')$——$n$–$q$ 次未能饱和树干的降水量（毫米，$P_G < S_t/P_t$）。

7.1.2.2 对兴安落叶松林林冠截留的模拟

刘玉杰和满秀玲（2016）等研究认为，Gash 模型可以很好地模拟大兴安岭地区天然落叶松林整个观测期的林冠截留特征，结果见表 7-5。兴安落叶松林冠截留总量的模拟值为 65.17 毫米，实测值为 63.53 毫米，相对误差为 2.52%，模拟值与实测值吻合较好。降水过程中的蒸发量占林冠截留总量的 58.23%，饱和冠层降水量占林冠截留总量的 21.48%。研究期间由于该地区降水量较小，降水历时较长，平均蒸发速率高（$\bar{E}$ =0.366）；林外降水量不足以使林冠达到饱和时的冠层截留量仅占林冠截留总量的 4.29%，主要是因为该条件下，Gash 模型采用的是以冠层覆盖度乘以林外降水代表林冠截留量，此过程不考虑蒸发的影响。

表 7-5 基于修正 Gash 模型的大兴安岭天然落叶松林模拟值与实测值

模型组成部分	模拟值（毫米）	实测值（毫米）
m 次未能饱和冠层的降水量	2.8	—
n 次饱和冠层降水量	14	—
降水过程中的蒸发量	37.95	—
降水后蒸发量	6.86	—
n–q 次未能饱和树干的降水量	3.56	—

（续）

模型组成部分	模拟值（毫米）	实测值（毫米）
林冠截留总量	65.17	63.53
树干径流量	7.47	7.53
总穿透水量	216.76	218.34

7.1.2.3 对阔叶红松林林冠截留的模拟

柴汝杉等（2013）根据修正的 Gash 模型，对小兴安岭阔叶红松林穿透水、树干径流和林冠截留总量的模拟结果分别为 370.91 毫米、16.14 毫米和 130.07 毫米，结果见表 7-6。林冠截留量、穿透水、树干径流的模拟值与实测值误差分别为 -1.81%、50.3% 和 -1.75%。其中，树干径流模拟值和实测值相差较大，这可能由于阔叶红松林的林龄大、胸径粗、红松树皮不易汇集树干径流等复杂林分特征有关。降水过程中的蒸发量占模拟林冠截留量的 47%，是构成林冠截留量的主要因素，其次为饱和层降水量，占林冠截留量模拟值的 26.7%。本研究中，两场降水间隔大于 8 小时，较长的降水时间和间隔时间造成降水停止前的林冠蒸发量最大，未能达到林冠饱和的降水量仅占模拟值的 2.4%。阔叶红松林结构复杂、郁闭度较高，当降水量较小时，阔叶红松林林冠对降水起到有效截留作用，而当降水量较大时，受林冠蒸发强度、郁闭度、树干径流等因素的影响，林冠截留作用显著下降。

表 7-6   小兴安岭阔叶红松林应用 Gash 模型对林冠截留的模拟

项目	实测值（毫米）	模拟值（毫米）
降水量 $P_G < P'_G$		3.08
林冠达到饱和 $P_G \geqslant P'_G$		34.7
降水过程中蒸发量		61.23
降水后的蒸发量		28.83
树干径流 $P_G \geqslant P''_G$		0.58
未能饱和树干降水量 $P_G < S_t/P_t$		1.65
林冠截留总量	132.43	130.07
树干径流量	8.02	16.14
总穿透水量	373.19	370.91

注：$P_G < P'_G$ 对于 m 次未能饱和冠层的降水量；$P_G \geqslant P'_G$ 林冠达到饱和的 n 次降水的林冠加湿过程；$P_G \geqslant P''_G$ q 次树干径流树干蒸发量；$P_G < S_t/P_t$ n-q 次未能饱和树干的降水量。

7.1.2.4 对白桦林和云冷杉林林冠截留的模拟

徐丽娜等（2019）应用 Gash 模型对白桦和云冷杉两种森林类型的降水再分配进行模拟，结果见表 7-7。两种林分类型的林冠截留、树干径流和穿透水模拟值均要高于实测值，其中白桦林林冠截留量为 120.17 毫米，模拟值为 128.29 毫米，相对误差为 6.76%；树干径流和穿透水的模拟值较实测值偏大，相对误差分别为 7.01%、7.15%。云冷杉林林冠截留模拟值为 356.41 毫米，实测值为 343.3 毫米，相对误差为 3.81%；树干径流和穿透水的误差偏大，分别为 7.82%、9.61%。

表 7-7　基于修正 Gash 模型的长白山白桦林和云冷杉林模拟值与实测值

毫米，%

林型	林冠截留量			树干径流量			穿透水量		
	实测值	模拟值	相对误差	实测值	模拟值	相对误差	实测值	模拟值	相对误差
白桦林	120.17	128.29	6.76	50.24	53.76	7.01	46.99	50.35	7.15
云冷杉林	343.32	356.41	3.81	22.13	23.86	7.82	27.67	30.33	9.61

修正的 Gash 模型对林冠截留量的模拟值和实测值有较高的一致性，结果如图 7-1。相对误差与整个实验期相比有所增加，白桦林和云冷杉林周累计林冠截留量模拟值与实测值的平均相对误差分别为 12.36% 和 15.48%。

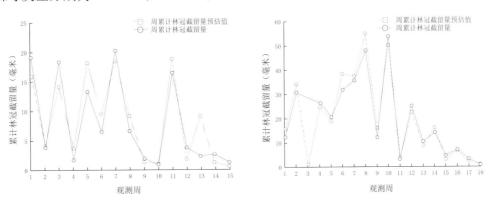

图 7-1　白桦林和云冷杉林周累计林冠截留量实测值与模拟值

7.1.3 森林积雪水文特征

积雪作为一种特殊的介质，是东北地区冬季森林小气候以及季节水循环过程的一个重要组成部分，是森林水循环中重要的一环。森林内积雪所形成的雪被层，有助于防止冬季森林火灾和有效抑制森林病虫害的发生，同时积雪融化形成的降水和积雪所含的化学元素能够为森林的生长提供丰富的水源和养分（关俊祺等，2013；俞正祥等，2015）。

7.1.3.1 森林对降雪的截留特征

对小兴安岭、大兴安岭北部和辽东山区的典型森林降雪量、林内积雪深度、雪密度、雪水当量及其降雪截留等的研究结果表明，大兴安岭地区 3 种森林类型降雪截留率随降雪等级的增大而增大，结果见表 7-8。相同降雪等级樟子松林对降雪的截留作用最大，截留率为 22.54%，杨桦林最小，截留率为 4.19%。小兴安岭林区云冷杉红松林、阔叶红松林、次生白桦林、红松人工林、落叶松人工林的平均截雪量分别为 28.9 毫米、16.2 毫米、6.2 毫米、20.5 毫米和 11.9 毫米，其中云冷杉红松林对降雪的截留作用最大，降雪截留率为 39.7%，约为次生白桦林的 5 倍、人工落叶松的 2.5 倍。辽东山区蒙古栎林、红松人工林和落叶松人工林树冠的平均截留量（截留率）分别为 8.3 毫米（28.7%）、7.9 毫米（27.1%）和 7.2 毫米（24.1%），天然林林冠截留量大于针叶人工林。不同森林类型的降雪截留效应主要受冬季林分郁闭度的影响，且郁闭度对林内积雪深度、积雪密度及雪水当量也有直接影响（刘海亮等，2012；俞正祥等，2015；杨会侠等，2016）。

表 7-8   东北地区不同森林类型雪特征

地点	林型	林外降雪量（毫米）	林内降雪量（毫米）	林冠截留量（毫米）	林冠截留率（%）	文献来源
大兴安岭	兴安落叶松	49.86	43.89	5.97	11.97	俞正祥等（2015）
	樟子松	49.86	38.62	11.24	22.54	
	杨桦	49.86	47.77	2.09	4.19	
小兴安岭	阔叶红松林	72.8	56.7	16.2	21.2	刘海亮等（2012）
	云冷杉红松林	72.8	43.9	28.9	39.7	
	白桦林	72.8	67.6	6.2	8.5	
	落叶松人工林	72.8	60.9	11.9	16.3	
	红松人工林	72.8	52.3	20.5	28.2	
辽东山区	落叶松人工林	37.2	30.1	7.2	24.1	杨会侠等（2016）
	红松人工林	37.2	29.3	7.9	27.1	
	蒙古栎林	37.2	28.9	8.3	28.7	

7.1.3.2 森林积雪蒸发特征

对兴安落叶松林非生长季积雪蒸发特征的观测结果表明，兴安落叶松积雪期蒸发量为 5.59 毫米，融雪期蒸发量为 7.26 毫米，林内蒸发总量为 12.85 毫米，降雪总雪水当量为 129.4 毫米，蒸发总量占降雪量的 10.1%（图 7-2a）。兴安落叶松积雪期的日蒸发量和蒸发速率均值分别为 0.046 毫米和 0.2×10^{-3} 毫米/小时，日蒸发量波动幅度在 $0.01 \sim 0.11$ 毫米之间，整体蒸发强度趋于 0；在融雪期间，日蒸发量和蒸发速率的均值分别为 0.38 毫米和 1.2×10^{-3} 毫米/小时，融雪期的日蒸发量是积雪稳定期的 3.58 倍，蒸发速率是积雪稳定期的 6 倍（图 7-2b）。

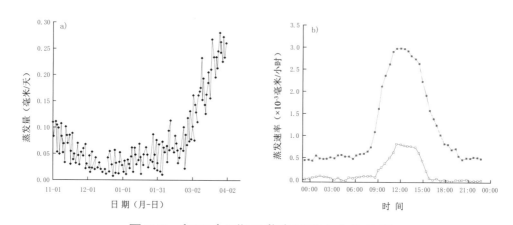

图 7-2   积雪融雪期日蒸发量动态变化特征

7.1.3.3 融雪径流特征

不同森林类型积雪融化过程、融雪速度和融雪量均有明显不同，结果如图 7-3。小兴安岭森林覆盖流域融雪时间 45 天左右，无森林流域的积雪融化时间为 25 天左右。云冷杉红松林和人工红松林内积雪融化速度较为平缓，积雪厚度减少较慢，4 月中旬后其积雪厚度平均每天减少约 0.4 厘米；次生白桦林和落叶松人工林积雪厚度变化较快，同期积雪厚度平均每天减少约 1.3 厘米，产生的融雪径流也较大；阔叶红松林的积雪厚度和融雪速度位于前两者之间，积雪厚度平均每天减少约 0.7 厘米，能够弥补次生白桦林、落叶松人工林与云冷杉红松林融雪径流的不足（刘海亮等，2012）。因此，不同森林类型组成既能防止春季融雪性洪水的产生，还可有效地延长春季融雪径流时间，增加河流枯水期的径流流量，起到削洪补枯的作用。

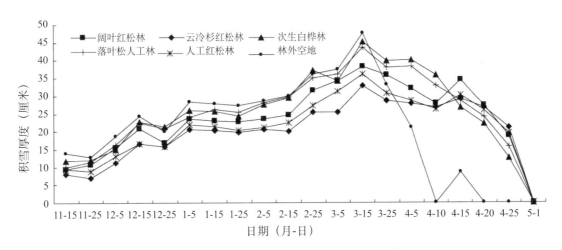

图 7-3　积雪融雪期日蒸发量动态变化特征

7.2 森林生态系统蒸散特征

7.2.1 典型树种蒸腾特征

蒸腾作用是森林生态系统向大气输送水分的重要途径（卢志朋等，2017），是森林生态系统中养分传输和物质循环的载体，对植物生长发育、分布、组成以及林分结构等有重要影响。树干液流能够较为准确地反映植物体内的蒸腾耗水状况，是估算林分耗水量、分析树木耗水特性以及研究树木水分传输机理的关键指标。

7.2.1.1 典型树种单木蒸腾特征

池波（2013）、韩辉（2020）、于萌萌（2014）等利用热扩散技术（TDP）对大兴安岭北部兴安落叶松、东北南部沙地樟子松人工林和大兴安岭南部白桦林树木蒸腾及环境因子进行了研究。结果表明，兴安落叶松液流速率 7 月最高，达 6.56×10^{-3} 厘米 / 秒，9 月最

低为 0.56×10^{-3} 厘米 / 秒，生长季内兴安落叶松林蒸腾耗水量为 56.65 毫米，占同期降水量的 12%；东北地区南部沙地樟子松人工林（404 株 / 公顷）生长季（4 ~ 10 月）的多年平均蒸腾强度为 163.7 毫米 / 年，最高 209.5 毫米 / 年，林分年蒸腾耗水量占同期降水量的 16.6% ~ 54.7%，平均为 31.5%。于萌萌等（2014）对长白山红松、紫椴和色木槭 3 个树种树干液流及其与环境因子的研究结果表明，3 个树种液流速率季节变化日平均值在 6 月最小（分别为 1.934×10^{-3} 厘米 / 秒、1.449×10^{-3} 厘米 / 秒和 0.798×10^{-3} 厘米 / 秒），8 月最大（分别为 2.606×10^{-3} 厘米 / 秒、1.97×10^{-3} 厘米 / 秒和 1.283×10^{-3} 厘米 / 秒）。

7.2.1.2 环境因子对树木蒸腾的影响

通过分析不同树种树干液流对环境因子的响应，发现液流速率与环境关系较为密切。白桦液流速率与空气温度、太阳辐射、空气相对湿度、空气水汽压亏缺等 4 种环境影响因子关系密切（$R^2=0.747$），对太阳辐射以及空气温度的变化具有较高敏感性（池波等，2013）。长白山红松、紫椴和色木槭液流速率与环境因子存在良好的相关性（$R^2=0.79$），其主要影响因子为蒸汽压亏缺和光合有效辐射（于萌萌等，2014）。辽西北半干旱区沙地樟子松树干液流受气象因子的影响较大，其中光合有效辐射、空气温度、饱和水汽压差和风速与树干液流呈显著正相关，空气相对湿度则相反，土壤温度和含水量对树干液流的影响较为复杂（韩辉等，2020）。

7.2.2 典型林分蒸散特征

森林蒸散是森林生态系统中水分损失的主要组成部分，它不仅是系统水分损失过程，也是热量耗散的一种主要形式，在森林生态系统水分平衡中占有重要的地位。确定森林蒸散量对探求地区乃至全球水分循环规律、正确认识陆地生态系统结构与功能和森林的水文生态功能有重要意义。

7.2.2.1 辽东山区落叶松人工林蒸散特征

辽宁冰砬山森林生态站采用波文比—能量平衡法，对东北地区温带—暖温带过渡区落叶松人工林蒸散量的观测结果显示，长白落叶松人工林生长季和非生长季能量平衡计算的主要能量支出项分别是潜热通量、感热通量，分别占能量平衡的 65.44% 和 64.94%。生长季森林潜热通量平均为 74.33 瓦 / 平方米，非生长季森林潜热通量平均为 10.16 瓦 / 平方米。非生长季波文比 β 值变幅较大（0.8 ~ 20.8），平均感热通量是潜热通量 5 倍。辽东山区落叶松人工林生长季内平均波文比 β 值为 0.77，生长季大于非生长季。观测期间，长白落叶松人工林年蒸散量 531.4 毫米，占同期降水量 707.9 毫米的 75.1%（表 7-9）。

表 7-9　辽东山区落叶松人工林蒸散特征（2007 年 10 月至 2008 年 9 月）

月份	平均日蒸散量（毫米）	月蒸发总量（毫米）	月份	平均日蒸散量（毫米）	月蒸发总量（毫米）
10	0.7	22.6	4	1.9	57.1
11	0.2	5.0	5	2.3	72.8
12	0.02	0.68	6	3.0	90.6
1	0.1	1.6	7	2.9	89.5
2	0.3	7.3	8	3.1	95.0
3	0.8	23.6	9	2.2	65.7

7.2.2.2 辽东山区天然次生林蒸散特征

　　辽宁冰砬山森林生态站采用波文比—能量平衡法，对辽东山区天然次生阔叶林蒸散的观测表明，天然次生林的蒸散主要集中在生长季，日总量峰值（4.3 毫米）和月总量最大值（71.8 毫米）均出现在 7 月，冬季蒸散量很小，在零值附近波动（图 7-4）。受中小尺度天气变化影响，次生林生长季日总蒸散量介于 0.1 ～ 4.3 毫米之间，季节变化存在锯齿状波动，其变化范围大于非生长季日总蒸散量 0.2 ～ 2.2 毫米的变化范围。积雪覆盖时期蒸散日总量的变化范围更小，仅为 -0.2 ～ 0.5 毫米。观测期间，辽东山区天然次生林全年蒸散总量为303.1 毫米，占同期降水总量（771 毫米）的 39.3%，生长季的蒸散量（268.5 毫米）占全年总蒸散量的 88.6%，是同期降水总量（644.4 毫米）的 41.7%。

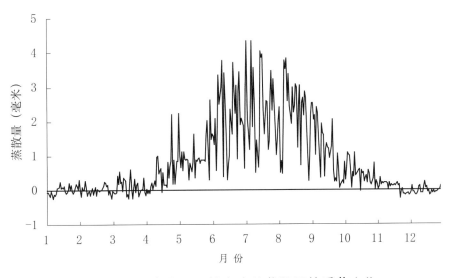

图 7-4　辽东山区天然次生林蒸散量的季节变化

7.2.2.3 长白山阔叶红松林蒸散特征

　　张新建等（2011）利用开路涡动相关系统，对长白山阔叶红松林能量平衡各分量和蒸散量的观测结果表明，长白山阔叶红松林生长季最主要的能量支出项为潜热通量，约占可用能量的 66%；非生长季最主要的能量支出项为感热通量，约占可用能量的 63%。长白山阔叶红松林 2008 年蒸散为 484.7 毫米，占同期降水量（558.9 毫米）的 86.7%。而王安志和裴铁璠（2002）应用波文比法得到的长白山阔叶红松林蒸散量为214.94毫米，占同期降水量（301.9毫米）的71.2%。结果见表7-10、表7-11。

表7-10　长白山阔叶红松混交林蒸散特征

林型	方法	降水量（毫米）	蒸散量（毫米）	蒸散比（%）	文献来源
阔叶红松林	波文比	301.9	214.94	71.2	王安志等（2002）
阔叶红松林	涡度	558.9	484.7	86.7	张建新（2011）

蒸散耗水是东北地区温带森林生态系统最主要的水分支出项，森林的蒸散量占降水量的70%~87%。林分水平的蒸散受下垫面粗糙程度、土壤温湿度、蒸汽压差以及地被物、林分郁闭度等因子的影响较大。不同研究地点、不同森林类型、不同测量技术和计算方法对森林蒸散结果有较大差异（施婷婷等，2009）。

表7-11　东北地区不同森林类型蒸散量

地点	坐标	林型	年份	蒸散（毫米）	降水（毫米）	蒸散/降水（%）	方法	文献
长白山	42°24′N、128°06′E	阔叶红松林	2008	484.7	558.9	86.7	涡度相关法	张新建等，2011
	42°24′N、128°06′E	阔叶红松林	2003	450.8	538.4	83.7	涡度相关法	施婷婷等，2006
	42°24′N、128°06′E	阔叶红松林	2001	214.94	301.9	71.2	波文比－能量平衡法	王安志等，2002
辽东山区	42°20′N、124°45′E	落叶松人工林	2007—2008	531.4	707.9	75.1	波文比－能量平衡法	颜廷武等，2009
	42°35′N、125°03′E	天然次生林	2012	541.8	771.0	70.3	波文比－能量平衡法	颜廷武等，2015

7.3 森林水质特征

7.3.1 典型森林水质特征

大气降水不仅能为生态系统提供充足的水源，其自身携带的大量营养物质也进入森林生态系统。伴随着森林生态系统对降水的再分配，降水中的元素浓度也发生变化（Lindberg等，1986；Puckett，1990）。关于植被对降水化学性质的影响主要集中在乔木层，尤其关注不同森林类型的穿透水、树干径流水化学性质（鲍文等，2004；樊后保，2000；Potter，1991）。林冠层对降水化学特征的影响也存在季节差异（Dave等，2003），并且植物种类、植被生长状况、降水量、降水历时、降水强度、天气状况等因素均能影响降水中元素浓度（周国逸等，1996；Strand 等，2002；Kooijman 等，1995；Lin 等，2000；周光益，1995；周梅，2003）。黑龙江漠河森林生态站对大兴安岭北部和小兴安岭典型森林水质特征进行了观测。

7.3.1.1 兴安落叶松林水质特征

大兴安岭北部兴安落叶松林降水截留分配过程中大气降水、穿透水、树干径流的主要非金属离子（SO_4^{2-}、Cl^-、NH_4^+、NO_3^-）和金属元素（Ca^{2+}、K^+、Mg^{2+}、Na^+、Fe、Zn^{2+}、Mn）的浓度变化见表 7-12。大气降水营养元素的加权平均浓度变化在 0.000 ~ 1.704 毫克 / 升之间，其中非金属离子的加权平均浓度为 0.107 ~ 0.734 毫克 / 升，金属元素的加权平均浓度为 0.000 ~ 1.704 毫克 / 升。穿透水中营养元素的加权平均浓度变化在 0.005 ~ 2.046 毫克 / 升，其中非金属离子的加权平均浓度为 0.037 ~ 0.947 毫克 / 升，金属元素的加权平均浓度为 0.005 ~ 2.046 毫克 / 升。树干径流中各元素的加权平均浓度变化在 0.083 ~ 12.819 毫克 / 升，其中非金属离子加权平均浓度在 0.145 ~ 12.819 毫克 / 升，金属元素的加权平均浓度为 0.083 ~ 11.640 毫克 / 升。各元素加权平均浓度排序为树干径流＞穿透水＞大气降水。

表 7-12　兴安落叶松林降水截留过程中主要离子浓度变化特征

毫克 / 升

类型	K^+	Ca^{2+}	Na^+	Mg^{2+}	Fe	Zn^{2+}	Mn	Cl^-	SO_4^{2-}	NO_3^-	NH_4^+
大气降水	0.617	1.704	0.799	0.228	0.047	0.005	0.000	0.107	0.679	0.734	0.688
穿透水	1.502	2.046	0.914	0.497	0.050	0.005	0.014	0.308	0.947	0.390	0.037
树干径流	11.640	3.188	5.026	5.005	0.252	0.220	0.083	2.940	12.819	0.335	0.145

7.3.1.2 白桦林水质特征

大兴安岭北部白桦林大气降水、穿透水、树干径流的主要阴离子（SO_4^{2-}、Cl^-、NO_3^-、PO_4^{3-}、F^-）和金属元素（Ca^{2+}、K^+、Mg^{2+}、Na^+、Cu^{2+}、Fe、Zn^{2+}、Mn、Pb^{2+}）的浓度变化特征见表 7-13。结果显示，大气降水中元素的加权平均浓度变化在 0.000 ~ 16.784 毫克 / 升，其中阴离子的加权平均浓度为 0.000 ~ 0.843 毫克 / 升，金属元素的加权平均浓度为 0.004 ~ 16.784 毫克 / 升；穿透水中元素的加权平均浓度变化在 0.009 ~ 16.878 毫克 / 升，其中阴离子的加权平均浓度为 0.096 ~ 1.112 毫克 / 升，金属元素的加权平均浓度 0.009 ~ 16.878 毫克 / 升；树干径流中元素加权平均浓度变化在 0.011 ~ 10.946 毫克 / 升，其中阴离子加权平均浓度在 0.074 ~ 0.582 毫克 / 升，金属元素的加权平均浓度在 0.011 ~ 10.946 毫克 / 升。在大气降水穿过森林冠层过程中，未检测出 Pb^{2+}，且除了 Ca^{2+}、Cl^-、NO_3^-、F^- 离子外，其他所有离子（含阴离子和金属元素）的加权平均浓度均表现为树干径流＞穿透水＞大气降水。

表 7-13　白桦林降水截留过程中主要离子浓度变化特征

毫克/升

类型	K⁺	Ca²⁺	Na⁺	Mg²⁺	Fe	Zn²⁺	Cu²⁺	Mn	F⁻	Cl⁻	SO₄²⁻	NO₃⁻	PO₄³⁻
大气降水	0.538	16.784	1.992	0.504	0.019	0.012	0.010	0.004	0.127	0.636	0.843	0.247	0.000
穿透水	2.166	16.878	2.365	0.637	0.020	0.015	0.009	0.033	0.096	0.443	1.112	0.145	0.431
树干径流	3.040	10.946	3.065	0.729	0.041	0.030	0.011	0.211	0.582	0.406	3.678	0.074	0.310

7.3.1.3 阔叶红松林水质特征

小兴安岭阔叶红松林大气降水、穿透水、树干径流的主要非金属离子（SO_4^{2-}、Cl^-、NH_4^+）和金属元素（Ca^{2+}、K^+、Mg^{2+}、Na^+、Fe、Mn）的浓度变化特征见表 7-14。大气降水中元素的加权平均浓度变化在 0.001～15.389 毫克/升，其中非金属离子的加权平均浓度为 0.594～0.893 毫克/升，金属元素的加权平均浓度为 0.001～15.389 毫克/升，各种元素加权平均浓度 Ca^{2+} 离子浓度最高，Mn 元素浓度最低；穿透水中各元素的加权平均浓度变化在 0.003～15.610 毫克/升，其中非金属离子的加权平均浓度为 0.266～3.435 毫克/升，金属元素的加权平均浓度为 0.003～15.610 毫克/升；树干径流中各元素加权平均浓度变化为 0.123～10.270 毫克/升，其中非金属离子加权平均浓度为 0.430～9.861 毫克/升，金属元素的加权平均浓度为 0.123～10.270 毫克/升。在大气降水穿过森林冠层过程中，除了 Ca^{2+} 和 NH_4^+ 离子外，其他所有离子（含阴离子和金属元素）的加权平均浓度均表现为树干径流＞穿透水＞大气降水。

表 7-14　阔叶红松林降水截留过程中主要金属离子浓度变化特征

毫克/升

类型	K⁺	Ca²⁺	Na⁺	Mg²⁺	Fe	Mn	Cl⁻	SO₄²⁻	NH₄⁺
大气降水	0.925	15.389	1.113	0.384	0.020	0.001	0.893	0.657	0.594
穿透水	5.460	15.610	1.624	1.857	0.024	0.003	3.435	3.241	0.266
树干径流	9.139	10.270	2.585	2.688	0.123	0.337	7.209	9.861	0.430

降水穿过森林冠层后，形成穿透水和树干径流，通过淋失、吸附和吸收等作用过程，穿透水和树干径流的水量和水质浓度较降水均有改变，其所含元素的浓度也发生了变化。不同的阴离子，其与森林冠层发生洗脱、吸附、淋失和吸收等不同作用，导致森林冠层对不同阴离子的"源"（林内雨元素浓度大于林外雨）或"汇"（林内雨元素浓度小于林外雨）作用不同。本研究中，白桦林是 SO_4^{2-}、NO_3^-、PO_4^{3-} 的源，其中以 NO_3^- 为最大的源（23.072 千克/公顷），是 Cl^-、F^- 的汇；兴安落叶松林是 SO_4^{2-}、Cl^- 的源，是 NO_3^- 和 NH_4^+ 的汇，结果见表

7-15。在东北地区的森林中，不同的金属元素与森林冠层发生洗脱、吸附、淋失和吸收等不同作用，导致森林冠层对不同金属元素的"源""汇"作用不同。除 Cu^{2+} 和 Zn^{2+} 仅有大兴安岭白桦林数据外，其他已有数据显示，在东北主要森林中，K^+、Mg^{2+}、Mn 均表现为源；Fe 则均表现为汇；Ca^{2+} 和 Na^+ 则在不同森林中源汇作用不同。

表 7-15　森林林冠层作用下的元素通量差异

千克/公顷

测定元素 森林类型	K^+	Ca^{2+}	Na^+	Mg^{2+}	Mn	Fe	Cu^{2+}	Zn^{2+}	SO_4^{2-}	NO_3^-	NH_4^+	Cl^-	F^-	PO_4^{3-}	区域
阔叶红松林	28.655	7.775	—	2.805	0.138	−0.387	—	—	—	—	—	—	—	—	小兴安岭
白桦林	22.611	−10.022	—	1.729	0.524	—	—	—	—	—	—	—	—	—	
落叶松人工林	22.339	−1.280	−0.216	2.920	0.856	−0.260	—	—	—	—	—	—	—	—	
兴安落叶松林	1.567	1.530	−0.357	0.443	—	—	—	—	0.079	−1.346	−2.002	0.190	—	—	大兴安岭
白桦林	6.076	−9.522	0.436	0.250	0.129	−0.001	−0.009	0.006	1.860	23.072	—	−0.471	−0.127	4.897	

注：表格中—为无数据；观测时间为生长季（5～10 月）。

7.3.2 森林雪化学特征

雪是大气降水输入的主要形式之一，雪水可以弥补河道枯水期流量，同时为森林土壤和早春植物生长提供所需水分及养分，有效缓解林木生长期干旱和缺乏营养物质等问题，雪在森林生态系统水分及养分循环中占有重要的地位（李华等，2008）。东北地区冬季漫长，降雪量大，但是目前关于东北地区森林雪化学的研究还比较缺乏。

7.3.2.1 不同森林类型积雪化学特征

李华（2008）、关俊祺（2013）等对小兴安岭原始阔叶红松林、次生白桦林和落叶松林、红松人工林、云冷杉人工林的降雪、积雪化学性质进行了分析。结果表明，大气降雪样品中未检出 CO_3^{2-}，阴离子有 HCO_3^-、SO_4^{2-}、NO_3^-、Cl^-，阳离子有 Ca^{2+}、NH_4^+、Na^+、K^+、Mg^{2+}。其中，浓度最高的阴、阳离子分别是 HCO_3^- 和 Ca^{2+}；大气降雪呈微酸性，pH 值 5.94。植被类型对积雪的化学特征有影响，除 HCO_3^- 和 NH_4^+ 外，林内积雪阴、阳离子浓度均表现为原始红松林＞次生白桦林＞人工落叶松林＞空地；HCO_3^- 和 NH_4^+ 表现为原始红松林＞人工落叶松林＞次生白桦林＞空地；pH 值则表现为空地最高，原始红松林最低。云冷杉、红松和落叶松 3 种人工林雪化学特征表现为云冷杉人工林积雪的 Fe、Mn、K^+、Ca^{2+}、Mg^{2+}、SO_4^{2-}、NO_3^- 离子质量浓度高于其他人工林，但不同类型人工林间差异不显著，不同人工林内金属元素离子质量浓度总体上不断增加，积雪中金属元素离子质量浓度较高，Mg^{2+}、SO_4^{2-}、NO_3^- 等离子质量浓度均表现为原始红松林＞云冷杉人工林＞红松人工林＞落叶松人工林，且均有显著性差异。大兴安岭 4 种森林林内积雪的 Cl^-、SO_4^{2-}、PO_4^{3-}、NO^-、K^+、Ca^{2+}、Mg^{2+} 质量浓度均表现为樟子松林＞白桦次生林＞兴安落叶松林。不同森林类型对积雪养分的积累有互补作用（朱宾宾，2016）。

7.3.2.2 融雪径流化学特征

积雪开始融化产生融雪径流汇入溪流，李华（2008）等对融雪径流期溪流中离子浓度的变化规律进行了观测，并将其分为3种类型（图7-5）：一类是径流中离子浓度随时间变化逐渐降低，如 HCO_3^-、K^+、Ca^{2+}、Na^+、Mg^{2+} 和 pH 值；第二类是浓度在融雪初期随时间变化逐渐升高，随后逐渐降低，再升高，再下降并随时间变化不明显，如 SO_4^{2-}、Cl^- 和 NO_3^-；第三类是其浓度随时间变化呈波动升高再降低，如 NH_4^+。朱宾宾等（2016）对大兴安岭北部森林流域内融雪径流化学特征进行观测的结果表明，河川融雪径流中阳离子 Ca^{2+}（15.21 毫克/升）质量浓度最高，阴离子 PO_4^{3-}（12.03 毫克/升）质量浓度最高，二者占全部离子质量浓度的 78.50% 左右，融雪径流 Ca^{2+}、PO_4^{3-}、Mg^{2+} 和 K^+ 相对于流域积雪表现为淋失型迁移，其中 Ca^{2+} 的迁移量最大，迁移系数为 15.84，而 SO_4^{2-}、NO_3^-、Cl^- 和 Mn 则表现为内贮型迁移。融雪径流离子浓度变化可能受初期融雪量、径流流速、融冻循环过程等因素影响。

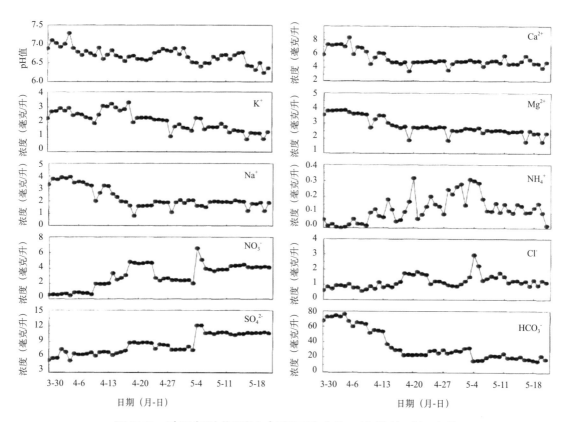

图 7-5　融雪径流期溪流中离子浓度和 pH 值的时间变化

本章小结

森林是天然的"水库"和"过滤器"，通过与水文过程的相互作用来存储、释放和净化水。对人类而言，清洁、稳定和可预测的水供应是森林提供的最有价值生态系统服务之一

（Zhang 等，2021）。本章对东北地区兴安落叶松、樟子松、白桦、蒙古栎等几种典型森林类型大气降水截留再分配和水化学特征进行了分析，研究结果可为东北地区森林生态系统水源涵养的调节水量和净化水质等物质量评价提供长期、连续的监测数据；东北地区是我国季节性降雪最多的地区，积雪是东北地区森林生态系统重要的水分、养分输入来源，春季融雪径流对缓解早春植物生长干旱、地区工农业生产和生活用水起着十分重要的作用，本文对东北地区不同森林类型降雪的截留再分配、积雪分布、融雪速率和雪化学特征等进行了分析，但是目前关于森林生态系统与雪的长期监测数据还比较欠缺，有待于进一步加强该领域的监测工作。

（本章文字撰写及数据处理由东北林业大学、吉林省林业勘察设计研究院、辽宁省林业科学研究院负责）

第 8 章

东北地区森林土壤要素生态连清

森林土壤是森林生态系统中一个非常重要的组成部分，是林木赖以生存的物质基础，一直是土壤和生态工作者研究的重点（李景文，2000）。土壤作为植物生存的重要环境条件之一，不仅对植物群落结构和功能产生着重要影响，而且土壤环境的差异也会导致群落演替过程中物种组成、物种多样性的变化(刘世梁等,2003)。土壤也是生态系统中营养物质循环、水分平衡、凋落物分解等生态过程的重要参与者和载体，土壤结构和养分状况是度量森林生态系统功能维持和发展的关键指标（吴彦等，2001）。因此，对东北地区主要森林类型的土壤要素进行观测与分析，不仅对东北地区森林土壤质量管理具有一定的指导作用，而且作为国家尺度上森林生态系统土壤要素清查的组成部分，为国家相关政策的制定提供数据支撑。

8.1 典型森林土壤物理性质

森林土壤物理性质主要反映在土壤的固相、液相、气相三方面，具体来说主要包括土壤质地、结构、孔隙、水分、空气、热量等（刘鸿雁等，2005）。其中，土壤水分、空气和热量作为土壤肥力的构成要素直接影响着土壤的肥力状况，其余的物理性质则通过影响土壤水分、空气和热量状况制约着土壤微生物的活动和矿质养分的转化、存在形态及其供给等，进而对土壤肥力状况产生间接影响。森林土壤作为林木生长的场所，其物理性质好坏、持水性能高低会极大地影响到树木的生长，还会影响到林木的水土保持功能（Lumaret 等，1997；刘为华等，2009）。对森林土壤机械组成（质地）、容重、孔隙度、持水性能研究，为合理经营森林资源、实现水资源的科学管理和利用提供科学支撑。

8.1.1 土壤容重特征

东北地区不同森林类型土壤容重的整体变化范围为 0.50 ~ 1.46 克／立方厘米（表 8-1），各林型土壤容重均表现为随土层加深而增加。同一土层不同林型间土壤容重差异明显，0 ~ 20 厘米土层，樟子松人工林＞杨树人工林＞柞类林＞长白落叶松人工林＞赤松林＞云冷杉林＞椴树红松林＞云冷杉红松林＞杨桦林＞蒙古柞红松林＞枫桦红松林＞阔叶红松林＞兴安落叶松林，樟子松人工林较其他林型分别高出了 2.10% ~ 192.00%；20 ~ 40 厘米土层，杨桦林＞柞类林＞椴树红松林＞云冷杉红松林＞云冷杉林＞赤松林＞蒙古柞红松林＞枫桦红松林，杨桦林是其他林型的 1.02 ~ 1.40 倍。

表 8-1　东北主要森林类型土壤物理性质

土层厚度（厘米）	林分类型	土壤容重（克/立方厘米）	土壤孔隙度（%）		
			总孔隙度	毛管孔隙度	非毛管孔隙度
0~20	云冷杉林	0.92	64.07	51.11	12.96
	杨桦林	0.81	73.33	55.98	17.35
	长白落叶松人工林	0.95	35.96	30.65	5.31
	阔叶红松林	0.70	59.05	47.16	11.89
	樟子松人工林	1.46	—	—	—
	杨树人工林	1.43	—	—	—
	柞类林	1.17	62.12	43.81	18.30
	赤松林	0.92	68.74	52.10	16.64
	兴安落叶松林	0.50	64.38	47.81	16.57
	云冷杉红松林	0.83	62.49	60.23	6.02
	枫桦红松林	0.72	67.31	54.90	11.35
	椴树红松林	0.84	67.03	62.40	5.12
	蒙古柞红松林	0.79	58.22	44.70	16.73
20~40	云冷杉林	0.97	—	—	—
	杨桦林	1.19	61.53	48.63	12.90
	柞类林	1.17	62.88	44.90	17.98
	赤松林	0.96	72.34	55.44	16.90
	兴安落叶松林	—	—	—	—
	云冷杉红松林	0.99	59.14	56.26	3.76
	枫桦红松林	0.85	60.60	52.62	5.76
	椴树红松林	1.03	60.48	57.08	3.98
	蒙古柞红松林	0.96	57.89	49.22	10.58

8.1.2 土壤孔隙度特征

土壤孔隙度直接关系着土壤的通气、透水性能，是直接影响土壤持水性能的重要指标。其中，毛管孔隙度的大小能直接反映出土壤固持水分能力，而非毛管孔隙度更是具有反映土壤涵养水源、削减洪灾的能力（王燕等，2008）。土壤孔隙组成直接反映整个土体构造状况，是土壤肥力的重要指标之一。

比较东北地区不同森林类型土壤的孔隙度，除栎类林、赤松林外，其他林型土壤总孔隙度、毛管孔隙度和非毛管孔隙度均随土层加深而降低；栎类林、赤松林土壤总孔隙度、毛管孔隙度则表现为 0 ～ 20 厘米土层大于 20 ～ 40 厘米土层，土壤非毛管孔隙度 20 ～ 40 厘米土层大于 0 ～ 20 厘米土层（表 8-1）。

相同土层不同林型间土壤孔隙度差异明显，0 ～ 20 厘米土层，总孔隙度以杨桦林为最高（73.33%），以下依次为赤松林（68.74%）、枫桦红松林（67.31%）、椴树红松林（67.03%）、兴安落叶松林（64.38%）、云冷杉林（64.07%）、云冷杉红松林（62.49%）、栎类林（62.12%）、阔叶红松林（59.05%）、蒙古栎红松林（58.22%），长白落叶松人工林最低（35.96%），杨桦林是其他林型的 1.07 ～ 2.04 倍；毛管孔隙度为椴树红松林＞云冷杉红松林＞杨桦林＞枫桦红松林＞赤松林＞云冷杉林＞兴安落叶松林＞阔叶红松林＞蒙古栎红松林＞栎类林＞长白落叶松人工林，椴树红松林是其他林型的 1.04 ～ 2.04 倍；非毛管孔隙度的整体变化范围为 5.12% ～ 47.81%，栎类林＞杨桦林＞蒙古栎红松林＞赤松林＞兴安落叶松林＞云冷杉林＞阔叶红松林＞枫桦红松林＞云冷杉红松林＞长白落叶松人工林＞椴树红松林，栎类林是其他林型的 1.06 ～ 3.57 倍。

20 ～ 40 厘米土层，总孔隙度为赤松林＞栎类林＞杨桦林＞枫桦红松林＞椴树红松林＞云冷杉红松林＞蒙古栎红松林，赤松林分别较其他林型高出了 15.04%、17.56%、19.38%、19.60%、22.31%、24.95%；毛管孔隙度为椴树红松林＞云冷杉红松林＞赤松林＞枫桦红松林＞蒙古栎红松林＞杨桦林＞栎类林，椴树红松林分别较其他林型高出了 1.46%、2.96%、8.48%、15.98%、17.37%、27.13%；非毛管孔隙度为栎类林＞赤松林＞杨桦林＞蒙古栎红松林＞枫桦红松林＞椴树红松林＞云冷杉红松林，栎类林分别较其他林型高出了 6.41%、39.38%、70.02%、212.33%、351.35%、377.88%。

8.1.3 土壤持水特性

森林土壤是贮存水分的重要场所，其持水能力高低对土壤物理性质影响较大。通常土壤最大持水量表征的是土壤水源涵养潜力的最大值，而在饱和持水量条件下，非毛管持水量的多少会直接影响到土壤调蓄水分的功能（祁金虎等，2016）。因此，土壤最大持水能力及非毛管持水能力均是反映林地土壤水源涵养功能的重要指标。

不同森林类型的林地表层凋落物构成及地下根系的生长发育各异，造成林地土壤物理性质的差异，引起了各森林类型土壤持水性的差异。由表 8-2 可以得出，土壤最大持水量（719.12 ～ 1466.67 吨 / 公顷）和非毛管持水量（75.25 ～ 956.20 吨 / 公顷）均表现为 0 ～ 20 厘米土层的高于 20 ～ 40 厘米土层。0 ～ 20 厘米土层，土壤最大持水量以杨桦林最高，以下依次为赤松林、枫桦红松林、椴树红松林、兴安落叶松林、云冷杉林、云冷杉红松林、栎类林、阔叶红松林和蒙古栎红松林，长白落叶松人工林最小，杨桦林分别较其他林型高出了6.68%、8.95%、9.41%、13.91%、14.46%、17.35%、18.06%、24.19%、25.95%、103.95%；土壤非毛管持水量以兴安落叶松林最大，以下依次为栎类林、杨桦林、蒙古栎红松林、赤松林、云冷杉林、阔叶红松林、枫桦红松林、云冷杉红松林和长白落叶松人工林，椴树红松林的最小，兴安落叶松林是其他林型的 2.61 ~ 9.33 倍。

表 8-2　东北地区主要森林类型土壤持水量

林分类型	0~20厘米		20~40厘米	
	最大持水量（吨/公顷）	非毛管持水量（吨/公顷）	最大持水量（吨/公顷）	非毛管持水量（吨/公顷）
云冷杉林	1281.43	259.25	—	—
杨桦林	1466.67	347.00	1230.70	258.00
长白落叶松人工林	719.12	106.18		
阔叶红松林	1181.00	237.80	—	—
栎类林	1242.33	366.09	1257.60	359.60
赤松林	1374.85	332.81	1446.77	337.95
兴安落叶松林	1287.60	956.20	—	—
云冷杉红松林	1249.77	120.50	1182.88	75.25
枫桦红松林	1346.15	227.00	1211.96	115.13
椴树红松林	1340.50	102.43	1209.66	79.67
蒙古栎红松林	1164.48	334.63	1157.86	211.51

20 ~ 40 厘米土层，土壤最大持水量以赤松林的最大，栎类林、杨桦林、枫桦红松林、椴树红松林和云冷杉红松林的次之，蒙古栎红松林的最小，赤松林分别较其他林型高出了15.04%、17.56%、19.38%、19.60%、22.31%、24.95%；土壤非毛管持水量以栎类林最大，赤松林、杨桦林、蒙古栎红松林、枫桦红松林和椴树红松林次之，云冷杉红松林最小，栎类林是其他林型的 1.06 ~ 4.78 倍。

8.2 典型森林土壤养分特征

8.2.1 土壤氮素特征

氮素是构成一切生命体的重要元素，是植物生长必需且是需求量很大的养分元素，凋落物分解可使土壤氮素明显增加，而土壤含氮的多少，在一定程度上影响植物对磷和其他元素的吸收。东北地区主要森林类型土壤全氮、碱解氮含量，见表 8-3。0 ~ 40 厘米土层的全氮、碱解氮平均含量分别为 3.13 毫克 / 克、243.14 毫克 / 千克。其中，0 ～ 20 厘米土层和 20 ～ 40 厘米土层的全氮和碱解氮平均含量依次分别为 4.18 毫克 / 克、301.60 毫克 / 千克和 1.77 毫克 / 克、126.76 毫克 / 千克。

表 8-3　东北地区主要森林类型土壤全氮和碱解氮含量

土层 森林类型	0～20厘米				20～40厘米			
	全氮含量（毫克/克）	全氮贮量（吨/公顷）	碱解氮含量（毫克/千克）	碱解氮贮量（吨/公顷）	全氮含量（毫克/克）	全氮贮量（吨/公顷）	碱解氮含量（毫克/千克）	碱解氮贮量（吨/公顷）
杨桦林	4.59	7.44	301.60	0.49	1.82	4.33	162.76	0.39
椴树红松林	3.96	6.65	254.46	0.43	2.36	4.86	61.20	0.13
枫桦红松林	4.78	6.88	540.33	0.78	1.23	2.09	236.02	0.40
阔叶红松林	3.65	5.11	391.60	0.55	1.40	—	193.70	—
蒙古栎红松林	4.93	7.79	404.80	0.64	1.18	2.27	140.46	0.27
赤松林	2.36	4.34	211.09	0.39	2.06	3.96	178.85	0.34
栎类林	1.08	2.53	100.93	0.24	0.89	2.08	85.94	0.20
兴安落叶松林	7.76	7.76	435.10	0.44	—	—	—	—
杨树人工林	1.18	3.37	53.13	0.15	—	—	—	—
云冷杉红松林	10.89	18.08	528.84	0.88	3.92	7.76	203.26	0.40
云冷杉林	5.08	9.35	—	—	1.63	3.16	—	—
樟子松人工林	1.10	3.21	46.76	0.14	—	—	—	—
长白落叶松人工林	2.98	5.66	350.58	0.67	1.20	—	202.67	—

　　东北地区主要森林类型的土壤全氮含量差异非常明显。0 ～ 20 厘米土层，云冷杉红松林（10.89 毫克 / 克）＞兴安落叶松林（7.76 毫克 / 克）＞云冷杉林（5.08 毫克 / 克）＞蒙古栎红松林（4.93 毫克 / 克）＞枫桦红松林（4.78 毫克 / 克）＞杨桦林（4.59 毫克 / 克）＞椴树红松林（3.96 毫克 / 克）＞阔叶红松林（3.65 毫克 / 克）＞长白落叶松人工林（2.98 毫克 / 克）＞赤松林（2.36 毫克 / 克）＞杨树人工林（1.18 毫克 / 克）＞樟子松人工林（1.10 毫克 / 克）＞栎类林（1.08 毫克 / 克），变化范围为 1.08 ～ 10.89 毫克 / 克。其中，云冷杉红松林是其他林型的 1.40 ～ 10.11 倍。该层土壤全氮贮量以云冷杉红松林最大，达 18.08 吨 / 公顷，其他依次为云冷杉林、蒙古栎红松林、兴安落叶松林、杨桦林、枫桦红松林、椴树红松林、长白落叶松人工林、阔叶红松林、赤松林、樟子松人工林和栎类林，其中栎类林的贮量是云冷杉红松林的 13.97%。

　　主要森林类型 20 ～ 40 厘米土层的全氮含量表现为云冷杉红松林（3.92 毫克 / 克）＞椴树红松林（2.36 毫克 / 克）＞赤松林（2.06 毫克 / 克）＞杨桦林（4.90 毫克 / 克）＞云冷杉林（6.90 毫克 / 克）＞阔叶红松林（1.40 毫克 / 克）＞枫桦红松林（1.23 毫克 / 克）＞长白落叶松人工林（1.20 毫克 / 克）＞蒙古栎红松林（1.18 毫克 / 克）＞栎类林（0.89 毫克 /

克），变化范围为 0.89 ~ 3.92 毫克 / 克。其中，云冷杉林是其他林型的 1.66 ~ 4.41 倍。各林型全氮含量均随土层加深而降低，从地表 0 ~ 20 厘米至 20 ~ 40 厘米土层，全氮含量的降幅蒙古栎红松林达 76.03%，枫桦红松林达 74.31%，云冷杉林达 67.95%，云冷杉红松林达 63.99%，阔叶红松林达 61.64%，杨桦林达 60.48%，长白落叶松人工林达 59.78%，椴树红松林达 40.48%，栎类林达 17.40%，赤松林达 12.78%。

东北地区主要森林类型的土壤碱解氮含量变化范围为 46.76 ~ 540.33 毫克 / 千克，各林型土壤碱解氮含量均随土层加深而降低。与地表 0 ~ 20 厘米相比，20 ~ 40 厘米土壤碱解氮含量在椴树红松林、蒙古栎红松林、云冷杉红松林、枫桦红松林、阔叶红松林、长白落叶松人工林、赤松林、栎类林分别下降了 75.95% ~ 14.86%。

相同土层不同林型间的碱解氮含量差异明显。其中，0 ~ 20 厘米土层碱解氮含量大小排序为枫桦红松林＞云冷杉红松林＞兴安落叶松林＞蒙古栎红松林＞阔叶红松林＞长白落叶松人工林＞椴树红松林＞赤松林＞栎类林＞杨树人工林＞樟子松人工林，枫桦红松林是其他林型的 1.02 ~ 11.55 倍。该层碱解氮贮量以云冷杉红松林的最大，达 0.88 吨 / 公顷，其他依次为枫桦红松林、长白落叶松人工林、蒙古栎红松林、阔叶红松林、杨桦林、兴安落叶松林、椴树红松林、赤松林、栎类林、杨树人工林、樟子松人工林，分别是云冷杉林的 88.63%、75.88%、72.86%、62.45%、55.66%、49.56%、48.7%、44.24%、26.90%、17.31%、15.55%。20 ~ 40 厘米土层碱解氮含量，主要林型表现为枫桦红松林＞云冷杉红松林＞长白落叶松人工林＞阔叶红松林＞赤松林＞蒙古栎红松林＞栎类林＞椴树红松林，枫桦红松林是其他林型的 1.16 ~ 3.86 倍。

8.2.2 土壤磷素特征

磷是生物圈的重要生命元素。土壤中磷素通过植物根系的吸收而使植物体内的物质运输、蛋白质合成等各种代谢正常进行。经测定（表 8-4），东北地区主要森林类型土壤全磷、速效磷在 0 ~ 40 厘米土层的平均含量分别为 0.73 毫克 / 克、27.44 毫克 / 千克，其中 0 ~ 20 厘米土层和 20 ~ 40 厘米土层土壤全磷、速效磷的平均含量依次为 0.75 毫克 / 克、34.78 毫克 / 千克和 0.71 毫克 / 克、17.34 毫克 / 千克。

表 8-4　东北地区主要森林类型土壤全磷和速效磷含量

土层 森林类型	0~20厘米				20~40厘米			
	全磷含量 （毫克/克）	全磷贮量 （吨/公顷）	速效磷含量（毫克/千克）	速效磷贮量（吨/公顷）	全磷含量（毫克/克）	全磷贮量（吨/公顷）	速效磷含量（毫克/千克）	速效磷贮量（吨/公顷）
杨桦林	1.12	1.81	—	—	0.74	1.76	—	—
椴树红松林	0.93	1.56	13.90	0.02	0.75	1.55	15.61	0.03
枫桦红松林	1.48	2.13	33.33	0.05	1.19	2.02	20.15	0.03
阔叶红松林	0.55	0.77	49.94	0.07	0.40	—	16.17	—

（续）

土层　森林类型	0～20厘米				20～40厘米			
	全磷含量（毫克/克）	全磷贮量（吨/公顷）	速效磷含量（毫克/千克）	速效磷贮量（吨/公顷）	全磷含量（毫克/克）	全磷贮量（吨/公顷）	速效磷含量（毫克/千克）	速效磷贮量（吨/公顷）
蒙古栎红松林	0.82	1.30	13.34	0.02	0.63	1.21	12.74	0.02
赤松林	0.51	0.94	3.43	0.01	0.53	1.02	2.28	0.00
栎类林	0.31	0.73	1.17	0.00	0.27	0.63	0.40	0.00
兴安落叶松林	0.24	0.24	1.69	0.00	—	—	—	—
杨树人工林	0.02	0.06	0.72	0.00	—	—	—	—
云冷杉红松林	1.72	2.86	29.37	0.05	1.39	2.75	22.00	0.04
云冷杉林	1.19	2.19	—	—	0.70	1.36	—	—
樟子松人工林	0.02	0.06	0.59	0.00	—	—	—	—
长白落叶松人工林	0.80	1.52	67.80	0.13	0.53	—	49.35	—

东北地区主要森林类型的土壤全磷含量变化范围为 0.02 ～ 1.72 毫克/克。各林型除赤松林外，其他林分的土壤全磷均随土层加深而降低。从地表至 40 厘米深度土层，云冷杉林降幅达 40.88%，杨桦林降幅达 34.35%，长白落叶松人工林降幅达 33.33%，阔叶红松林降幅达 27.27%，蒙古栎红松林降幅达 22.42%，椴树红松林降幅达 20.05%，云冷杉红松林降幅达 19.48%，枫桦红松林降幅达 19.17%，栎类林降幅为 11.71%。

相同土层不同林型间全磷含量差异明显。其中，0 ～ 20 厘米深度土层，云冷杉红松林（1.72 毫克/克）＞枫桦红松林（1.48 毫克/克）＞云冷杉林（1.19 毫克/克）＞杨桦林（1.12 毫克/克）＞椴树红松林（0.93 毫克/克）＞蒙古栎红松林（0.82 毫克/克）＞长白落叶松人工林（0.80 毫克/克）＞阔叶红松林（0.55 毫克/克）＞赤松林（0.51 毫克/克）＞栎类林（0.31 毫克/克）＞兴安落叶松林（0.24 毫克/克）＞杨树人工林（0.02 毫克/克）＞樟子松人工林（0.02 毫克/克），云冷杉红松林是其他林型的 1.17 ～ 108.49 倍。本层全磷贮量以云冷杉红松林的最大，达 2.86 吨/公顷，是其他森林类型的 1.30 ～ 49.92 倍。

20 ～ 40 厘米深度土层中全磷含量，主要林型表现为云冷杉红松林（1.39 毫克/克）＞枫桦红松林（1.19 毫克/克）＞椴树红松林（0.75 毫克/克）＞杨桦林（0.74 毫克/克）＞云冷杉林（0.70 毫克/克）＞蒙古栎红松林（0.63 毫克/克）＞长白落叶松人工林（0.53 毫克/克）＞赤松林（0.53 毫克/克）＞阔叶红松林（0.40 毫克/克）＞栎类林（0.27 毫克/克），云冷杉红松林是其他林型的 1.16 ～ 5.13 倍。

东北地区主要森林类型的土壤速效磷含量变化范围为 0.40 ～ 67.80 毫克/千克，除椴树红松林外，各林型速效磷含量均随土层加深而降低。从地表至 40 厘米深度土层，阔叶红松林、栎类林、枫桦红松林、赤松林、长白落叶松人工林、云冷杉红松林、蒙古栎红松林等的土壤速效磷含量降幅分别达到了 67.62%、66.09%、39.53%、33.51%、27.21%、25.09%、4.54%，而椴树红松林的增幅为 12.31%。

相同土层不同林型间土壤速效磷含量差异明显。其中,0~20 厘米深度土壤速效磷含量,长白落叶松人工林>阔叶红松林>枫桦红松林>云冷杉红松林>椴树红松林>蒙古栎红松林>赤松林>兴安落叶松林>栎类林>杨树人工林>樟子松人工林,长白落叶松人工林是其他林型的 1.36 ~ 114.40 倍。本层速效磷贮量大小与全磷贮量排序一致,仍以云冷杉红松林的贮量最大,有 0.05 吨/公顷,杨树人工林的最小,只有 0.002 吨/公顷。对于 20~40 厘米深度土层的土壤速效磷,不同森林类型表现为长白落叶松人工林>云冷杉红松林>枫桦红松林>阔叶红松林>椴树红松林>蒙古栎红松林>赤松林>栎类林,长白落叶松人工林分别是其他林型的 2.24 ~ 124.94 倍,不同森林类型差异巨大。

8.2.3 土壤钾素特征

钾是林木生长所必需的营养元素之一,能促进作物光合作用产生糖类和淀粉,与氮、磷统称肥料"三要素",其含量及形态因土壤类型、植被类型等不同而不同。经测定(表 8-5),东北地区主要森林类型土壤全钾、速效钾在 0~40 厘米土层的平均含量分别为 17.80 毫克/克、104.36 毫克/千克,其中 0~20 厘米土层和 20~40 厘米土层的平均含量依次为 19.22 毫克/克、130.93 毫克/千克和 16.15 毫克/克、71.12 毫克/千克。

表 8-5　东北地区主要森林类型土壤全钾和速效钾含量

土层 森林类型	0~20厘米				20~40厘米			
	全钾含量(毫克/克)	全钾贮量(吨/公顷)	速效钾含量(毫克/千克)	速效钾贮量(吨/公顷)	全钾含量(毫克/克)	全钾贮量(吨/公顷)	速效钾含量(毫克/千克)	速效钾贮量(吨/公顷)
杨桦林	13.71	22.21	—	—	12.11	28.82	—	—
阔叶红松林	19.40	27.16	145.96	0.20	19.20	—	77.12	—
赤松林	10.98	20.20	110.57	0.20	10.00	19.20	85.45	0.16
栎类林	12.69	29.69	87.13	0.20	12.60	29.48	69.88	0.16
兴安落叶松林	32.01	32.01	176.65	0.18	—	—	—	—
云冷杉林	13.63	25.08	—	—	12.63	24.50	—	—
长白落叶松人工林	32.12	61.03	134.32	0.26	30.33	—	52.02	—

东北地区主要森林类型土壤全钾含量的变化范围为 10.00 ~ 32.12 毫克/克,各林型全钾含量均随土层加深而降低,但降幅不大。从表层至 40 厘米土层,杨桦林降低 11.63%,赤松林降低 8.91%,云冷杉林降低 7.33%,长白落叶松人工林降低 5.55%,阔叶红松林降低 1.03%,栎类林降低 0.72%。

相同土层不同林型间全钾含量差异明显。其中,0 ~ 20 厘米土层,长白落叶松人工林

（32.12 毫克 / 克）＞兴安落叶松林（32.01 毫克 / 克）＞阔叶红松林（19.40 毫克 / 克）＞杨桦林（13.71 毫克 / 克）＞云冷杉林（13.63 毫克 / 克）＞栎类林（12.69 毫克 / 克）＞赤松林（10.98 毫克 / 克），长白落叶松人工林分别为其他林型的 1.00 ~ 2.92 倍。不同林型 0 ~ 20 厘米土层中全钾贮量有较大差异，最大的是长白落叶松人工林，达 61.03 吨 / 公顷，其他依次为兴安落叶松林、栎类林、阔叶红松林、云冷杉林、杨桦林和赤松林，分别是长白落叶松人工林的 52.45%、48.66%、44.50%、41.09%、36.39% 和 33.10%。20 ~ 40 厘米深度土层中全钾含量，主要表现为长白落叶松人工林（30.33 毫克 / 克）＞阔叶红松林（19.20 毫克 / 克）＞云冷杉林（12.63 毫克 / 克）＞栎类林（12.60 毫克 / 克）＞杨桦林（12.11 毫克 / 克）＞赤松林（10.00 毫克 / 克），长白落叶松人工林是其他林型的 1.58 ~ 3.03 倍。

东北地区主要森林类型土壤速效钾含量的变化范围为 52.02 ~ 176.65 毫克 / 千克，各林型速效磷含量均随土层加深而降低（表 8-5）。从表层至 40 厘米土层，长白落叶松人工林、阔叶红松林、栎类林、赤松林降幅分别达到了 61.27%、47.16%、22.73%、19.80%。相同土层不同林型间速效钾含量差异明显，其中 0 ~ 20 厘米土层，兴安落叶松林（176.65 毫克 / 千克）＞阔叶红松林（145.96 毫克 / 千克）＞长白落叶松人工林（134.32 毫克 / 千克）＞赤松林（110.57 毫克 / 千克）＞栎类林（87.13 毫克 / 千克），兴安落叶松林是其他林型的 1.21 ~ 2.03 倍；20 ~ 40 厘米土层，赤松林（85.45 毫克 / 千克）＞阔叶红松林（77.12 毫克 / 千克）＞栎类林（69.88 毫克 / 千克）＞长白落叶松人工林（52.02 毫克 / 千克），赤松林分别为其他林型的 1.11 倍、1.22 倍、1.64 倍。

8.2.4 土壤 pH 值特征

土壤 pH 值影响着植物根系的生长环境，且影响着土壤中养分存在的状态、转化和有效性，从而影响植物吸收土壤养分的能力，是土壤肥力的重要化学指标。经测定，东北地区主要森林类型土壤 pH 值在 0 ~ 40 厘米土层平均为 5.29，偏酸性，其中 0 ~ 20 厘米和 20 ~ 40 厘米土层 pH 平均值为 5.33 和 5.24，见表 8-6。

表 8-6 东北地区主要森林类型土壤 pH 值

土层＼林型	杨树人工林	樟子松人工林	长白落叶松人工林	云冷杉林	杨桦林	蒙古栎红松林	阔叶红松林	赤松林	枫桦红松林	云冷杉红松林	椴树红松林	栎类林	兴安落叶松林
0~20厘米	6.28	6.03	5.60	5.52	5.40	5.36	5.34	5.30	5.06	4.99	4.95	4.95	4.57
20~40厘米	—	—	5.95	5.73	5.27	4.78	5.23	5.36	5.18	5.15	4.68	5.11	—

由表 8-6 可知，东北地区主要森林类型土壤 pH 值的变化范围为 4.57 ~ 6.28，长白落叶松人工林、云冷杉林、栎类林、云冷杉红松林、枫桦红松林、赤松林土壤 pH 值均随土层加深而增加，增幅分别为 6.40%、3.77%、3.31%、3.07%、2.31% 和 1.06%；蒙古栎红松林、

椴树红松林、杨桦林、阔叶红松林土壤 pH 值均随土层加深而降低，降幅分别为 10.85%、5.49%、2.44%、2.06%。相同土层不同林型间土壤 pH 值差异明显，其中，0 ~ 20 厘米土层 pH 值为杨树人工林＞樟子松人工林＞长白落叶松人工林＞云冷杉林＞杨桦林＞蒙古栎红松林＞阔叶红松林＞赤松林＞枫桦红松林＞云冷杉红松林＞椴树红松林＞栎类林＞兴安落叶松林，杨树人工林分别为其他林型的 1.04 ~ 1.37 倍；20 ~ 40 厘米土层表现为长白落叶松人工林＞云冷杉林＞赤松林＞杨桦林＞阔叶红松林＞枫桦红松林＞云冷杉红松林＞栎类林＞蒙古栎红松林＞椴树红松林，长白落叶松人工林是其他林型的 1.04 ~ 1.27 倍。

8.3 典型森林土壤有机碳和土壤呼吸

8.3.1 典型森林土壤有机碳含量特征

森林土壤是陆地生态系统最大的有机碳库之一，森林土壤碳储量约占全球土壤碳总量的 73%（Dixon 等，1994），在全球碳循环中扮演着源、汇、库的作用。森林土壤有机碳储量及其动态平衡是反映森林土壤质量的重要指标，直接影响森林的生产力水平，也对森林生态系统的服务功能有重要影响（周晓宇，2010；Jonson 等，2010）。

东北地区不同林型的土壤有机碳含量剖面分布特征相同，均表现为随土层加深而降低（表 8-7）。0 ~ 40 厘米土层，土壤有机碳含量的降幅为云冷杉林 76.24%，椴树红松林 64.02%，长白落叶松人工林 62.92%，云冷杉红松林 61.23%，杨桦林 60.43%，蒙古栎红松林 51.04%，枫桦红松林 33.64%，栎类林 32.29%，阔叶红松林 28.26%，赤松林 26.35%。

不同林型同一土层间土壤有机碳含量差异较大。其中，0 ~ 20 厘米土层，以兴安落叶松林（85.28 毫克 / 克）最高，依次为云冷杉红松林（79.07 毫克 / 克）、枫桦红松林（78.01 毫克 / 克）、云冷杉林（68.57 毫克 / 克）、赤松林（58.71 毫克 / 克）、杨桦林（55.26 毫克 / 克）、蒙古栎红松林（51.32 毫克 / 克）、阔叶红松林（45.30 毫克 / 克）、栎类林（33.66 毫克 / 克）、长白落叶松人工林（32.90 毫克 / 克）、椴树红松林（30.94 毫克 / 克）、樟子松人工林（13.55 毫克 / 克），杨树人工林（12.82 毫克 / 克）最低，兴安落叶松林是其他林型的 1.08 ~ 6.65 倍；20 ~ 40 厘米土层土壤有机碳含量依次为枫桦红松林（51.77 毫克 / 克）＞赤松林（43.24 毫克 / 克）＞阔叶红松林（32.50 毫克 / 克）＞云冷杉红松林（30.66 毫克 / 克）＞蒙古栎红松林（25.12 毫克 / 克）＞栎类林（22.79 毫克 / 克）＞杨桦林（21.87 毫克 / 克）＞云冷杉林（16.29 毫克 / 克）＞长白落叶松人工林（12.20 毫克 / 克）＞椴树红松林（11.13 毫克 / 克），枫桦红松林较其他林型分别高出了 19.73%、59.28%、68.86%、106.05%、127.10%、136.72%、217.88%、324.32%、364.97%。

受地质条件等因素的影响，东北地区土层厚度较薄。表层土壤有机碳储量总体表现为针叶林大于阔叶林、天然林高于人工林。其中，云冷杉红松林、云冷杉林、枫桦红松林和赤松林表层土壤有机碳储量均超过了 100 吨 / 公顷，云冷杉红松林最高，达到 131.26 吨 / 公顷；人工林表层土壤有机碳储量较低，杨树人工林(36.67 吨 / 公顷)和樟子松人工林(39.57 吨 / 公顷)表层土壤有机碳储量仅是云冷杉林表层土壤有机碳储量的 1/3 左右，结果见表 8-7。

表 8-7　东北地区主要森林类型土壤有机碳含量和有机碳储量

土壤有机碳 森林类型	土壤有机碳含量（毫克/克）		土壤有机碳储量（吨/公顷）	
	0～20厘米	20～40厘米	0～20厘米	20～40厘米
杨桦林	55.26	21.87	89.52	52.05
椴树红松林	30.94	11.13	51.98	22.93
枫桦红松林	78.01	51.77	112.33	88.01
阔叶红松林	45.30	32.50	63.42	—
蒙古栎红松林	51.32	25.12	81.09	48.23
赤松林	58.71	43.24	108.03	83.02
栎类林	33.66	22.79	78.76	53.33
兴安落叶松林	85.28	—	85.28	—
杨树人工林	12.82	—	36.67	—
云冷杉红松林	79.07	30.66	131.26	60.71
云冷杉林	68.57	16.29	126.17	31.60
樟子松人工林	13.55	—	39.57	—
长白落叶松人工林	32.90	12.20	62.51	—

8.3.2 森林土壤有机碳与土壤理化性质

土壤有机碳库是陆地生态系统碳储库的重要组成部分，在全球碳循环中起着关键的作用。森林土壤受到土壤结构、根系深度、土层特性、有效水分保持能力、土壤生物多样性等土壤学特征的强烈影响，其氮、磷、钾、pH 值等特征指标在准确反映生态系统功能变异性、确定森林生态系统中土壤元素变化对土壤碳循环过程的响应等方面具有重要作用。通过分析森林土壤有机碳与氮、磷、钾、pH 值的关系，可以反映土壤的肥力状况，同时体现土壤有机碳构成和土壤质量状况以及养分供给能力，反映土壤碳、氮、磷的矿化、固持作用（张慧东等，2017）。

8.3.2.1 原始阔叶红松林土壤有机碳与土壤理化性质

辽宁白石砬子森林生态站对辽东山区原始阔叶红松林土壤有机碳与土壤理化性质的研究结果显示：辽东山区原始红松林土壤全氮和水解性氮与土壤有机碳均存在显著的相关性（$P < 0.01$），结果如图 8-1。土壤有机碳与全氮呈显著对数函数正相关关系（$R^2=0.8139$，$P < 0.01$，$n=90$），与土壤水解性氮则存在显著幂函数正相关关系（$R^2=0.5453$，$P < 0.01$，$n=90$）。

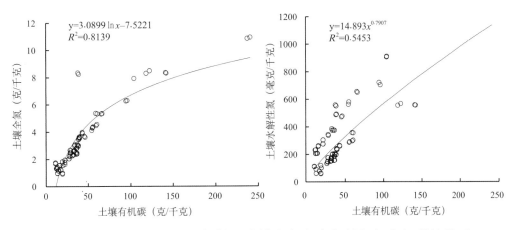

图 8-1　辽东山区原始红松林土壤全氮和水解性氮与有机碳的关系

　　磷是土壤中重要的养分元素，与有机碳之间的关系极为密切，有机碳的分解可促使磷向土壤中释放，同时土壤中磷的增加可促进土壤有机碳的积累。由图 8-2 可见，土壤有机碳与全磷和速效磷表现出相似的变化趋势，均呈现出显著的对数函数正相关关系（$P < 0.01$，n=90），土壤有机碳与总磷呈显著正相关关系。

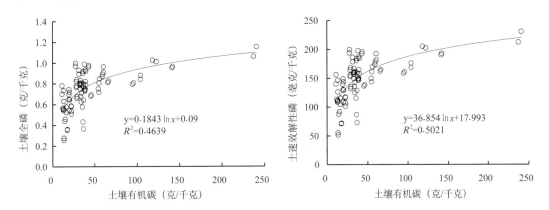

图 8-2　辽东山区原始红松林土壤全磷和速效磷与有机碳的关系

　　图 8-3 显示，研究区土壤全钾与有机碳呈现显著的指数函数负相关关系（$P < 0.01$，n=90，R^2=0.4082）。综上可知，除全钾外，土壤有机碳含量与其他养分因子均呈显著正相关关系（$P < 0.01$）。

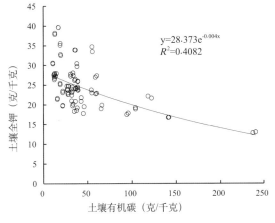

图 8-3　辽东山区原始红松林土壤全钾与有机碳的关系

由图8-4可以看出，研究区土壤体积质量与有机碳有显著的相关性（$P < 0.01$，$n=90$），二者呈幂函数负相关关系（$R^2=0.6397$），表明土壤体积质量越大，其有机碳含量越小，这主要是因为有机碳含量的增加使土壤结构性增强，导致土体疏松，使得土壤体积质量减少。

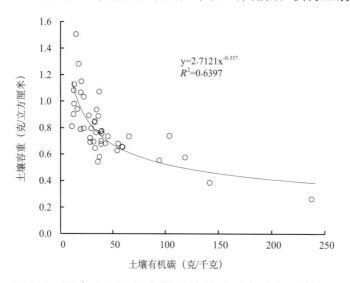

图8-4　辽东山区原始红松林土壤容重与有机碳的关系

土壤pH值与土壤有机碳含量一般表现为负相关，但有研究认为二者之间的关系需界定在一定的pH值范围内才有意义。由图8-5可知，本研究区土壤为弱酸性，土壤有机碳含量与土壤pH值有显著的相关关系（$P < 0.01$，$n=90$），二者呈显著线性负相关（$R^2=0.4195$）。

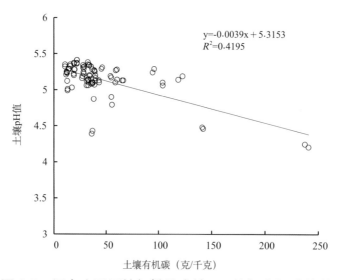

图8-5　辽东山区原始红松林土壤pH值与有机碳的关系

8.3.2.2 云冷杉针阔混交林与土壤理化性质

吉林松江源森林生态站对长白山典型森林类型云冷杉针阔混交林土壤有机碳与土壤理化性质的相关性分析结果表明，土壤有机碳含量与土壤容重呈极显著负相关，与土壤含水量呈极显著正相关，与土壤pH值未达到显著水平，结果见表8-8。

表 8-8　土壤有机碳含量与土壤 pH 值、土壤容重和土壤含水量的相关性

土层厚度（厘米）	样本数量（个）	pH值	土壤容重	土壤含水量
0～10	9	0.386	-0.781*	0.789*
10～20	9	0.350	-0.721	0.757*
20～30	9	-0.673	-0.649	0.772*
30～40	9	-0.887*	-0.302	0.833*
0～40	36	0.217	-0.844**	0.885**

注：** 在 0.01 水平上显著相关；* 在 0.05 水平上显著相关。

　　土壤有机碳含量与土壤全氮、全磷呈极显著正相关（表 8-9），相关系数分别为 0.990 和 0.807，与全钾含量无显著相关。在 0 ～ 10 厘米、10 ～ 20 厘米土壤有机碳含量与土壤全氮含量呈极显著正相关，与全磷质量分数呈显著正相关；20 ～ 30 厘米土壤有机碳含量与土壤全氮含量呈极显著正相关，相关系数为 0.907；30 ～ 40 厘米土层与土壤全氮质量分数均呈显著正相关。

表 8-9　土壤有机碳含量与土壤 pH 值、土壤容重和土壤含水量的相关性

土层厚度（厘米）	样本数量（个）	全氮	全钾	全磷
0～10	9	0.980**	-0.649	0.531*
10～20	9	0.969**	0.641	0.829*
20～30	9	0.907**	-0.328	0.267
30～40	9	0.894*	-0.695	0.866
0～40	36	0.990**	-0.086	0.807**

注：** 在 0.01 水平上显著相关；* 在 0.05 水平上显著相关。

8.3.3 典型森林土壤呼吸特征

　　土壤呼吸是土壤产生的并且向大气中释放二氧化碳的过程，它是土壤和大气之间一个主要的二氧化碳交换过程，在调节陆地生态系统土壤碳库和净碳平衡上起着至关重要的作用。选择东北地区的寒温带黑龙江漠河森林生态站、内蒙古大兴安岭森林生态站，温带黑龙江帽儿山森林生态站，暖温带—中温带辽宁冰砬山森林生态站的落叶松林实测数据和资料数据，对东北地区典型森林类型的土壤呼吸进行比较分析。各研究区概况及基本环境特征见表 8-10。

表 8-10　研究区概况

生态站	地理位置	年平均温度（℃）	年降水量（毫米）	土壤类型	无霜期（天）	海拔（米）	试验设备
漠河	53°17'～53°30'N、122°06'～122°27'E	-4.9	350～500	棕色针叶林土	80～90	300～550	CO₂红外气体分析法

（续）

生态站	地理位置	年平均温度（℃）	年降水量（毫米）	土壤类型	无霜期（天）	海拔（米）	试验设备
大兴安岭	50°49'~50°51'N、121°30'~121°31'E	-5.4	450~550	棕色针叶林土	80	826	CO_2红外气体分析法
帽儿山	45°20'~45°25'N、127°30'~127°34'E	2.8	723.8	暗棕色森林土	120~140	300	CO_2红外气体分析法
冰砬山	42°20'~42°40'N、124°45'~125°15'E	5.2	684.8	棕色森林土	133	500~600	CO_2红外气体分析法

8.3.3.1 典型森林土壤呼吸特征

东北地区处于高纬度地区，四季变化明显，落叶松林土壤呼吸速率的季节变化均呈单峰曲线，基本与气温变化相似，表现为夏季高于春秋两季，冬季最低。大兴安岭兴安落叶松林土壤呼吸具有明显的季节变化，在7、8月的夏季，土壤呼吸速率较大，土壤排放到大气中的CO_2较高，6月和9月较低；帽儿山落叶松人工林土壤呼吸速率从5月开始，其土壤呼吸速率逐渐增加，7~8月达到最大值，然后逐渐下降，10月降到较低值；冰砬山落叶松人工林土壤呼吸速率季节变化基本与帽儿山落叶松人工林相一致，在7~8月达到最大值。结果见表8-11。

表8-11　东北地区典型森林土壤呼吸特征

林型	平均土壤呼吸速率[微摩尔/（平方米·秒）]	经验模型	相关系数R^2	Q_{10}值	研究地点
兴安落叶松林	6.66	$y=1.807e^{0.119x}$	0.540	3.3	根河
兴安落叶松林	2.74~9.75	$y=1.5956e^{0.112x}$	0.7873	3.0	漠河
兴安落叶松林	0.77~4.86	$y=0.5527e^{0.1221x}$	0.832	3.1	帽儿山
红松人工林	1.91±1.54	$y=0.2920e^{0.1496x}$	0.8662	4.46	
油松人工林	1.52±1.82	$y=0.170e^{0.1415x}$	0.9347	4.12	
阔叶混交林	2.25±1.66	$y=0.4127e^{0.1287x}$	8090	3.59	冰砬山
长白落叶松林	2.29±2.73	$y=0.4283e^{0.120x}$	0.8164	3.32	

8.3.3.2 不同森林类型土壤呼吸的温度敏感性

对东北地区生长季期间4种森林类型土壤呼吸速率的温度敏感性观测结果表明，土壤呼吸速率与10厘米土壤温度存在极显著的相关性（图8-6），土壤呼吸与10厘米土壤温度的指数模型拟合相关系数分别为落叶松0.8090（$P<0.01$）、红松0.8662（$P<0.01$）、油松0.9347（$P<0.01$）和阔叶混交林0.8090（$P<0.01$）。

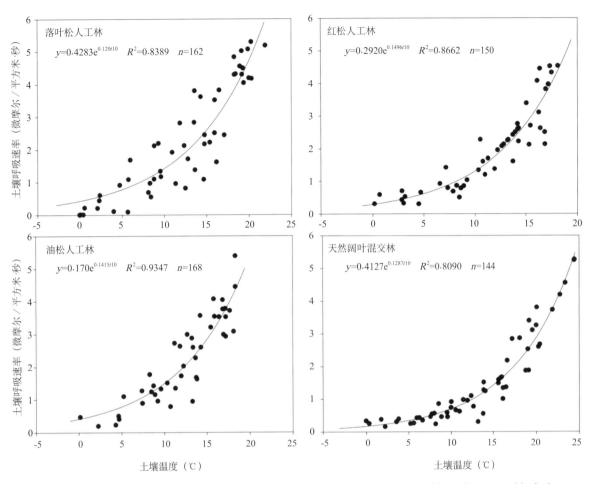

图 8-6　生长季 4 种森林类型土壤呼吸速率（Rs）对 10 厘米土壤温度（t_{10}）的响应

Q_{10} 能够反映出不同森林类型对温度变化的敏感性响应，以 4 种森林类型的 Rs-t_{10} 指数模型为基础，对反映 Rs 的温度敏感性指标 Q_{10} 值进行计算，结果为红松人工林（4.46）＞油松人工林（4.12）＞天然阔叶混交林（3.59）＞落叶松人工林（3.32）；生长季期间，4 种森林类型的 Q_{10} 值平均为 3.87，不同森林类型 Q_{10} 的变异系数为 0.264。不同森林类型对温度的敏感性响应具有显著差异，表现为红松人工林的 Rs 对土壤温度变化最敏感，其次是油松人工林，而天然阔叶林和落叶松人工林对气候变化的敏感性最弱。

非生长季土壤碳通量是年土壤碳通量的基本组成部分。非生长季落叶松人工林 10 厘米土壤温度 T_{10} 保持在 -10 ~ 10℃ 之间；Rs 在 0.01 ~ 1.38 微摩尔二氧化碳 /（平方米·秒）之间变化，Rs 与 T_{10} 呈指数相关关系（Rs=0.2496e0.1537$T10$，R^2=0.5863，$P < 0.0001$）。根据土壤表层温度的变化情况，将非生长季期间 Rs 分为 3 个阶段：Ⅰ 冻结期，$T_{10\text{-mean}}$ 保持在 -10 ~ 0.5℃ 之间，此时落叶松人工林的 Rs 值保持在 0.12 ~ 0.24 微摩尔二氧化碳 /（平方米·秒）间波动，Rs 与 T_{10} 无显著的相关性（$P > 0.5$，n=40）；Ⅱ 冻融期，$T_{10\text{-mean}}$ 在 0.5 ~ 2.0℃ 间，此时 Rs 较冻结期明显升高，最高可达 0.73 微摩尔二氧化碳 /（平方米·秒），可达冻结期平均 Rs 的 3 倍以上，Rs 与 T_{10} 相关性不显著（$P > 0.5$，n=20）；Ⅲ 非冻结期，$T_{10\text{-mean}} > 2℃$

以后，表层土壤完全解冻，此时 Rs 与 T_{10} 的相关性达到极显著，Rs 随 T_{10} 呈指数函数增长（$P < 0.01$，$n=48$），结果如图 8-7。

同一森林类型不同生长期对温度的敏感性响应也具有较大差异，如落叶松人工林在生长季、非生长季和全年的 Q_{10} 值分别为 3.32、4.65 和 3.64，生长季 Q_{10} 值最低，非生长季的 Q_{10} 值是生长季的 1.40 倍。

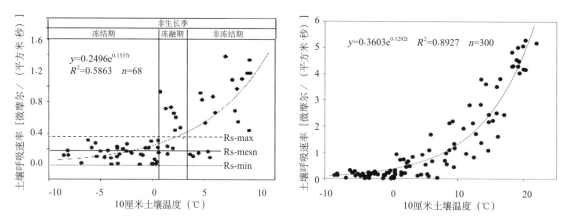

图 8-7　非生长季和全年落叶松人工林土壤呼吸速率与 10 厘米土壤温度相关关系

8.3.3.3 土壤湿度对土壤呼吸的影响

总体上东北地区不同典型森林类型土壤呼吸速率受土壤含水率的影响较小，结果见表 8-12。在自然状态下东北地区生长季期间不同森林类型土壤表层的含水量与土壤呼吸速率的相关关系表现为线性关系，但是相关系数均较低。很多的研究表明，在自然状态下，森林土壤的含水率在特定范围或较小范围内变化不足以影响植物根系与土壤微生物的活动，因此难以准确判断土壤湿度对土壤呼吸的影响；同时由于土壤呼吸受土壤湿度变化范围小的影响，土壤湿度对土壤呼吸速率的影响也可能被其他因子的影响或系统误差所掩盖。

表 8-12　东北地区典型森林土壤呼吸与土壤水分关系

林型	经验模型	相关系数	显著性	研究地点
兴安落叶松林	$y=-0.149\omega+7.996$	$R^2=2.031$	$P>0.05$	根河
兴安落叶松林	$y=-21.951\omega+15.18$	$R^2=0.2522$	$P>0.05$	漠河
兴安落叶松林	$y=-0.005\omega+3.17$	$R^2=0.001$	$P>0.05$	帽儿山
红松人工林	$Rs=-0.606-0.801S$	$R^2=0.1399$	$P>0.05$	冰砬山
油松人工林	$Rs=-1.266-0.943SM_{10}$	$R^2=0.1570$	$P<0.05$	
阔叶混交林	$Rs=-0.649-0.1SM_{10}$	$R^2=0.1540$	$P>0.05$	
长白落叶松林	$Rs=3.301-3.813SM_{10}$	$R^2=0.1332$	$P<0.05$	

本章小结

森林土壤是在森林植被下产生和发育起来的，是供给森林植物生活物质的基质，其基本理化性质直接关系着森林的生长状况。本章主要对东北地区不同森林类型土壤的物理性质、土壤养分、土壤固碳特征及其影响因子进行了分析，研究结果可以更好地反映区域森林土壤的肥力状况，同时体现区域森林土壤有机碳构成和土壤质量状况，以及养分供给的能力，反映土壤碳、氮、磷的矿化、固持作用，为东北地区森林涵养水源、保育土壤、固碳释氧等森林生态系统服务功能的评估提供长期定位监测数据，也可以为揭示区域典型森林土壤的碳循环、养分循环等生态过程和森林经营管理提供科学的数据支持。

（本章文字撰写及数据处理由辽宁省森林经营研究所、辽宁省林业科学研究院负责）

第9章
东北地区森林气象要素生态连清

气象要素是树木生长不可缺少的重要影响因子，它对树木的生长、发育、开花、结果，以及森林的组成、演替和地理分布都有重要影响。同时，森林也会通过与周围大气不断进行物质和能量的交换，从而影响并改变林内和所及区域的气象要素场(包括辐射、气温、湿度、风、降水、空气成分等)，形成一种特殊的区域气候。森林小气候主要表现在森林对区域环境温度、湿度、蒸发、蒸腾及雨量的调节作用方面。东北地区是我国面积最大的林区，森林在保障生态安全方面具有重要的作用，深入研究东北地区森林与气候变化问题，掌握东北地区森林应对气候变化规律，为区域社会经济发展和生态文明建设提供有力保障。

9.1 典型森林气象要素变化规律

依托于分布在我国东北地区的黑龙江漠河、吉林松江源、辽宁冰砬山和辽东半岛的4个森林生态系统国家定位观测研究站，对东北地区不同气候区天然林气象要素的时空变异规律进行分析，基本情况见表9-1。

表 9-1　东北地区典型森林基本情况

站点名称	位置	海拔(米)	森林类型	平均胸径(厘米)	平均高(米)	密度(株/公顷)	郁闭度
漠河站	E122°21′12″ N53°27′37″	302	兴安落叶松	11.59	14.2	1846	0.8
松江源站	E130°10′53.18″ N43°21′12.74″	610	云冷杉混交林	32.0	26.0	800	0.8
冰砬山站	E125°03′12.82″ N42°34′38.14″	404	阔叶混交林	20.6	20.5	820	0.9
辽东半岛站	E122° 57′ 33.03″ N39° 59′ 05.60″	156	蒙古栎林	18.6	20.4	1973	0.9

9.1.1 典型森林对空气温度的调节

林冠削弱了林内太阳辐射、降低了地面长波辐射，并且使进入冠层的平流、乱流涡旋体受到枝叶阻截和摩擦，使空气热量交换强度削弱，从而导致气温与空旷地相比差异明显。林内接受太阳辐射时增温慢，林外降温时林内散热也慢。东北地区森林对气温的影响作用主要表现在提高极端最低气温、降低极端最高气温、缩小日较差、降低温度变幅，从而使林内温度相对较稳定，提高了森林抵御极端气象条件的能力，保证林木正常生长（周璋，2009）。林内空气温度不仅与林冠结构有关，并且在很大程度上取决于环境条件（杨振，2009），不同的森林类型、季节及一天中的不同时刻，冠层内温度及湿度的垂直分布规律也存在明显差异（李海涛等，1999）。

寒温带兴安落叶松林的林内和林外空气温度年平均值分别为 -2.76℃和 -2.03℃，林内年平均空气温度比林外低 0.73℃，但林内与林外空气温度无显著差异（$P > 0.05$），且寒温带兴安落叶松林在不同季节林内最高温度与林外最高温度差异不显著（$P > 0.05$）；兴安落叶松林的林内和林外最高和最低空气温度的日较差分别为 29.42℃、28.48℃和 0.93℃、0.97℃，林内和林外空气温度日较差差异不显著（$P=0.08$），结果如图 9-1。

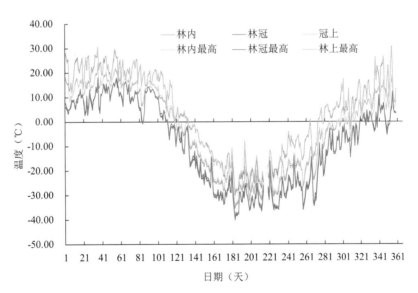

图 9-1　寒温带兴安落叶松林空气温度垂直梯度变化

温带云冷杉针叶林林内和林外空气温度年平均值分别为 2.20℃、2.46℃，林内年平均空气温度比林外低 0.26℃，且林内与林外无显著差异（$P > 0.05$）；云冷杉林的林外、林内最高平均空气温度为 7.54℃、8.36℃，林内比林外高 0.82℃；林内外的最低平均空气温度分别为 -4.19℃、-4.45℃，林内比林外高 0.26℃，结果如图 9-2。温带云冷杉针叶林对空气温度的响应方面表现：林外最高空气温度超过 30℃以上，林内最高空气温度比林外平均低 1.71℃；林外最高温度在 20～30℃时，林内最高空气温度比林外平均低 1.08℃；林外最高温度在 10～20℃时，林内温度比林外平均高 0.48℃；林外温度在 0～10℃时，林内比林外温度高

0.35℃；林外最高平均空气温度低于 0℃时，林内温度比林外低 0.26℃。在林外最低温度低于 -30℃时，林内温度比林外低 1.03℃；林外最低空气温度在 -30 ~ -20℃时，林内最低平均空气温度比林外低 0.64℃；林外最低空气温度在 -20 ~ -10℃时，林内最低平均空气温度比林外低 0.30℃；林外最低空气温度大于 -10℃时，林内最低平均空气温度总体表现为高于林外，林内平均最低温度比林外平均最低空气温度高 0.08℃。温带云冷杉针叶林在不同季节林内最高空气温度与林外差异不显著（$P > 0.05$）；林内和林外平均最高和最低空气温度分别为 12.56℃、12.79℃和 0.93℃、0.97℃，林内和林外空气温度日较差差异不显著（$P=0.08$），结果如图 9-2。

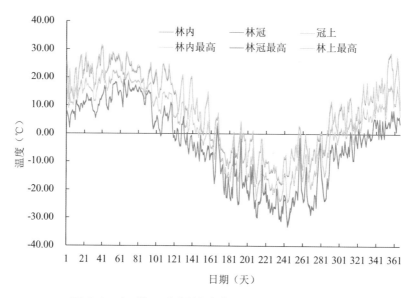

图 9-2 温带云冷杉林空气温度垂直梯度变化

暖温带—中温带过渡区阔叶混交林区的年平均温度为 5.85℃，林内外平均温度分别为 -1.94℃和 -2.16℃，林内年平均温度比林外高 0.22℃，但是二者差异不显著（$P > 0.05$）；林内和林外最高温度、最低温度的日较差分别为 6.58℃、6.42℃和 0.55℃、0.25℃。阔叶混交林对林内外温度的影响表现：林外最高温度在 20 ~ 30℃时，林内最高气温比林外低 -0.18℃；林外最高平均温度在 10 ~ 20℃时，林内气温比林外高 0.21℃；林外平均最高气温在 0 ~ 10℃时，林内气温比林外高 0.31℃；当平均最高温度低于 0℃时，林内气温比林外高 0.19℃；林外平均最低气温低于 -20℃时，林内平均最低气温较林外高 0.29℃；林外平均最低气温为 -20 ~ -10℃时，林内平均最低气温较林外高 0.39℃；林外平均最低气温为 -10 ~ 0℃时，林内平均最低气温较林外高 0.38℃；当林外最低气温大于 0℃时，林内气温比林外高 0.27℃，结果如图 9-3。暖温带—中温度过渡区阔叶混交林基本表现为降低高温提高低温。在不同季节，阔叶混交林林内最高气温与林外差异不显著（$P > 0.05$）。

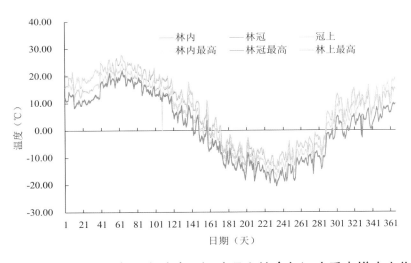

图 9-3　暖温带－中温度过渡区阔叶混交林空气温度垂直梯度变化

　　温带辽东半岛森林生态站研究区年平均温度为 8.08℃，蒙古栎次生林林内和林外年平均温度分别为 10.74℃和 9.54℃，林内外年平均温度均高于标准气象场观测值，林内年平均温度较林外高 1.20℃，但是林内外年平均温度没有显著差异。林内、林外的平均最高温度和平均最低温度分别为 13.50℃、9.86℃和 6.17℃、4.14℃，具体表现为林外最高温度超过30℃以上，林内平均最高温度比林外高 0.44℃；林外最高温度在 20～30℃时，林内最高温度比林外高 0.71℃；林外最高温度在 10～20℃时，林内温度比林外平均高 0.91℃；林外温度在 0～10℃时，林内温度比林外高 0.22℃；林外最高平均温度低于 0℃时，林内温度比林外高 0.93℃。在林外最低温度低于 -10℃时，林内温度比林外高 0.08℃；林外最低温度在 -10～0℃时，林内最低平均温度比林内高 0.71℃；林外最低温度 0～10℃时，林内平均最低温度比林外低 0.19℃。林外最低温度 10～20℃时，林内平均最低温度比林外低 0.16℃。林外最低温度大于 20℃时，蒙古栎林的平均最低温度比林外高 0.07℃。对林内外日平均温度、最高平均温度和日最低平均温度进行的单因素方差分析显示，林内外的日平均温度、日最高平均温度和日最低平均温度差异不显著，结果如图 9-4。

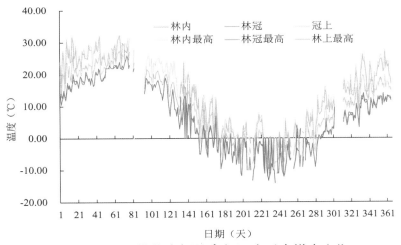

图 9-4　暖温带蒙古栎林空气温度垂直梯度变化

9.1.2 典型森林对空气湿度的影响

林内风速及乱流交换减弱，温度较低，植物蒸腾和土壤蒸发出来的水蒸气能较长时间停滞在近地面层空气中，加之林冠层的遮盖作用，使林内保持较高湿度（周璋，2009）。

寒温带兴安落叶松林的林内、林冠和林外年平均相对空气湿度分别为 69.63%、67.83% 和 65.62%，空气相对湿度表现出由林内向林外逐渐降低，林内空气相对湿度比林冠层和林外分别高 1.80% 和 4.01%，林内、林冠和林外的日平均相对湿度间存在极显著差异（$P < 0.01$）；林内、林冠和林外空气相对湿度的日平均最大湿度和日平均最小相对湿度分别为 86.83%、86.85%、85.30% 和 48.00%、45.79%、44.13%，林内、林冠和林外的日平均最大湿度和最小湿度也呈现出由林内向林外降低的过程，林内、林冠和林外空气相对湿度的平均日较差分别达到 1.81 倍、1.90 倍和 1.93 倍，但是林内、林冠和林外空气相对湿度平均日较差无显著差异（$P > 0.01$），结果如图 9-5。结果表明，森林对空气相对湿度具有显著的影响，森林能减少林内外水汽的交换，提高林内空气相对湿度，林内和林外日平均相对湿度、最大相对湿度存在极显著差异（$P < 0.01$），林内和林外日最小相对湿度存在显著差异（$P < 0.05$）。

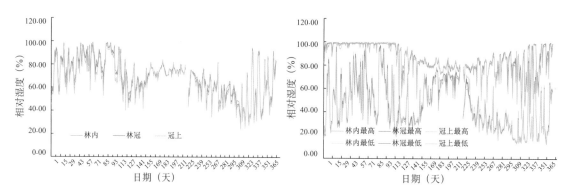

图 9-5　寒温带兴安落叶松林相对湿度垂直梯度变化

温带云冷杉林林内、林冠和林外的年平均相对湿度分别为 81.02%、71.52% 和 70.79%，相对湿度的变化与寒温带兴安落叶松基本一致，表现为由林内向林外逐渐降低，林内空气相对湿度比林冠层和林外分别高 9.50% 和 10.23%，林内与林冠、林外的日平均相对湿度间存在极显著差异（$P < 0.01$）；林内、林冠和林外的日平均最大湿度和最小相对湿度分别为 94.25%、90.18%、89.52% 和 59.65%、46.54%、45.97%，林内、林冠和林外的日平均最大和日平均最小湿度也呈现由林内向林外降低，林内、林冠和林外空气相对湿度的平均日较差分别达 34.60%、43.64% 和 43.55%，林内空气相对湿度的日较差小于林冠和林外空气相对湿度的平均日较差，但林内、林冠和林外空气相对湿度的平均日较差无显著差异（$P > 0.01$），结果如图 9-6。云冷杉林对空气相对湿度有显著影响，森林能减少林内外水汽的交换，提高林内空气相对湿度，与林外空气相对湿度相比，云冷杉林内的平均空气相对湿度、林内最大湿度、林内最低湿度均存在极显著差异（$P < 0.01$）。

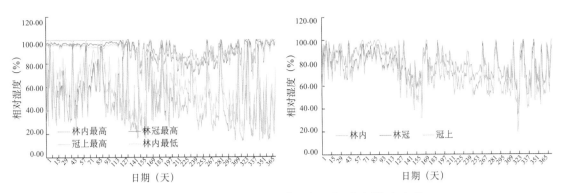

图 9-6　温带云冷杉林相对湿度垂直梯度变化

暖温带－中温带过渡区阔叶混交林对空气相对湿度具有显著的影响，阔叶混交林林外和林内平均空气相对湿度为 67.18% 和 57.71%，林内、林外最大湿度为 88.58% 和 67.55%、相对湿度日较差为 48.04% 和 26.19%，阔叶混交林林内平均相对湿度、平均最高相对湿度、平均日较差与林外均存在极显著差异（$P < 0.01$），但是平均最小相对湿度与林外平均最小相对湿度差异不显著（$P > 0.05$），结果如图 9-7。阔叶混交林林内、林冠和林外的年平均相对湿度分别为 58.17%、57.48% 和 56.86%，相对湿度的垂直变化也表现为由林内向林外逐渐降低的过程，林内空气相对湿度比林冠层和林外分别高 0.69% 和 1.31%，林内与林冠、林外的日平均相对湿度无显著差异（$P > 0.05$）；林内、林冠和林外空气相对湿度的日平均最大湿度和日平均最小相对湿度分别为 67.65%、67.75%、67.31% 和 41.46%、40.03%、39.39%，林内、林冠和林外空气相对湿度的日平均最大湿度和最小相对湿度也呈现由林内向林外降低，林内、林冠和林外空气相对湿度的平均日较差分别为 26.19%、27.73% 和 27.92%，林内空气相对湿度的日较差小于林冠和林外空气相对湿度的平均日较差，林内、林冠和林外空气相对湿度的平均日较差无显著差异（$P > 0.01$）。

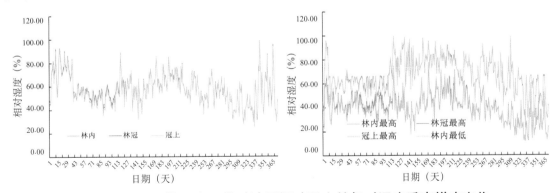

图 9-7　暖温带－中温带过渡区阔叶混交林相对湿度垂直梯度变化

暖温带蒙古栎林的林外和林内平均空气相对湿度分别为 58.33% 和 61.42%，林外与林内平均空气相对湿度差异不显著（$P > 0.05$）；林外和林内的平均最大湿度为 75.93% 和 69.90%，且差异极显著（$P < 0.01$）；蒙古栎林的林外和林内平均最小相对湿度分别为 38.22% 和 39.30%，二者差异不显著（$P > 0.05$）；蒙古栎林林外和林内相对湿度平均日较差分别为 37.71% 和 0.64%，林外和林内相对湿度平均日较差存在极显著差异（$P < 0.01$），如图 9-8。蒙古栎林的林内、林冠和林外年平均相对湿度分别为 61.48%、59.00% 和 57.04%，相对湿度的变化同样表现为由林内向林外逐渐降低，林内空气相对湿度比林冠层和林外分别高 2.48% 和 4.44%，但林内与林冠、林外的日平均相对湿度间无显著差异（$P > 0.05$）；林内、林冠和林外空气相对湿度的日平均最大湿度和日平均最小相对湿度分别为 78.45%、77.62%、76.65% 和 44.21%、40.70%、38.76%，林内、林冠和林外日平均最大和最小相对湿度也呈现出由林内向林外降低；林内、林冠和林外空气相对湿度的平均日较差分别为 34.23%、36.91% 和 37.89%，也表现为林内空气相对湿度的日较差小于林冠和林外空气相对湿度的平均日较差，林内、林冠和林外空气相对湿度的平均日较差无显著差异（$P > 0.05$）。在相对湿度较低的地区，森林能够明显减少空气相对湿度的剧烈变化。

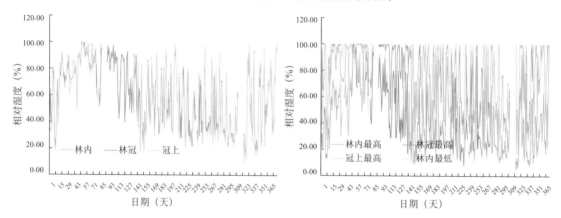

图 9-8　暖温带蒙古栎林相对湿度垂直梯度变化

9.1.3　典型森林对风速的调控

由于进入林内的气流受到林冠、枝叶的层层阻挡，摩擦作用大为增加，迫使气流分散，消耗动能，降低水平风速并削弱近地面层空气湍流交换的作用强度（弥宏卓等，2011）。寒温带兴安落叶松林林内、林冠和林外的年平均风速为 0.37 米/秒、0.49 米/秒和 1.22 米/秒，风速表现出由林内向林外逐渐增加，林内年平均风速仅是林外年平均风速的 1/3，林内、林冠年平均风速与林外年平均风速存在极显著差异（$P < 0.01$），林内与林冠风速差异不显著（$P > 0.05$）；林内、林冠和林外日平均最大风速和日平均最小风速分别为 0.75 米/秒、1.06 米/秒、2.32 米/秒和 0.08 米/秒、0.07 米/秒、0.41 米/秒，林内、林冠和林外的日平均最大风速和日平均最小风速与日平均风速变化一致，也呈现由林内向林外降低，林内、林冠和林外风速平均日较差分别为 0.67 米/秒、0.99 米/秒和 1.90 米/秒，林内和林冠与林外差异显著（$P < 0.05$）。结果表明，寒温带兴安落叶松林能够显著降低风速，研究区林外日平均风速 1.18±0.74 米/秒，林内日平均风速为 0.41±0.23 米/秒，林外日平均风速标准差较林内增加了 ±0.51 米/秒；寒温带兴安落叶松林的林外与林内平均最大风速、林外和林内最低风速以及林外与林内风速日较差均存在极显著差异（$P < 0.01$），结果如图 9-9。

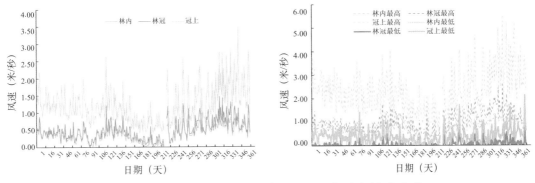

图 9-9　寒温带兴安落叶松林林风速垂直梯度变化

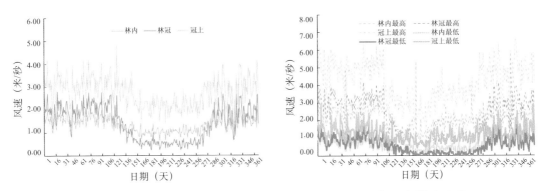

图 9-10　暖温带 - 中温带过渡区阔叶混交林风速垂直梯度变化

暖温带—中温带阔叶混交林林内、林冠和林外的年平均风速分别为 1.34 米 / 秒、1.40 米 / 秒和 2.73 米 / 秒，风速的垂直梯度变化也表现出由林内向林外逐渐增加，林内年平均风速约为林外年平均风速的一半，林内、林冠年平均风速与林外存在极显著差异（$P < 0.01$），但是林内年平均风速与林冠年平均风速差异不显著（$P > 0.05$）。林内、林冠和林外日平均最大和最小风速分别为 2.14 米 / 秒、2.16 米 / 秒、4.15 米 / 秒和 0.57 米 / 秒、0.60 米 / 秒、1.25 米 / 秒，林内、林冠和林外的日平均最大风速和日平均最小风速与日平均风速变化一致，也呈现由林内向林外降低，林内、林冠和林外风速平均日较差分别为 1.57 米 / 秒、1.56 米 / 秒和 2.90 米 / 秒，林内、林冠和林外风速日较差有显著差异（$P < 0.05$），林内和林冠风速日较差不显著（$P > 0.05$），结果如图 9-10。暖温带 - 中温带阔叶混交林能够显著地降低风速，研究区林外日平均风速 2.73 ± 0.64 米 / 秒，林内日平均风速为 1.34 ± 0.32 米 / 秒，林外日平均风速标准差较林内日平均风速标准差增加了 ± 0.32 米 / 秒。暖温带—中温带阔叶混交林林外平均最大风速与林内平均最大风速、林外最低风速和林内最低风速，以及林外风速日较差与林内风速日较差均存在极显著差异（$P < 0.01$）。

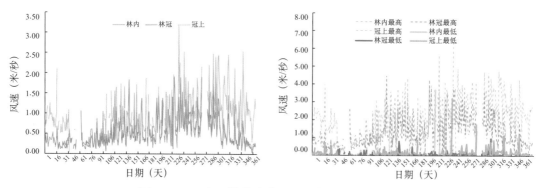

图 9-11　暖温带蒙古栎林风速垂直梯度变化

　　暖温带蒙古栎林林内、林冠和林外的年平均风速分别为 0.50 米 / 秒、0.56 米 / 秒、1.10 米 / 秒，风速的变化也表现出由林内向林外逐渐增加，林内年平均风速同样约为林外年平均风速的一半，林内、林冠年平均风速与林外年平均风速存在极显著差异（$P < 0.01$），林内年平均风速与林冠年平均风速差异不显著（$P > 0.05$）。蒙古栎林林内、林冠和林外日平均最大风速和日平均最小风速分别为 1.16 米 / 秒、1.37 米 / 秒、2.49 米 / 秒和 0.11 米 / 秒、0.09 米 / 秒、0.19 米 / 秒，除林冠最低风速略低于林内最低风速外，蒙古栎林林内、林冠和林外的日平均最大风速和日平均最小风速基本与日平均风速变化一致，也呈现由林内向林外降低；林内、林冠和林外风速平均日较差分别为 1.11 米 / 秒、1.32 米 / 秒和 2.38 米 / 秒，林内、林冠和林外风速日较差有显著差异（$P < 0.05$），林内和林冠风速日较差不显著（$P > 0.05$）。研究结果显示，暖温带蒙古栎林能够显著地降低风速，研究区林外日平均风速 1.05 ± 0.76 米 / 秒，林内日平均风速为 0.07 ± 0.15 米 / 秒，林外日平均风速标准差较林内日平均风速标准差增加了 ± 0.61 米 / 秒；暖温带蒙古栎林的林外与林内平均最大风速、林外和林内最低风速，以及林外与林内风速日较差均存在极显著差异（$P < 0.01$），结果如图 9-11。

9.2 森林类型对气象要素的影响

9.2.1 森林类型对温度的影响

　　森林的形成受地理环境及其周围自然条件的长期作用，东北地区自北向南分布着寒温带兴安落叶松林、温带针阔混交林、暖温带落叶阔叶林等不同地带性森林类型，地带性森林的形成与气候有密切联系，同时也能对区域环境产生重要的影响。

　　对东北地区由北向南分布的兴安落叶松林、云冷杉林、阔叶混交林、蒙古栎林 4 种典型森林类型对环境温度的影响进行了长期观测，结果如图 9-12。寒温带兴安落叶松林和温带云冷杉为主的针叶林年平均温度表现为由林内向林外升高，两种森林类型的林内年平均温度分别比林外年平均温度低 0.73℃和 0.26℃；而处于暖温带 – 温带过渡区的阔叶混交林和暖温带的蒙古栎林为主的阔叶林年平均温度表现为由林内向林外逐渐降低，林内年平均温度比林外年平均温度分别高 0.22℃ 和 1.20℃。这个研究结果可能主要与森林类型存在密切关系，低温、高湿的环境对于维系兴安落叶松和云冷杉等森林的演替和分布有重要作用，而以阔叶为主的阔叶混交林和蒙古栎林则喜热，因此阔叶林对大气环境温度的影响表现为增加林内温度，促进植物的生长。

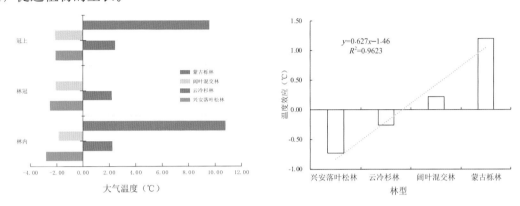

图 9-12　东北地区典型天然林对温度的影响

9.2.2 森林类型对湿度的影响

对东北地区由北向南分布的兴安落叶松林、云冷杉林、阔叶混交林、蒙古栎林 4 种典型森林类型对空气相对湿度的作用进行了长期观测。4 种典型森林类型的年平均空气相对湿度均表现为由林内向林外逐渐降低，即 4 种典型森林的林内空气相对湿度均表现为增加，分别比林外年平均空气相对湿度高 4.01%、10.23%、1.31% 和 4.44%，但 4 种森林类型对空气相对湿度增加的效率不一，表现为云冷杉林＞蒙古栎林＞兴安落叶松林＞阔叶混交林（图 9-13）。

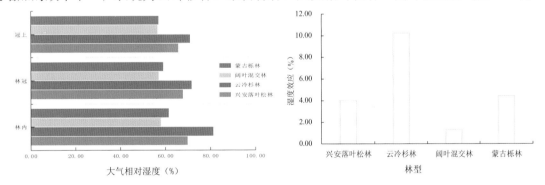

图 9-13　东北地区典型天然林对湿度的影响

9.2.3 森林类型对风速的影响

森林对风速的影响也有地理的变异，总体上东北地区由北向南分布的兴安落叶松林、阔叶混交林、蒙古栎林对风速的影响均表现为抑制作用，年平均风速均表现为由林内向林外增大，分别将林外风速降低 0.85 米/秒、1.39 米/秒和 0.60 米/秒，3 种森林风速减缓强度表现不一，为阔叶混交林＞兴安落叶松林＞蒙古栎林（图 9-14 和图 9-15）。研究结果可能主要与森林结构密切相关，3 种典型森林中阔叶混交林具有较高的树高和较低的林分密度，更有利于缓减风速，而兴安落叶松和蒙古栎树高较低且林分密度较大，不利于风速降低。

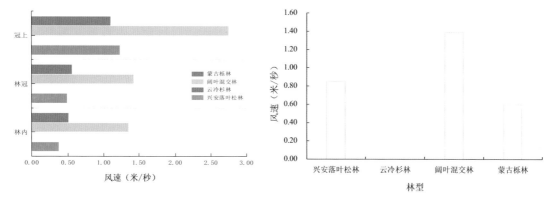

图 9-14　东北地区典型天然林对风速的影响

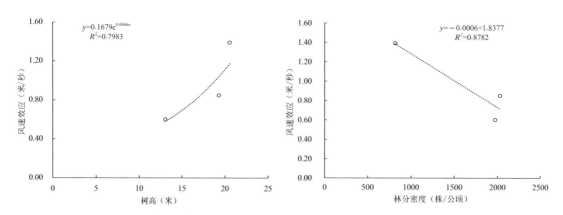

图 9-15　东北地区典型天然林树高和林分密度对风速的影响

9.3 森林对气候的响应

近年来，随着气候变化和环境变迁研究的发展，年轮气候学在自然科学和古气候重建研究中得到了广泛应用。树木作为森林生态系统的基本单元，能准确、连续反映气候变化对森林生长的影响，对该区域典型森林类型开展森林生长与气候因子的耦合关系研究，有利于探讨东北地区森林生态系统的响应机制，了解区域森林生态限制因素及气候变化条件下该地区森林生态系统的变化模式（王兵等，2020）。辽宁辽河平原森林生态站利用树木年轮观测方法研究了东北地区典型森林对气候变化的响应。

9.3.1 兴安落叶松林对气候变化响应

兴安落叶松是我国东北地区的主要森林树种，主要分布于大、小兴安岭。其对气候变化有很好的敏感性，年轮界限明显，已被证明是用于树轮年代学分析的理想树种（常永兴等，2017）。研究区最暖月为 7 月（16.0 ~ 17.9℃），最冷月为 1 月（-30.0 ~ -25.4℃）和

12 月（-28·4 ～ -22·1℃），降水集中在 6 ～ 8 月，占全年降水总量的 65·9% ～ 68·9%，结果如图 9-16。

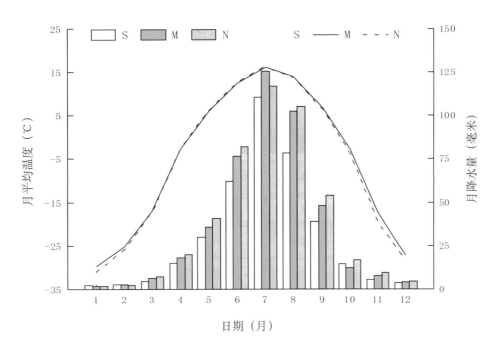

图 9-16　研究区月平均温度（曲线）**和月降水量**（柱形）
注：M. 大兴安岭主脉中段；N. 大兴安岭主脉北段；S. 大兴安岭主脉南段。

研究结果表明,3 ～ 8 月的平均温度和 1 月的平均降水与兴安落叶松年表显著相关,4 月、6 ～ 8 月的各月 PDSI 与年表间也呈显著正相关,结果如图 9-17。采用移动和进化间隔对上述各相关系数的稳定性分析结果表明,年表与 5 月、7 月的平均温度相关性最显著,且相关系数较稳定,而与降水不存在显著的相关关系。温度变化对兴安落叶松的径向生长存在显著影响（$P < 0.05$）。其中,年际温度变化（上年 9 月到当年 8 月）和生长季（6 ～ 8 月）的温度变化分别可以解释树木径向生长变化的 42·7% 和 26·4%（$P < 0.05$）,5 ～ 9 月的干湿变化可以解释树木径向生长变化的 27·4%（$P < 0.05$）。5 月和 7 月温度对树木径向生长的影响最明显。9 月以后该地区树木生长已经非常缓慢,但形成层还没停止活动,温度仍然影响其生长变化,在冬季（10 月至翌年 4 月）,温度一般不再产生明显影响。各月以及季节性的降水变化与兴安落叶松 STD 年表没有显著相关（图 9-17）,说明降水不是兴安落叶松生长的主要限制因子。这可能是由于该区降水量在生长季时较充沛,生长季降水量占全年总降水量的 93% 左右,且非生长季大量积雪的存在,翌年降雪融水（占年降水量的 7·02%）可对春季水分起到补给作用,保证了树木基本用水需求。但是,生长季降水量与年表呈现出正相关,虽没达到显著水平,但也说明了降水对树木的生长仍有一定促进作用。

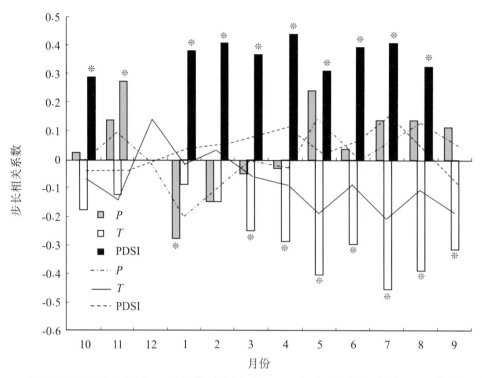

图 9-17　气候因子（月均温度、月均降水量和月 PDSI）**与兴安落叶松 STD 年表间的相关系数**（直方图）**和响应系数**（曲线）

9.3.2 樟子松与气候变化关系

　　樟子松对气候变化有很好的敏感性，不同地区樟子松生长的主要气候限制因子不同。运用树木年代学方法对大兴安岭南部海拉尔、阿尔山地区和北部漠河、塔河地区的樟子松径向生长与气候变化的研究结果表明，气候因素对樟子松生长的影响主要集中在当年 4～9 月。其中，南部樟子松的年轮宽度与当年 4～9 月的平均标准化降水蒸散指数（SPEI）（F=0.639）、降水量（r=0.566）及平均最高温（r=-0.411）极显著相关（$P < 0.01$）；北部年轮宽度与当年 4～9 月的平均最低温（r=0.488）、平均 SPEI（r=0.421）及降水量（r=0.376）极显著相关（$P < 0.01$）。当年 4～9 月的水分条件是大兴安岭南部地区樟子松生长的限制气候因子，而北部地区树木生长受当年 4～9 月平均最低温影响最大（李俊霞等，2017）。

　　大兴安岭地区樟子松存在两种不同的生长模式，南部樟子松生长量远大于北部，结果如图 9-18。1960—2013 年南部樟子松平均胸高断面积增量（BAI）为 24.4 平方厘米 / 年，北部为 5.29 平方厘米 / 年，南北部生长量变化具有显著差异（$P < 0.001$）。但是南部 BAI 从 1960 年的 31.68 平方厘米降低为 2013 年的 25.34 平方厘米，下降了 20%。北部 BAI 从 1960 年的 5.87 平方厘米提高至 2013 年的 9.37 平方厘米，增加了 59.6%。南部樟子松 BAI 呈极显著下降趋势（r=0.612，$P < 0.001$），年平均下降达 0.253 平方厘米，北部呈极显著上升趋势（r=0.474，$P < 0.001$），年平均增加值为 0.039 平方厘米（图 9-18）。南部地区 4～9 月降水量变化平稳，但平均最高温显著上升（r=0.612，$P < 0.01$），BAI 与当年 4～9 月的平

均最高温极显著负相关（$r=-0.681$, $P < 0.01$），与降水量极显著正相关（$r=0.454$, $P < 0.01$）。北部地区近54年来4～9月的降水量增加，平均最低温上升，湿润程度有所增加，但都未达到显著水平。BAI、降水量及平均最低温的变化趋势相同。BAI和平均最低温的年际变化也基本一致，与当年4～9月的降水量显著相关（$r=0.31$, $P < 0.01$），结果如图9-19。

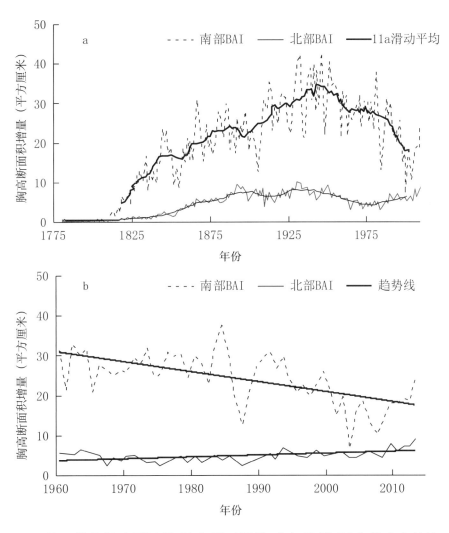

图 9-18　樟子松 BAI 序列及其 11 年滑动平均（a）和近 54 年的变化趋势（b）

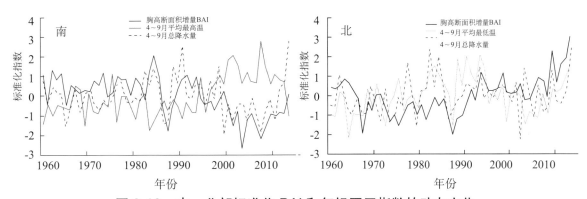

图 9-19　南、北部标准化 BAI 和气候因子指数的动态变化

大兴安岭地区南、北部樟子松对降水、SPEI 的响应基本一致，均与该时期的总降水量、平均 SPEI 显著正相关，水分增加有利于树木生长。南部属于半干旱地区，生长季光照充足，树木生理活动所需热量得到满足，可利用水分的多少是限制树木生长的主要因素。而北部属于寒温带半湿润区，降水量比南部多，温度比南部低，所以该地区樟子松对水分的敏感度比南部低。南部樟子松年轮宽度与生长季温度之间以负相关为主，尤其是月平均最高温的升高不利于樟子松生长，干旱地区最高温的升高会加快土壤蒸发和植物蒸腾，导致水分胁迫加剧，不利于植物生长。

9.3.3 樟子松人工林对水热梯度变化的响应

樟子松人工林由于树种组成和结构简单，其生态系统稳定性和对当地环境的适应性存在问题，水热条件改变可能会显著影响樟子松生长。运用树木年轮法研究樟子松生长与气候及水热梯度变化，对于了解当前樟子松的衰退机制，提高樟子松人工林生态系统的稳定性和生产力，预测气候变化背景下人工林生态系统变化具有重要意义（李露露等，2015）。对东北地区南部樟子松人工林的研究结果显示，樟子松人工林 BAI 与水分（降水和相对湿度）梯度的变化较为一致（$P < 0.05$），但与年平均温度的空间梯度变化未表现出类似的结果（图 9-20）。

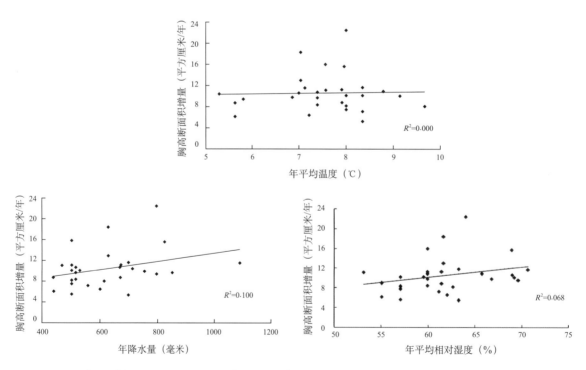

图 9-20　樟子松人工林各样点平均 BAI 和年平均温度、年降水量、年平均相对湿度空间变化的关系

　　研究区各采样点年轮宽度年表的平均敏感度（Mean Sensitivity, MS）在空间上（图 9-21）随温度、降水量和相对湿度变化而变化。其中，年表平均敏感度与降水量、相对湿度的关系为显著负相关（$P < 0.05$），与温度的关系呈正相关但不显著。

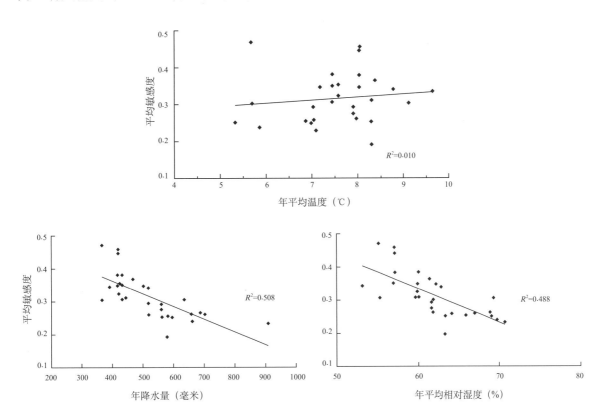

图 9-21　各采样点人工林樟子松年表平均敏感度和气候因子的关系

　　各样点年轮数据与其最近的气象站点的线性相关呈现与上述气候分区一致的区域性变化。不同气候分区的樟子松树木年轮与气象资料的相关性不完全相同，但多数与月平均降水量和月平均相对湿度呈正相关关系，与月平均温度呈负相关关系，与降水量和相对湿度的正相关和与温度的负相关主要在夏季显著，结果如图 9-22。樟子松的生长量／森林生产力在地理空间水平上受水分控制，随降水增加而显著增加（$P < 0.05$），水分对樟子松个体生长和林分生产力的作用在生长季表现得最显著，而温度作梯度变化与树木生长不存在显著关系。

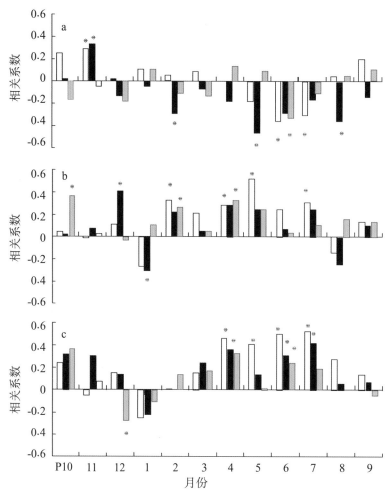

图 9-22　东北南部樟子松人工林年表（STD）与月均温度（a）、月均降水量（b）和月均相
对湿度（c）的 Bootstrap 相关

本章小结

　　东北地区分布的大、小兴安岭和长白山林区天然地阻隔了太平洋暖流和控制西伯利亚寒流、蒙古干旱季风，保障了呼伦贝尔大草原和东北平原粮食主产区的生态安全。本章通过对东北地区典型森林空气温度、大气相对湿度和风等气象要素的观测，分析了东北地区典型森林的防护功能。同时，东北地区地处北半球中高纬度区域，是全球气候变化最显著的区域之一，本章利用树轮作为代用指标重建了东北地区长时间尺度的气温、降水量等气候要素变化，分析了区域典型森林生态系统对水热梯度变化的响应。研究结果为东北地区森林生态系统服务功能评估提供必需的监测数据，也为未来区域森林生态系统应对气候变化评估提供有益的探索。

（本章文字撰写与数据处理由辽宁省林业科学研究院、沈阳农业大学负责）

第 10 章

东北地区森林生物要素生态连清

生物要素是认识和揭示复杂森林生态系统的自组织、稳定性、动态演替与演化、生物多样性的发生与维持机制、多功能协调机制以及森林生态系统的经营管理与调控的基础，在森林生态系统长期定位观测和研究中具有核心地位。森林生态系统具有丰富的物种多样性、结构多样性、食物链、食物网以及功能过程多样性等，形成了分化、分层、分支和交汇的复杂的网络特征。由于森林生态系统本身的复杂性，很难实现对森林生态系统所有生物要素的全面监测。本章所指生物要素生态连清是为区域森林生态连清和森林生态系统服务功能评估需要开展的森林植被要素长期定位监测。

10.1 典型森林群落结构和植物多样性

10.1.1 典型森林群落结构和种群空间格局

种群格局分析的实质是研究单个或多个种群在群落内部的镶嵌结构，进而揭示空间格局的形成原因。分析种群分布格局有助于认识种群的生物学特性、生态学过程及物种与环境因子之间的关联性。通过分析处于不同区域地带性群落乔木空间分布格局，有助于加深对区域种群结构和生长过程的理解，有利于地区森林的经营管理和维持区域森林生态系统的长期稳定。

10.1.1.1 天然红松种群空间格局与种内关联

红松是第四纪冰川孑遗种，以其为建群种的阔叶红松林长期存在于东亚东北部地区，是东北地区山地地带性顶级植被，具有复杂的动植物成分与系统稳定性。建群种红松具有较宽的超体积生态位，在不同的环境下可与不同树种混交，构成不同林型原始红松林（董雪等，2020）。黑龙江凉水森林生态站以小兴安岭阔叶红松混交林为研究对象，参照李文华对红松林型生态系列的界定，综合林木组成、林下植被、坡位、坡度以及土壤水分等信息，开展天然红松种群空间格局与种内关联的研究，样地基本信息见表 10-1。

表 10-1　红松原始林各样地基本信息表

样地	生境类型	坡位	坡度（°）	海拔（米）	土壤类型	5～10厘米土壤含水率（%）	蓄积量（立方米/公顷）	树种蓄积组成
1	I谷地平坡潮湿生境	坡脚	11	340	潜育暗棕壤	92.2±8.3	261	5红松2臭冷杉1水曲柳1红皮云杉+紫椴+枫桦+色木槭+春榆
2		坡脚	12	340	潜育暗棕壤	96.6±5.6	309	5红松2臭冷杉1红皮云杉1色木槭+春榆+紫椴+水曲柳+枫桦
3	II坡下缓坡潮湿生境	下坡	15	395	潜育暗棕壤	91.2±11.9	248	5红松1枫桦1水曲柳1色木槭1臭冷杉1春榆+紫椴
4		下坡	13	400	潜育暗棕壤	82±6.2	344	7红松1红皮云杉1色木槭+臭冷杉+紫椴+水曲柳+春榆+枫桦
5	III坡上斜坡半湿润生境	上坡	20	470	潜育暗棕壤	66.6±6.7	452	7红松1紫椴1色木槭+蒙古栎+枫桦+春榆
6		上坡	20	450	潜育暗棕壤	70±4.4	356	6红松1紫椴1大青杨1臭冷杉+色木槭+春榆+枫桦
7	IV坡顶陡坡半干旱生境	坡顶	30	540	潜育暗棕壤	55.6±6.8	383	7红松2蒙古栎+紫椴+色木槭+春榆+红皮云杉+水曲柳

　　由坡底到坡顶不同生境梯度上，沿等高线设置 7 块 50 米 ×50 米的样地，采用相邻格子法将调查样地划分为 100 个 5 米 ×5 米的调查单元，调查并记录全部株高大于 10 厘米的乔木树种在样地中的相对位置坐标与株高。调查结果表明，不同生境红松种群结构差异较大。在由坡底到坡顶的生境梯度上红松种群密度分别为 340 株 / 公顷、412 株 / 公顷、160 株 / 公顷和 308 株 / 公顷。不同林层中红松种群密度亦有较大差异，生境 I 与生境 II 中，红松更新分别达到了 226 株 / 公顷与 208 株 / 公顷，生境III与生境IV中红松更新密度仅为 20 株 / 公顷与 60 株 / 公顷。生境 I、II、III、IV演替层中红松密度分别为 56 株 / 公顷、118 株 / 公顷、18 株 / 公顷和 72 株 / 公顷。而在生境梯度上红松原始林亚林层与主林层中红松种群密度有增大趋势，各生境亚林层与主林层红松种群密度分别为 8 株 / 公顷、18 株 / 公顷、18 株 / 公顷、52 株 / 公顷，和 50 株 / 公顷、68 株 / 公顷、104 株 / 公顷、124 株 / 公顷。总体上由坡底到坡顶生境梯度上，红松种群结构有从倒 J 形向 J 形转换的趋势，结果如图 10-1。

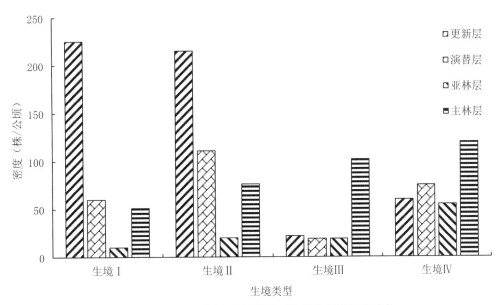

图 10-1 不同生境中原始红松林红松种群结构

　　将隶属于不同生境的红松林样地作为重复采样,对不同林层的红松立木进行空间点格局分析,并根据零模型与包络线的关系简要换算,比较不同生境间红松种群空间分布规律的差异,结果如图 10-2。不同生境原始红松林中,红松种群在由更新层向主林层生长的过程中,种群空间格局均由聚集分布向随机分布转变;各生境原始红松林主林层与亚林层红松种群基本均服从随机分布,四类生境原始红松林内红松种群空间分布规律的差异主要体现在更新层及演替层的较小研究尺度上。更新层内红松种群聚集强度及聚集规模排序为生境Ⅰ>生境Ⅱ>生境Ⅳ>生境Ⅲ。生境Ⅰ与生境Ⅱ演替层中红松种群在较小研究尺度上体现为聚集分布,而生境Ⅲ与生境Ⅳ中红松种群则表现为空间随机。处于相对湿润生境中的原始红松林更新层与演替层中红松种群聚集规模与聚集强度大于处于相对较干旱生境中的原始红松林。

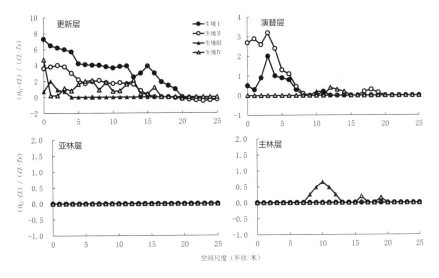

图 10-2 不同生境中原始红松林中各林层中红松种群分布规律比较

亚林层红松种群与主林层未表现出空间关联性；更新层、演替层与主林层的红松种群间均表现出一定的空间关联性，相对于更新层与主林层，演替层与主林层中红松种群空间关联性更强。生境Ⅰ原始红松林中更新层红松种群在 1～2 米研究尺度下与主林层表现出微弱的空间负关联；生境Ⅱ更新层与主林层红松种群在 1～5 米、7 米、9～12 米的尺度上均表现出弱空间负关联；生境Ⅲ更新层中红松种群与主林层在全部研究尺度上均未表现出空间相关性；生境Ⅳ中，红松林更新层与主林层在 7～11 米尺度上表现出空间微弱正关联，其余尺度未表现出空间相关性。生境Ⅰ及生境Ⅱ中原始红松林演替层与主林层在 1～5 米研究尺度上表现出空间负关联，而生境Ⅲ与生境Ⅳ中原始红松林则具有相反规律，在较小研究尺度上与主林层表现为空间正关联。

10.1.1.2 原始阔叶红松林主要树种空间结构特征

辽宁白石砬子森林生态站选取位于温带阔叶红松林分布最南界的原始阔叶红松林，按照《森林生态系统长期定位观测方法》（GB/T 33027—2016）设置面积 6 公顷（200 米 ×300 米）大型固定长期监测样地，并对样地进行详细调查（毛沂新等，2019）。研究区的阔叶红松林径阶分布株数（频数）呈倒"J"形，株数随径级的增大而逐渐降低（图 10-3）。林分内胸径最大为沙松 76.1 厘米，红松最大胸径为 66.8 厘米，硕桦最大为 58.0 厘米。主林层中各优势树种径级分布均近似于正态型，峰值主要偏左侧或居中分布。由表 10-2 可以看出，大径级（DBH ≥ 50cm）中主要为沙松（34.4%）、红松（19.7%）、硕桦（8.2%）、臭冷杉（6.6%），其余树种如黄檗、紫椴、裂叶榆、色木槭、水曲柳、鱼鳞云杉和蒙古栎等均低于 5.0%。小径级（DBH ≤ 5cm）树种组成以伴生树种和落叶小乔木为主。其中，天女木兰个体数量最高，占总体的 25.1%，髭脉槭（22.9%）、小楷槭（13.2%）和紫花槭（10.0%）次之，其余均不足 6.0%。

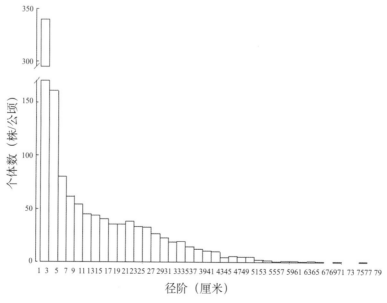

图 10-3　原始阔叶红松林径级分布

表 10-2　不同径级主要树种状况

编号	大径级（胸径≥50厘米）		小径级（胸径≤5厘米）	
	树种	个体数	树种	个体数
1	沙松	21	天女木兰	753
2	红松	12	髭脉槭	688
3	硕桦	5	小楷槭	395
4	臭冷杉	4	紫花槭	299
5	黄檗	3	花楷槭	177
6	水曲柳	3	稠李	159
7	紫椴	3	千金榆	140

该林分平均角尺度 W=0.507，林分内林木整体上呈随机分布 [0.475, 0.517]。林分平均混交度 M=0.82，为强混交度。树种的隔离程度较高，林分内异质性很强。随着混交度等级的升高，相对频率值增加，在极强度（M=1.00）水平处达到最大值 0.58，强度及以上水平（M=0.75 和 M=1.00）的比例合计为 0.87，林分中极少有单木与最近的 4 株相邻木为同一树种，林分中种内竞争激烈。在林分大小比数的分布特征方面，5 个大小比数等级相对频度均接近于 0.20，平均大小比数为 0.506，林分乔木层内的单木胸径大小分化程度较为均衡，处于中庸状态，林木个体竞争关系基本达到了稳定状态，结果如图 10-4。

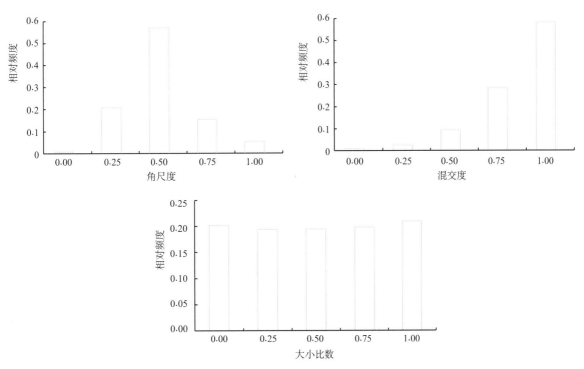

图 10-4　原始阔叶红松林角尺度、混交度和大小比数的一元分布

辽东山区的阔叶混交林前 11 位优势树种（重要值为 IV ≥ 3.50）呈随机分布。其中，裂叶榆（$\overline{W}_6$=0.5167）角尺度值最高，种群偏聚集分布；沙松最低（$\overline{W}_{11}$=0.4889）。胸径大小

比数树种间差异明显，髭脉槭、天女木兰、小楷槭最高，大小比数值接近甚至超过 0.75；红松最低为 0.1787；沙松、裂叶榆、硕桦均值接近 0.25。在顶级群落中，具有较大优势度的树种（参照木）为林冠顶层且干型粗壮的高大乔木，而被压木通常为群落下层的小乔木。11 个树种中，沙松、红松、斑叶稠李的平均混交度 $\overline{M_i}$ 均在 0.90 以上，紫花槭为最低（$\overline{M_4} = 0.7202$），略低于 0.75（强度混交）。红松、沙松、裂叶榆、色木槭等平均胸径大小比数值高的优势树种，虽然个体数量少，但混交程度高，生态位重叠度低，生境条件能够得到充分利用，竞争压力小。紫花槭、天女木兰、小楷槭等林分下层小乔木虽然种群数量大，但在种间竞争中处于劣势。原始阔叶红松林主要树种空间结构参数见表 10-3。

表 10-3　原始阔叶红松林主要树种空间结构参数

编号	树种	$\overline{W_i}$	$\overline{U_i}$	$\overline{M_i}$	IV (%)	个体数
1	硕桦	0.4947	0.2237	0.8355	7.97	380
2	紫椴	0.5082	0.3592	0.8493	7.62	458
3	红松	0.5120	0.1787	0.9036	7.54	249
4	紫花槭	0.5050	0.5588	0.7202	6.81	646
5	色木槭	0.5037	0.2967	0.8717	6.70	337
6	裂叶榆	0.5167	0.2351	0.8959	5.88	269
7	天女木兰	0.5060	0.7154	0.7979	5.75	752
8	髭脉槭	0.4956	0.7812	0.8375	4.95	626
9	斑叶稠李	0.5049	0.3720	0.9006	4.57	254
10	小楷槭	0.5110	0.6801	0.7894	4.33	476
11	沙松	0.4889	0.2500	0.9611	3.73	90

注：W_i：树种的角尺度；U_i：树种的大小比数；M_i：树种的混交度；IV：树种的重要值。

10.1.2 干扰对典型森林结构和多样性的影响

10.1.2.1 小兴安岭阔叶红松林结构对干扰的响应

小兴安岭的阔叶红松林新中国成立前在近谷地的缓坡局部地区已进行了粗放择伐。20 世纪 50 年代又皆伐与择伐了较大面积的阔叶红松林。皆伐后进行了天然与人工更新。现在这些经过采伐更新的林地已有超过 30 年的历史。分别对择伐林、皆伐天然更新林与红松人工林进行了研究。

择伐使阔叶红松林内大径级红松的地位下降，耐阴的云杉、冷杉地位加强，喜光树种枫桦与白桦株数增多。林分中红松的蓄积量只有 37.7 立方米 / 公顷，云杉与臭冷杉则分别为 78.9 立方米 / 公顷和 105 立方米 / 公顷，阔叶红松林已变成了以云冷杉为主的林分。皆伐后的天然更新，几乎是由单一先锋树种白桦形成的纯林，林下虽已出现云杉和红松幼树，但数量与高度要达到超过白桦的程度至少还要几十年时间。

择伐后原有的耐阴树种得到加强与新的喜光树种侵入，原有中生树种受到抑制，中生树种所形成的多层结构也跟着瓦解，而耐阴树种与喜光树种多趋向于形成层次单纯的林分结构。皆伐后先锋树种的白桦林下虽然仍为原阔叶红松林下的灌木与草本，但都没有分化出明显亚层。采伐后形成的群落与环境尚在相互适应过程中，群落稳定性很低。

原始阔叶红松林的林木图解是由红松的平卧菱形和阔叶树的竖立菱形两种图解构成。在不稳定林分中，林木图解是由衰退种的右偏图形和进展种的左偏图形两种图解构成。皆伐后天然更新的白桦林已有这种图解的雏形，因白桦有衰退趋势，林木图解上更新组成比很小，形成右偏图形（詹鸿振等，1984）。不过白桦林下云杉数量较少，高度也不够，尚未达到建群种的地位，所以林木图解上表现不出进展种更新组成比大而优势度小的左偏图形（图 10-5a）。不稳定林分由衰退种的右偏图形和建群种的左偏图形所构成的图解在云杉-落叶松林内表现明显，衰退种落叶松为右偏图解，建群种云杉为左偏图解（图 10-5b）。

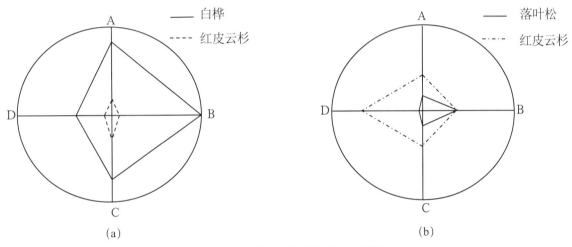

图 10-5　不稳定林分的林木图解

采伐与更新后植被处在恢复过程中，已更新的各群落都天然地朝着一致的方向发展，即向采伐前的阔叶红松林恢复。阔叶红松林皆伐后喜光草本、灌木在短期内占据优势，随着天然更新与人工更新幼树的郁闭成林，喜光植物逐渐退却，原有阔叶红松林下的草本与灌木又逐渐得以恢复，红松及其伴生树种的更新幼树也出现（表 10-4）。阔叶红松林经过采伐与更新后，群落结构发生如下变化：树种更替、结构简单、稳定性差，有向原始阔叶红松林恢复的趋势。

表 10-4　不同林冠下更新的幼树的数量

千株/公顷

树种	白桦林下	人工落叶松林下	人工红松林下
红松	2.7	1.2	4.9
臭冷杉	0.2		
椴	0.2	0.2	

（续）

树种	白桦林下	人工落叶松林下	人工红松林下
色木	0.4		
水曲柳	0.4	0.2	
红皮云杉	0.4	0.1	
白桦	1.7		
合计	5.6	1.7	4.9

与草本和灌木相比，林木的恢复速度最慢。草本、灌木的种类成分已经达到与阔叶红松林基本一致的程度。根据样方调查的数据按草本植物计算了群落的相似系数（表10-5）。按相似系数在50以上为相似，从计算结果看，这些群落都与阔叶红松林有相似性。

表10-5　群落的相似系数

	群落号	1	2	3	4	5	6	7	8
	1		55.062	83.122	62.844	50.029	79.611	41.691	46.939
	2	44.838		90.635	86.567	96.543	91.456	92.360	25.125
	3	16.878	9.365		88.469	69.842	89.478	70.645	48.824
群落相异系数	4	37.156	13.433	11.531		81.431	86.449	87.910	66.802
（100－C）	5	49.971	3.457	30.158	18.569		87.420	77.100	21.942
	6	20.389	8.544	10.521	13.551	12.580		78.809	46.571
	7	58.309	7.640	29.356	12.090	22.900	21.191		40.463
	8	63.061	74.875	51.176	33.198	78.057	53.429	59.537	

注：1、2、3为原始阔叶红松林；4为白桦林；5为人工落叶松林；6为人工红松林；7为择伐林；8为云杉—落叶松林。相似系数 $C=2W/(a+b)\times100\%$，其中 a 为 A 群落种数；b 为 B 群落种数；W 为群落。

10.1.2.2 间伐对阔叶红松林冠层结构及林下植被影响

辽宁白石砬子森林生态站对辽东山区不同间伐强度（中度38%、强度48%、对照）阔叶红松林的冠层结构及林下植被特征进行了研究，结果如图10-6。中度、强度间伐的林隙分数和开阔度与对照相比差异显著（$P < 0.05$），林隙分数分别为对照的3.02倍和3.38倍，林冠开阔度分别比对照增加了205%和249%，且随间伐强度增加而增加；中度、强度间伐林分的叶面积指数显著低于对照（$P < 0.05$），分别为对照的65.11%和71.7%，强度间伐略大于中度间伐（$P < 0.05$），间伐后的林分叶面积指数有所降低，但并不是间伐强度越大叶面积指数降低越多。通过比较不同间伐强度各林分的叶倾角可知，中、强度间伐林分的平均叶倾角显著大于对照（$P < 0.05$），相对于中、强度间伐，对照林分的平均叶倾角更接近于水平叶。说明对照林分的郁闭度较大，分配到各枝叶上的光照较少，林木为了获取更多的光照采取增加受光面积的策略（董莉莉等，2017）。

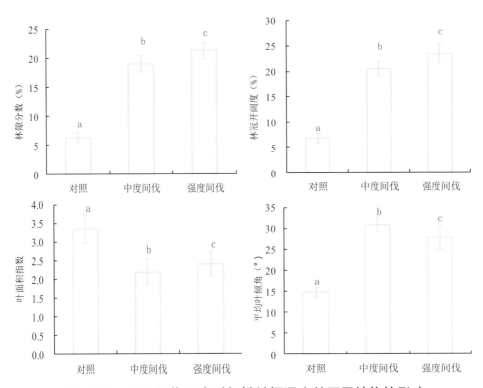

图 10-6　不同间伐强度对红松针阔混交林冠层结构的影响

在森林群落中，林下光照强度和分布受上层林冠结构的影响较大。研究表明（表10-6）：林下总辐射占冠上总辐射的 7.49% ~ 37.50%，其中，散射光占林下总辐射量的 12.5% ~ 24.5%，直射光占林下总辐射量的 75.53% ~ 87.53%。不同间伐强度下林下总辐射量差异显著（$P < 0.05$），表现为强度间伐＞中度间伐＞对照。林下总辐射量仅占冠上总辐射量的一小部分，其中大部分光合辐射被林冠层截获，且林冠层截获光合辐射的能力随着间伐强度的增加而降低。

表 10-6　不同间伐强度林下光环境特征

兆焦 /（平方米·天），%

间伐强度	林下直射光	林下散射光	林下总辐射	冠上总辐射	林下直射/林下总辐射	林下散射/林下总辐射	林下总辐射/冠上总辐射
对照	$1.370 \pm 0.109a$	$0.258 \pm 0.005a$	$1.628 \pm 0.112a$	$21.732 \pm 0.365a$	84.15	15.85	7.49
中度间伐	$2.470 \pm 0.120b$	$0.801 \pm 0.016b$	$3.270 \pm 0.128b$	$22.231 \pm 0.590a$	75.53	24.50	14.71
强度间伐	$7.199 \pm 0.352c$	$1.025 \pm 0.015c$	$8.225 \pm 0.360c$	$21.933 \pm 0.015a$	87.53	12.46	37.50

注：同列不同小写字母代表不同间伐强度林分差异显著（$P < 0.05$）。

冠层结构对林下光环境的影响较大，林隙分数和林冠开阔度与林下直射光、散射光和林下总辐射量呈极显著正相关（$P < 0.01$），叶面积指数与林下散射光、林下总辐射和林冠开阔度呈极显著（$P < 0.01$）和显著（$P < 0.05$）负相关，结果见表10-7。林冠开阔度越大，叶面积指数越小，林下获得的光照条件越好。冠层开阔度与林下总辐射量的相关性较叶面

积指数强，说明林冠开阔度反映冠层结构对林下光环境特征的影响效果更佳。

表 10-7　冠层结构与林下光环境的相关性分析

冠层结构	林隙分数	开阔度	叶面积指数	林下直射光	林下散射光	林下总辐射
林隙分数	1					
开阔度	0.999**	1				
叶面积指数	-0.900**	-0.886**	1			
林下直射光	0.738**	0.759**	-0.386	1		
林下散射光	0.984**	0.989**	-0.814**	0.844**	1	
林下总辐射	0.772**	0.792**	-0.432*	0.999**	0.871**	1

注：** 代表 0.01 水平上显著；* 代表 0.05 水平上显著。下同。

通过比较不同间伐强度林下乔木树种的重要值（表 10-8）发现，间伐后林下乔木优势种出现了黄檗、刺楸、胡桃楸等阳性阔叶树种，对照林区优势种红松、三花槭等耐阴性树种的重要值明显下降，尤其是红松在间伐的林分内并没有更新幼苗的出现。

表 10-8　林下更新乔木树种重要值

树种	对照	中度间伐	强度间伐
红松	0.5293	—	—
色木槭	0.4829	0.3843	0.6957
三花槭	0.3770	0.2344	0.1353
蒙古栎	0.3118	0.8013	0.2554
紫椴	0.2912	0.1896	—
稠李	0.2007		
桑	0.1997	—	0.0998
花曲柳	0.1944		0.1909
水榆花楸	0.1033	0.1347	0.0998
胡桃楸	0.1033	0.1837	0.5191
拧劲槭	0.1033	—	—
春榆	0.1033		0.2645
黄檗	—	0.2854	0.2714
刺楸			0.1974
怀槐	—	0.1347	—
灯台树		0.0761	—
山樱	—	0.0748	—

抚育间伐明显促进了林下幼苗的更新（表 10-9）。与对照相比，虽然种密度没显著性差异，但从个体密度上看，中、强度间伐更新幼苗的密度均显著高于对照（$P < 0.05$），分别是对照的 1.81 倍和 1.65 倍。从更新幼苗总体生长情况来看，更新幼苗的平均高、平均基径显著高于对照（$P < 0.05$），分别为对照的 1.4 倍、1.6 倍和 1.4 倍、1.5 倍，且表现为随间伐

强度增加而增大的趋势。这是由于间伐使林下微生境向着更利于阳性树种繁殖的方向发展，从而使个体密度增加，但比较中、强度间伐林分更新幼苗的个体密度可知，强度间伐林分的个体密度并未比中度间伐有明显增加，反而比中度间伐略低，由此可见并不是林下光照越强越有利于更新幼苗个体密度的增加，但更有利于更新幼苗的生长。

表 10-9　不同间伐强度林下乔木树种更新比较

指标	对照	中度间伐	强度间伐
种密度（个/平方米）	0.168±0.001a	0.232±0.052a	0.192±0.059a
个体密度（株/平方米）	0.221±0.020a	0.400±0.102b	0.366±0.108b
平均基径（厘米）	0.934±0.310a	1.331±0.239b	1.499±0.629b
平均树高（米）	0.913±0.019a	1.268±0.147b	1.321±0.241b

注：同行不同小写字母代表差异显著（$P < 0.05$）。

将冠层结构指标（林冠开阔度、叶面积指数和林下总辐射）分别与林下灌木、草本层多样性指标（物种丰富度、物种多样性、均匀度和优势度）做相关分析，结果见表 10-10。灌木层物种多样性指数与冠层开阔度、林下总辐射呈显著负相关（$P < 0.05$），优势度指数与冠层开阔度也呈显著负相关（$P < 0.05$），均匀度指数与叶面积指数呈显著正相关（$P < 0.05$）。草本层多样性指数、丰富度与冠层开阔度呈显著正相关（$P < 0.05$）。

表 10-10　不同间伐强度林分冠层结构与林下灌草层物种多样性相关关系

冠层结构	灌木层				草本层			
	多样性指数 H'	均匀度 J_{sw}	优势度 λ	丰富度 S	多样性指数 H'	均匀度 J_{sw}	优势度 λ	丰富度 S
开阔度	-0.545*	-0.497	-0.567*	-0.163	0.317*	0.168	0.102	0.389*
叶面积指数	0.413	0.547*	0.481	-0.032	-0.398*	0.005	0.151	-0.313*
林下总辐射量	-0.531*	-0.227	-0.466	-0.390	0.051	0.187	0.121	0.162

通过对不同间伐强度红松针阔混交林冠层结构和林下光环境特征进行研究可知，随着间伐强度的增强，林隙分数、林冠开阔度增加，叶面积指数减小，林下总辐射逐渐增强。在林下总辐射中主要以直射光为主，散射光仅占 12.46% ～ 24.50%。红松针阔混交林林下光环境受冠层结构的影响较大，林下总辐射与林冠层结构密切相关，表现为随着林冠开阔度的增加，叶面积指数减小，林下总辐射量增加。灌木层物种的多样性指数和优势度指数与林冠开阔度呈显著负相关。这主要是由于间伐后林下光照条件得到明显改善，致使一些阳性树种迅速繁殖，呈集群分布从而使群落的均匀度降低，导致灌木层多样性指数和优势度指数降低。

10.2 典型森林生态系统生物量及生产力

10.2.1 兴安落叶松天然林生物量及生产力特征

森林的生物生产力和其分布格局变化趋势，以及对气候变化的响应机制研究，是实现森林资源快速监测，指导未来气候变化背景下森林资源定量预测和合理开发利用的理论依据。玉宝等（2011）依托内蒙古大兴安岭森林生态系统长期定位观测研究站，选择草类落叶松林和杜香落叶松林2种林型，设置14块样地（表10-11），选择优势木、平均木和被压木共36株落叶松进行树干解析。分析不同结构落叶松天然中龄林（41～80年）生物量和生产力特征，并分析了影响因子。

表10-11　样地基本情况

样地号	林龄/年	平均胸径（厘米）	平均高（米）	密度（株/公顷）	树种组成	林型	坡度/度	坡向	坡位
1	65	7.8	8.2	2792	8落2白	1	10	S	下
2	61	9.6	14.4	315	7落3白	1	22	S	中
3	56	9.4	12.5	1533	9落1白	1	20	S	中
4	58	9.2	9.3	1062	8落2白	1	25	S	中
5	58	8.9	15.9	865	10落	2	25	N	中
6	63	8.1	8.7	1494	8落2白	2	30	N	上
7	56	9.0	10.8	1533	6落4白	2	30	N	中
8	62	9.8	12.9	1691	9落1白	2	30	N	中
9	58	10.4	10.0	1101	7落3白	2	25	NW	下
10	60	11.8	9.2	2241	10落	2	15	NW	下
11	61	9.7	12.8	2045	9落1白	1	45	S	上
12	54	9.3	7.4	1966	6落4白	2	15	SW	下
13	48	8.7	10.1	2359	8落2白	1	6	E	下
14	42	10.1	10.0	1573	6落4白	1	5	SW	下

注：林型中1指草类—落叶松林；2指杜香—落叶松林。

10.2.1.1 兴安落叶松单株及各器官生物量模型

建立了落叶松单株总生物量（Won）、带皮树干（WD）、枝（Wl）、叶（Wsi）生物量测定模型，见表10-12。各模型相关系数达 0.637～0.968，经检验均在 0.01 水平上显著。从模型拟合效果看，单株及干生物量模型以幂函数模型为佳，枝生物量模型以枝径和枝长拟合的幂函数模型为最佳，叶生物量模型以线性模型的效果最佳。但从实用性角度考虑，枝、叶生物量模型以线性模型较好。

表 10-12　兴安落叶松单株及其各器官生物量模型

项目	生物量模型	R^2	F值	显著水平
单株	$W_{on}=3.6624E-05\ (D^2H)^{0.9481}$	0.968	1758.652	$1.277E-45$
	$W_{on}=0.0181D-0.0077H-0.0509$	0.799	115.699	$5.702E-21$
干	$W_D=1.3631E-05\ (D^2H)^{1.0545}$	0.953	1188.629	$8.520E-41$
	$W_{on}=0.0153D-0.0062H-0.0469$	0.788	107.806	$2.901E-20$
枝	$W_1=3.0429E-05\ (d^2l)^{1.0106}$	0.918	4198.398	$1.912E-206$
	$W_1=1.6367E-05\ (D^2H)^{0.7817}$	0.722	153.470	$4.650E-18$
	$W_1=0.0026D-0.0014H-0.0039$	0.804	119.099	$2.908E-21$
叶	$W_{si}=1.6541E-05\ (d^2l)^{0.6343}$	0.754	1152.453	$1.071E-116$
	$W_{si}=2.6195E-05\ (D^2H)^{0.5540}$	0.637	103.599	$1.320E-14$
	$W_{si}=0.0003D-0.0001H-0.00002$	0.823	135.182	$1.463E-22$

10.2.1.2 2 种兴安落叶松林平均生物量和生产力

2 种林型乔木地上总生物量的分配为干＞枝＞叶。密度 2000 ~ 3000 株/公顷时，草类落叶松林和杜香落叶松林生物量及生产力最高，分别达 55.82 吨/公顷、0.99 吨/（公顷·年）和 50.36 吨/公顷、0.83 吨/（公顷·年）；干、枝、叶生物量比例最低分别为 79.6%、14.6%、4.8% 和 83.4%、8.8%、3.6%，见表 10-13。随林分密度的增加，草类落叶松林总生物量和生产力明显增加，干生物量比例趋于减小，枝和叶生物量总体比例有所增加。随树种组成中落叶松比例的增加，林分生产力、总生物量及其树干生物量比例呈增加趋势，而枝和叶生物量比例减小（玉宝等，2011）。

表 10-13　兴安落叶松不同林型平均生物量和生产力

林型	林分密度（株/公顷）	林龄（年）	总生物量（吨/公顷）	生物量比例（%）			生产力[吨/（公顷·年）]
				干	枝	叶	
草类+落叶松	<1000	61	14.80	81.3	14.8	3.9	0.24
	1000~2000	42~58	37.12	79.9	14.6	5.5	0.73
	2000~3000	48~65	55.82	79.6	15.6	4.8	0.99
杜香+落叶松	<1000	58	43.10	93.6	4.4	2.0	0.75
	1000~2000	54~63	32.51	83.4	12.1	4.5	0.55
	2000~3000	60	50.36	87.6	8.8	3.6	0.83

10.2.2 原始阔叶红松林生物量及其分配

黎如等（2010）依托小兴安岭原始阔叶红松林 9 公顷永久样地，采用生物量模型法和样方收获法对原始阔叶红松林各组分生物量及其组成和分配特征进行了研究。

10.2.2.1 乔灌层生物量的器官分配

乔灌层各器官生物量（干、枝、叶、粗根）及其分配比例见表 10-14。原始阔叶红松林乔灌层各器官的分配差异较大。其中，树干生物量最高（190.18 吨/公顷），占乔灌层生物量的 52.92%；粗根次之（99.05 吨/公顷），占 27.56%；枝（55.62 吨/公顷）占 15.48%；叶生物量最小（14.53吨/公顷），仅占4.04%。树干和粗根占乔灌层总生物量的80.48%。

表 10-14　乔灌层各器官生物量及其分配比例

项目	干	枝	叶	粗根	合计
生物量（吨/公顷）	190.18	55.62	14.53	99.05	359.37
百分比（%）	52.92	15.48	4.04	27.56	100.00

10.2.2.2　乔灌层生物量的径级分配

林木径级分布呈倒J形，生物量径级分配呈右偏态分布，结果见表10-15。小径级占整个乔灌层植株总数的86.42%，生物量仅占林分总生物量的6.54%；60～70厘米径级生物量最大（78.23吨/公顷），占林分总生物量的21.77%；生物量多集中在DBH＞20厘米径级个体中，其生物量335.87吨/公顷，占林分总生物量的93.36%，其中胸径大于70厘米的大径级个体尽管个体数不到株数0.79%，生物量却占林分总生物量的21.08%，对整个乔灌层生物量贡献较大。

表 10-15　乔灌层生物量的径级分配

径级（厘米）	植株个体		生物量	
	密度（株/公顷）	百分比（%）	生物量（吨/公顷）	百分比（%）
≤5	1014.9	59.52	1.83	0.51
5～10	271.4	15.92	5.26	1.46
10～20	187.3	10.99	16.41	4.57
20～30	81.2	4.76	25.03	6.96
30～40	49.2	2.89	34.31	9.55
40～50	35.9	2.10	47.99	13.35
50～60	30.8	1.80	74.57	20.75
60～70	21.0	1.23	78.23	21.77
70～80	8.7	0.51	45.23	12.59
80	4.8	0.28	30.51	8.49
合计	1705.2	100.00	359.33	100.00

10.2.2.3　乔灌层生物量的树种分配

在小兴安岭原始阔叶红松林9公顷样地内，胸径≥2厘米的乔灌层木本植物共15347株，49个属，植株个体密度和生物量密度分别为1705.2株/公顷、359.37吨/公顷。阔叶树种在个体密度上占优势（895.7株/公顷），达到总体密度的52.52%，其次为灌木树种，占33.64%；针叶树种最少，仅为13.84%（表10-16）。林分中针叶树个体所占比例最小，生物量却占据优势，为275.80吨/公顷，达到乔灌层总生物量的76.74%；阔叶树种生物量为82.09吨/公顷，占乔灌层总生物量的22.84%；灌木生物量所占比例最低，仅为0.41%。

表 10-16　乔灌层树种的个体密度与生物量

树种		平均胸径（厘米）	平均树高（米）	植株个体		生物量	
				密度（株/公顷）	占比（%）	生物量（吨/公顷）	占比（%）
阔叶	白桦	13.1	15.8	1.7	0.10	0.15	0.04
	暴马丁香	6.1	5.7	72.8	4.27	0.60	0.17
	春榆	10.9	6.5	24.6	1.44	1.32	0.37
	大青杨	30.4	10.3	13.4	0.79	5.83	1.62
	枫桦	18.4	11.8	73.8	4.33	19.50	5.43
	花楷槭	5.3	5.8	172.3	10.11	1.77	0.49
	黄檗	14.6	11.5	3.6	0.21	1.45	0.40
	黄榆	6.4	5.6	4.9	0.29	0.06	0.02
	糠椴	10.6	6.4	26.9	1.58	1.24	0.34
	裂叶榆	14.4	8.1	85.6	55.02	8.03	2.23
	蒙古栎	21.6	10.7	3.6	0.21	1.02	0.28
	青楷槭	7.8	7.1	87.3	5.12	2.52	0.70
	山槐	8.3	8.6	5.0	0.29	0.17	0.05
	山杨	15.5	16.1	3.2	0.19	0.28	0.08
	水曲柳	19.6	12.6	37.6	2.20	8.13	2.26
	五角槭	12.7	8.2	178.6	10.47	14.96	4.16
	椴树	19.6	9.7	95.0	5.57	14.95	4.16
	其他	—	—	6.0	0.35	0.12	0.03
	阔叶树种总体	—	—	895.7	52.52	82.09	22.84
针叶	红皮云杉	26.1	13.6	16.4	0.96	5.64	1.57
	红松	47.9	22.5	131.6	7.71	252.79	70.34
	冷杉	20.6	14.0	86.2	5.06	16.36	4.55
	鱼鳞云杉	32.7	20.5	1.8	0.10	1.01	0.28
	针叶树种总体	—	—	236.0	13.84	275.80	76.74
灌木	毛榛子	2.5	3.8	390.7	22.91	0.28	0.008
	其他			182.9	10.73	1.21	0.34
	灌木树种			573.6	33.64	1.49	0.41
总体		—	—	1705.2	100	359.37	100

10.2.3 蒙古栎次生林生物量和生产力

　　蒙古栎是栎属在我国分布最北的一个种，蒙古栎已成为我国东北地区次生林最主要建群种之一，其材质坚硬耐腐，是优良的用材树种。因其根系发达、抗逆性强，又是营造水源涵养林和防风固沙林的重要树种。辽宁冰砬山森林生态站以辽东山区蒙古栎次生林为研究对象，开展了蒙古栎次生林生物量和生产力研究。

10.2.3.1 蒙古栎单木各器官生物量相对生长模型

　　根据标准木的器官生物量和胸径实测数据，建立各组分的相对生长模型（即 $W=aD^b$），式中：W 为各器官生物量（干重），D 为树木胸径，a 和 b 为系数。各模型的决定系数（R^2）为 0.766 ~ 0.944。经 F 检验表明，相关性均达到极显著水平（$P < 0.01$）（表 10-17）。虽然枝和叶生物量与胸径回归模型的决定系数相对较小，但经 F 检验也已达到显著水平（$P < 0.05$），表明模型完全可用。

表 10-17　蒙古栎单木各器官生物量相对生长模型

项目	回归方程	决定系数	显著性
单株	$W_p = 0.244 \times D^{2.35}$	0.944	0.000
树干	$W_s = 0.147 \times D^{2.3}$	0.906	0.000
树枝	$W_b = 0.004 \times D^{3.053}$	0.766	0.001
叶	$W_l = 0.02 \times D^{1.899}$	0.808	0.000
根	$W_r = 0.199 \times D^{1.998}$	0.858	0.000

注：D 幅度为 9.9 ~ 38.4 厘米。

10.2.3.2 不同林龄蒙古栎林乔木层生物量及其分配

由相对生长法求得辽东山区不同林龄蒙古栎林乔木层生物量及其分配特征，见表 10-18。生物量是净生产量的积累，林龄是重要因素。随林龄增大，乔木层总生物量稳步增加，近熟林达 276.18 吨/公顷，分别是幼龄林和中龄林的 2.5 倍和 1.2 倍。在蒙古栎幼龄林阶段其乔木层总生物量平均增加 5.6 吨/（公顷·年），从幼龄林到中龄林这一时期其乔木层总生物量增加较快为 9.4 吨/（公顷·年），从中龄林到近熟林这一期间生物量增加速度明显减慢至 2.2 吨/（公顷·年）。乔木层生物量组成中，干的生物量最大，占总生物量的 50% 以上，其他组分所占的比例依次为根（28% ~ 36%）>枝（8% ~ 16%）>叶（2% ~ 3%）。树干和枝生物量所占的比例随着林龄的增大而增加，根、叶则刚好相反。

表 10-18　不同林龄蒙古栎次生林乔木层生物量及其分配

吨/公顷，%

林分类型	林龄（年）	干	枝	叶	地上	根	合计
幼龄林	20	59.27 (52.88)	8.99 (8.02)	3.26 (2.91)	71.52 (63.81)	40.57 (36.19)	112.09（100）
中龄林	32	121.34 (53.95)	28.88 (12.84)	5.27 (2.34)	155.49 (69.13)	69.43 (30.87)	224.92（100）
近熟林	55	148.21 (53.66)	43.82 (15.87)	5.80 (2.10)	197.83 (71.63)	78.35 (28.37)	276.18（100）

10.2.3.3 不同林龄蒙古栎林乔木层生产力及其分配

蒙古栎林乔木层的年平均净生产力在中龄林达到最大，为 12.13 吨/（公顷·年），比幼龄林和近熟林分别高 3.43 吨/（公顷·年）和 1.41 吨/（公顷·年）。在所有不同年龄阶段，各器官的生产力占总生产力的比例平均为叶（45%）>树干（30%）>根（18%）>枝（7%），结果见表 10-19。

表 10-19　不同林龄蒙古栎次生林乔木层净生产力及其分配

吨／(公顷·年)，%

林分类型	干	枝	叶	地上	根	合计
幼龄林	2.96（34.02）	0.45（5.17）	3.26（37.47）	6.67（76.67）	2.03（23.33）	8.70（100）
中龄林	3.79（31.24）	0.97（8.00）	5.27（43.45）	9.96（82.11）	2.14（17.64）	12.13（100）
近熟林	2.69（25.09）	0.87（8.12）	5.80（54.10）	9.29（86.66）	1.42（13.25）	10.72（100）

10.3 森林凋落物及粗木质残体

10.3.1 典型森林生态系统凋落物特征

凋落物是森林生态系统生物量的组成部分。凋落物数量主要受环境因子（如纬度、海拔等）和林分因子(树种、年龄、密度等)的影响，不同地区、不同森林类型凋落物特征不同。

10.3.1.1 兴安落叶松凋落物及其分解特征

张慧东等（2017）对大兴安岭 4 种典型兴安落叶松群落凋落物现存量、凋落动态、凋落物的分解等进行了监测。结果表明，兴安落叶松林平均凋落物现存量为 13574.04 千克／公顷，其中未分解层 6899.65 千克／公顷，半分解层 6674.40 千克／公顷，分别占凋落物现存量的 50.83% 和 49.17%，林地未分解和半分解凋落物现存量基本相等。结果见表 10-20。

表 10-20　兴安落叶松林凋落物现存量

凋落物状态	样方　（千克/公顷）					平均值
	样方 1	样方 2	样方 3	样方 4	样方 5	
未分解层	6707.51	7248.74	5196.69	8735.89	6609.40	6899.65
半分解层	7388.92	5328.09	5195.81	8383.14	7076.02	6674.40
合计	14096.43	12576.83	10392.49	17119.03	13685.43	13574.04

林分密度和年际变化对兴安落叶松林凋落物量有显著影响（表 10-21）。根河地区林分密度为 550 ～ 1500 株／公顷的兴安落叶松林，年凋落物量为 1886.38 ～ 3760.46 千克／公顷，年平均凋落物量为 3300.84 千克／公顷，但是凋落物数量在年际间具有较大差异。凋落物中凋落叶所占比例最大，占生态系统年凋落物总量的 60% 以上；其次是小枝，占凋落物总量的 20% 左右；球果和树皮所占比例最小。凋落物的输入具有明显的季节性动态变化，每年 9 月的凋落物输入量最大，超过森林生态系统年凋落物输入量的 60%，而 10 月至翌年 4 月的非生长季凋落物输入量最少，非生长季 7 个月的凋落物总量仅占年凋落物量总量的 17% ～ 29%。

表 10-21　兴安落叶松林凋落物组成

年份	年凋落物量[千克/（公顷·年）]				合计
	叶	小枝	树皮	球果	
2006—2007	1171.31	452.35	128.78	133.94	1886.38
2007—2008	2139.39	628.68	263.57	191.00	3222.64

兴安落叶松凋落叶、凋落枝和凋落球果的分解过程比较缓慢，经过两个完整生长季的分解其失重率变化范围仅在 2.8% ~ 10.3%，分解过程总体上表现为凋落叶＞凋落小枝＞凋落球果。通过 Olson 模型，建立兴安落叶松凋落物分解残留率随时间的指数回归方程。并由 k 值估算出凋落物分解的半衰期和周转期：

$$t_{0.5}=\ln 0.5 / (-k)$$
$$t_{0.95}=\ln 0.05 / (-k)$$

式中：$t_{0.5}$——凋落物分解 50% 所需时间（年）；

　　　$t_{0.95}$——凋落物分解 95% 所需的时间（年）。

Olson 模型模拟的兴安落叶松凋落叶、凋落小枝、凋落球果 3 种凋落物的分解速率，其分解速率总体上表现为凋落叶＞凋落小枝＞凋落球果。凋落叶、凋落小枝和凋落球果分解 50% 和 95% 所需的时间分别 1.21 年、3.87 年、4.15 年和 6.71 年、18.07 年、18.10 年，兴安落叶松凋落物分解 95% 所耗时间大约是分解 50% 所消耗时间的 4 倍（表 10-22）。

表 10-22　兴安落叶松 3 种凋落物失重率年变化的 Olson 模型和半衰期

凋落物组分	拟合参数（年）	分解系数（k）	相关系数（R^2）	半衰期（年）	周转期（年）
凋落叶	82.67	0.4178	0.8540	1.21	6.71
凋落枝	93.66	0.1621	0.9214	3.87	18.07
凋落球果	98.93	0.1649	0.9825	4.15	18.10

10.3.1.2 阔叶红松林凋落物及其分解特征

许广山等（1994）和代力民等（2001）对阔叶红松林针叶的凋落量及其分解速率的研究结果显示，小兴安岭阔叶红松林年凋落物量约为 3755.0 千克/公顷，其中凋落叶占 78.5%（表 10-23），且大部分凋落物在秋季凋落，占总凋落物量的 64.6%，见表 10-24。

表 10-23　阔叶红松林年凋落物量

类别	1983年凋落物量（千克/公顷）	1984年凋落物量（千克/公顷）	1985年凋落物量（千克/公顷）	1990年凋落物量（千克/公顷）	平均凋落物量（千克/公顷）	占总重量（%）
针叶	507.0	579.9	591.3	590.7	567.2	15.1
阔叶	2536.0	2177.2	3187.9	1618.4	2379.9	63.4
枝	615.0	264.9	606.9	443.0	482.5	12.8
果	112.0	450.1	194.3	945.3	325.4	8.7
合计	3770.0	3472.1	4580.4	3197.4	3755.0	100.0

表 10-24　阔叶红松林凋落月动态

千克/公顷

类别	1990年6月凋落物量	1990年7月凋落物量	1990年8月凋落物量	1990年9月凋落物量	1990年10月凋落物量	1990年11月至1991年5月凋落物量	合计
针叶	51.7	42.6	13.4	130.1	293.2	59.7	590.7
阔叶	41.3	49.0	58.2	624.1	808.7	37.1	1618.4
枝	82.7	82.7	70.7	12.0	26.7	31.4	219.5
果	19.4	71.3	73.0	69.1	69.1	50.4	352.3
其他	36.7	116.4	14.0	12.9	0	13.0	193.0
合计	231.8	350.0	170.6	862.9	1202.4	379.7	3197.4
占总重量（%）	7.3	10.9	5.3	27.0	37.6	11.9	100.0

　　森林凋落物落地后，经过生物和化学作用，逐渐分解，形成死地被物层。森林死地被物一般用来指矿质土壤上面未分解及已分解的凋落物，还有动植物残体。长白山阔叶红松林死地被物见表 10-25。阔叶红松林森林死地被物量为 18.09 吨/公顷，大约为年凋落物的 4.6 倍。

表 10-25　阔叶红松林凋落物现存量

森林死地被物量（吨/公顷）			Aoo/Ao
新鲜的凋落物物	半分解与完全分解的凋落物	合计	0.61
6.88	11.21	18.09	

　　红松针叶分解速率可用指数衰减方程表达：

$$y = e^{-0.448x} \ (r = 0.9590)$$

红松针叶的干重随时间的延长而减少，1克干重的红松针叶，分解到0.001克时所需要的时间一般为15年。

10.3.2 典型森林粗木质残体特征

粗木质残体是森林生态系统中重要的物质，是联系森林生态系统碳库储存、养分循环、群落更新以及为其他有机体提供生境等主要功能的载体和纽带，对森林生态系统的物质循环、能量流动、更新恢复、水土保持以及在维护森林生态系统的完整性和稳定性方面具有重要作用（管立娟等，2020）。

10.3.2.1 兴安落叶松林粗木质残体特征

王飞等（2013）分析了大兴安岭不同森林类型兴安落叶松林粗木质残体的物种组成、径级结构及腐烂等级（表10-26）。研究结果表明，兴安落叶松粗木质残体数量（只包括倒木和枯立木）在中龄林中所占的比例最大（93%）、成熟林最小（74%）；兴安落叶松粗木质残体生物量随林龄的增加而逐渐升高，幼龄林中所占比例为86.89%，中龄林、近熟林和成熟林中的占比均达到90%以上，过熟林中则几乎达100%。整体上看，落叶松枯立木粗木质残体的数量及生物量高于倒木的数量和生物量。

表 10-26　兴安落叶松林粗木质残体密度和生物量的径级分布

龄组	存在形式	树种	密度（株/公顷）					生物量（千克/公顷）				
			2.5~10	10~20	20~30	30~40	总计	2.5~10	10~20	20~30	30~40	总计
幼龄林	倒木	白桦	100	0	0	0	100	159.32	0	0	0	159.32
		落叶松	400	0	0	0	400	912.33	0	0	0	912.33
	枯立木	白桦	100	0	0	0	100	293.06	0	0	0	293.06
		落叶松	1050	0	0	0	1050	2088.19	0	0	0	2088.19
	总计		1650	0	0	0	1650	3452.89	0	0	0	3452.89
中龄林	倒木	白桦	44	22	0	0	66	78.54	1188.8	0	0	1267.34
		落叶松	289	122	122	56	589	1031.84	6869.81	12563.49	5903.40	26368.54
	枯立木	白桦	31	0	0	0	31	393.57	0	0	0	393.57
		落叶松	408	167	31	14	620	4478.75	14091.98	4955.97	1932.92	25459.62
	总计		772	311	153	70	1306	5982.7	22150.59	17519.46	7836.32	53489.07

（续）

龄组	存在形式	树种	密度（株/公顷）					生物量（千克/公顷）				
			2.5~10	10~20	20~30	30~40	总计	2.5~10	10~20	20~30	30~40	总计
近熟林	倒木	白桦	50	33	0	0	83	106.55	5770.46	0	0	5877.01
		落叶松	267	50	83	50	450	3799.17	3531.09	14489.51	30399.52	52219.29
	枯立木	白桦	0	0	0	0	0	0	0	0	0	0
		落叶松	375	75	0	0	450	3358.61	5459.32	0	0	8817.93
	总计		692	158	83	50	983	7264.34	14760.87	14489.51	30399.52	66914.24
成熟林	倒木	白桦	67	67	33	0	167	997.43	1382.35	4801.63	0	7181.41
		落叶松	200	33	167	100	500	3403.48	2842.79	36809.92	23912.16	66968.35
	枯立木	白桦	17	0	0	0	17	428.17	0	0	0	428.17
		落叶松	0	0	0	17	17	0	0.00	0.00	29752.34	29752.34
	总计		284	100	200	117	701	4829.09	4225.14	41611.55	53664.49	104330.27
过熟林	倒木	白桦	50	0	0	0	50	165.55	0			165.55
		落叶松	50	167	83	33	333	4081.62	21312.25	17088.75	6346.11	48828.73
	枯立木	白桦	0	0	0	0	0	0	0	0	0	0
		落叶松	0	0	0	17	17	0	0.00	0.00	7845.60	7845.60
	总计		100	167	83	50	400	4247.17	21312.25	17088.75	14191.72	56839.89

　　林分中各腐烂等级粗木质残体的数量比例与林龄和腐烂等级无明显规律（表 10-27）。其中幼龄林以 I 级腐烂为主，占 71.23%，未见 IV、V 级腐烂的粗木质残体；中龄林以 II 级腐烂为主（41.10%），近熟林以 I、II 级为主（75.76%），中龄林和近熟林中未见 V 级腐烂的粗木质残体；成熟林以 II、III 级为主（50.00%），过熟林中以 I、III 和 IV 级为主。林龄的增加，林分中腐烂等级高的粗木质残体生物量占比逐渐增加，幼龄林中 I 级腐烂生物量占 68.16%，中龄林以 II 级腐烂为主（占 35.60%），近熟林以 II、III 级为主（80.66%），成熟林和过熟林以 III、IV 级为主，分别占生物量的 59.78% 和 60.50%。

表 10-27　各林龄林分不同腐烂等级粗木质残体的密度和生物量比例

粗木质残体	腐烂等级	I	II	III	IV	V
粗木质残体的密度比（%）	幼龄林	71.23	8.77	20.00	0.00	0.00
	中龄林	16.53	41.10	20.34	22.03	0.00
	近熟林	60.61	15.15	10.12	14.12	0.00
	成熟林	20.92	22.35	27.65	9.08	20.00
粗木质残体的生物量比（%）	幼龄林	68.16	9.85	21.99	0.00	0.00
	中龄林	23.38	35.60	21.44	19.58	0.00
	近熟林	17.56	12.37	49.66	20.40	0.00
	成熟林	2.11	20.82	33.30	26.48	17.29

10.3.2.2 阔叶红松林粗木质残体特征

刘妍妍等（2009）对小兴安岭原始阔叶红松混交林粗木质残体的观测结果显示，林内共有胸径 ≥ 2 厘米的粗木质残体 3418 株（由于高度腐烂鉴别不出种的粗木质残体个体有 864 株，占总个体数的 25.3%），粗木质残体的总体密度、胸高断面积和体积分别为 380 株 / 公顷、15.80 平方米 / 公顷和 91.11 立方米 / 公顷（表 10-28）。

表 10-28　阔叶红松林样地内粗木质残体的物种组成

种类	树种	密度（株/公顷）	胸高断面积（平方米/公顷）	体积（立方米/公顷）	平均胸径（厘米）	最大胸径（厘米）
阔叶树	花楷槭	28	0.10	0.24	5.76±0.21	20.2
	枫桦	27	1.96	13.88	21.79±1.43	80.0
	椴树	15	0.45	3.12	13.36±1.23	74.0
	暴马丁香	12	0.05	0.14	5.98±0.37	24.2
	稠李	11	0.07	0.21	7.07±0.50	23.0
	青楷槭	9	0.11	0.46	10.61±10.74	30.0
	裂叶榆	7	0.04	0.14	8.14±0.34	18.9
	柳树	7	0.04	0.20	6.11±0.81	35.0
	五角槭	6	0.04	0.14	7.34±0.94	27.0
	水曲柳	4	0.11	0.49	10.26±2.61	70.0
	杨树	3	0.12	1.14	14.06±4.39	87.0

（续）

种类	树种	密度 （株/公顷）	胸高断面积 （平方米/公顷）	体积 （立方米/公顷）	平均胸径 （厘米）	最大胸径 （厘米）
阔叶树	白桦	3	0.04	0.05	6.25±0.81	20.0
	山槐	1	0.01	0.08	8.55±2.20	34.0
	榆树	1	0.00	0.02	5.00±0.85	14.4
	毛赤杨	1	0.02	0.08	15.41±3.30	27.9
	黄檗	1	0.01	0.01	9.05±3.29	25.0
	蒙古栎	1	0.01	0.02	8.58±2.37	18.0
	其他	2	0.02	0.05	8.69±1.74	20.9
	阔叶总体	138	3.20	20.47	8.08±0.27	87.0
针叶树	红松	42	7.94	50.04	43.66±1.18	120.0
	冷杉	30	0.75	5.10	15.09±0.61	60.0
	红皮云杉	6	0.42	2.66	24.77±2.53	60.0
	鱼鳞云杉	0	0.01	0.08	14.27±6.50	26.8
	针叶总体	78 (20.5%)	9.12 (57.8%)	57.88 (63.5%)	31.24±0.87	120.0
灌木		68 (17.9%)	0.05 (0.0%)	0.06 (0.0%)	2.79±0.04	8.8
未知种		96 (25.3%)	3.45 (21.9%)	12.64 (13.9%)	15.62±0.49	90.0
总体		380 (100%)	15.80 (100%)	91.11 (100%)	15.10±0.31	120.0

　　阔叶树种在密度上占优势（138 株 / 公顷），达到总体粗木质残体密度的 36.3%。花楷槭（28 株 / 公顷）和枫桦（27 株 / 公顷）是阔叶粗木质残体的主要组成树种，但在胸高断面积和体积的分布上却明显减少。枫桦粗木质残体不仅在密度上占优势，胸高断面积（1.96 平方米 / 公顷）和体积（13.88 立方米 / 公顷）也都较大。针叶树种在胸高断面积（9.12 平方米 / 公顷）和体积（57.88 立方米 / 公顷）上占优势，分别达到总体粗木质残体胸高断面积和体积的 57.7% 和 63.5%。红松和冷杉是针叶粗木质残体的主要组成树种。除此之外，灌木（68 株 / 公顷）在密度分布上也占有一定的比例。

　　阔叶红松林所有粗木质残体密度的径级分布呈典型的倒"J"形分布，而体积呈"J"形分布。胸径小于 10 厘米的个体数为 233 株 / 公顷，占总个体数的 60%；而体积只有 1.16 立方米 / 公顷，占总胸高断面积的 1.2%。胸径大于 40 厘米个体数虽然仅占总个体数的 10.3%，却占总胸高断面积的 74.4%。林分中的粗木质残体都主要以枯立木、干基折断和干中折断形式存在，它们分别占总体粗木质残体存在形式的 26%、27% 和 20%，以枯立木形式存在的小径级的粗木质残体数量高达总体枯立木粗木质残体的 95%（图 10-7）。

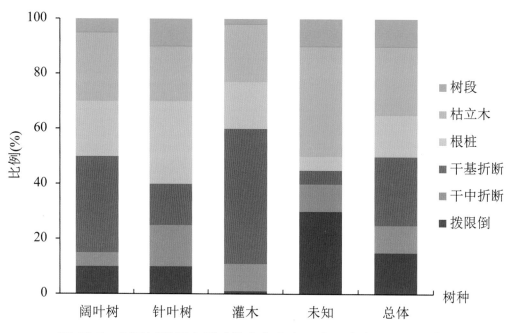

图 10-7　不同树种粗木质残体在各存在形式下密度百分比分布

样地内各树种粗木质残体腐烂等级都大致呈正态分布，且主要集中在 II、III 腐烂等级上，I、IV、V 腐烂等级的数量比较少，结果如图 10-8。

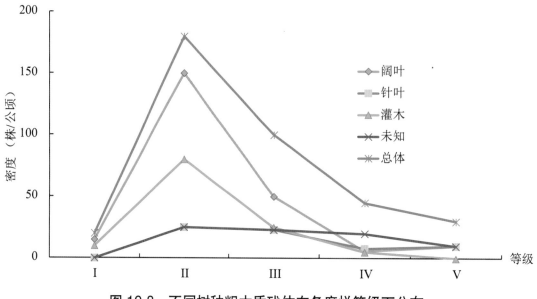

图 10-8　不同树种粗木质残体在各腐烂等级下分布

10.3.3 干扰对粗木质残体的影响

外界干扰是森林生态系统粗木质残体的主要来源，不同类型和强度的干扰会产生不同数量的粗木质残体。自然状态下，林分中林木生长竞争排斥、老龄死亡以及风灾、雪灾、闪电、火灾、病虫害发生等外界干扰是粗木质残体的两个来源途径。森林采伐是最重要的人为干扰方式，采伐减少了林内粗木质残体的积累量。谷会岩等（2009）研究比较了大兴安岭北坡（大兴安岭地区塔河林业局）未采伐、一次择伐、二次择伐 3 种兴安落叶松天然林粗木质残体的组成和数量特征，分析人为干扰对大兴安岭不同类型兴安落叶松林粗木质残体的影响。

10.3.3.1 干扰后兴安落叶松林活立木特征

选取坡度、坡向和海拔等立地条件基本一致的 3 组林型作为观测样地，基本情况见表 10-29。其中，F_{CK} 为兴安落叶松天然林，作为对照；F_1 为择伐一次后自然恢复的兴安落叶松林（一次干扰林），该林型原为兴安落叶松天然林，1971 年进行过一次择伐，择伐强度为 30%，至调查时森林仍处于恢复演替阶段；F_2 为择伐二次后自然恢复的兴安落叶松林（二次干扰林），该林的原型是 1971 年择伐一次的兴安落叶松天然林，1996 年又进行了一次择伐，间隔期 25 年，择伐强度 30%，森林处于恢复演替阶段。

表 10-29　试验林地基本概况

森林类型	海拔（米）	坡度（°）	坡向	土壤厚度（厘米）	土壤类型	干扰类型	干扰时间
F_{CK}	466	15	东南	20	BCFS	—	—
F_1	460	12	南	20	BCFS	择伐	1971
F_2	455	14	东南	20	BCFS	择伐	1971，1996

注：F_{CK}：天然林；F_1：一次干扰林；F_2：二次干扰林，下同。BCFS：棕色针叶林土。

研究结果表明，随干扰次数的增加，林分蓄积量呈逐渐下降的趋势，兴安落叶松天然林、一次干扰林和二次干扰林的活立木蓄积量分别是 161.6 立方米 / 公顷、138.3 立方米 / 公顷和 114.8 立方米 / 公顷；各林分中阔叶树的材积比重逐渐增大，这在一定程度上说明阔叶树种尤其是先锋树种迅速占据了伐后林内的空间。

10.3.3.2 干扰后林分粗木质残体特征

由表 10-30 可以看出，兴安落叶松天然林粗木质残体、倒木和立枯木蓄积量分别为 69.77 立方米 / 公顷、36.64 立方米 / 公顷和 32.61 立方米 / 公顷，均明显高于一次干扰和二次干扰择伐林。剔除伐桩因素，其在全部粗木质残体的差异更加明显（$P < 0.05$），一次干扰和二次干扰的兴安落叶松林粗木质残体蓄积量分别为 30.79 立方米 / 公顷和 23.64 立方米 / 公顷。二次干扰林的伐桩蓄积高于一次干扰林，但二者之间的差异不显著。一次干扰和二次干扰的兴安落叶松林，粗木质残体、倒木、立枯木和伐桩蓄积量无明显差别。兴安落叶松天然林中，倒木占全部粗木质残体蓄积量的 72%、立枯木占 28%。采伐干扰形成的粗木质残

体分别占一次干扰和二次干扰林分粗木质残体蓄积量的 16% 和 27%。采伐活动形成的粗木质残体在伐后兴安落叶松林粗木质中占有重要比重。

表 10-30　不同干扰强度兴安落叶松林粗木质残体蓄积量

立方米／公顷

粗木质残体来源	伐桩	倒木	立枯木	全部
F_{CK}	0	$50.13 \pm 22.42a$	$19.64 \pm 8.93a$	$69.77 \pm 22.03a$
F_1	5.85 ± 3.54	$25.74 \pm 9.50b$	$5.05 \pm 3.78b$	$36.64 \pm 7.29b$
F_2	8.97 ± 7.78	$18.72 \pm 12.21b$	$4.92 \pm 3.78b$	$32.61 \pm 14.50b$

注：同列数据后字母表示处理间差异显著（$P < 0.05$）。

　　兴安落叶松天然林中粗木质残体和活立木蓄积量的比值为 0.43，一次干扰林、二次干扰林中粗木质残体（不含伐桩）和活立木蓄积量的比值分别为 0.22 和 0.20（图 10-9），说明粗木质残体在干扰后的森林中所占比重逐渐降低。

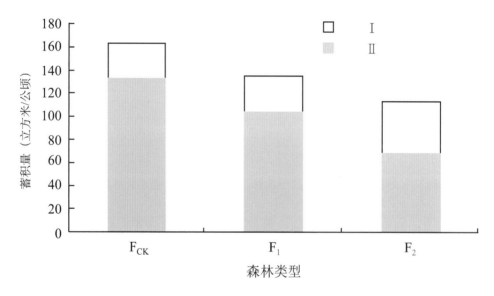

图 10-9　不同干扰强度兴安落叶松林的林分蓄积量

注：Ⅰ：阔叶树；Ⅱ：针叶树。

10.3.3.3　粗木质残体的径级分布

　　由表 10-31 可以看出，兴安落叶松天然林中大径级（胸径 > 30 厘米）粗木质残体的数量明显多于一次干扰林和二次干扰林。一次干扰林和二次干扰林粗木质残体的径级主要以小径级（胸径 ≤ 10 厘米）为主，分别占各自个体总数的 90% 和 88%，而兴安落叶松天然林中各径级粗木质残体都有分布。择伐后兴安落叶松林粗木质残体中阔叶树种个体所占比例有所增加，且在小径级（胸径 ≤ 10 厘米）粗木质残体中尤为明显。

表 10-31　不同干扰强度兴安落叶松林粗木质残体数量（I）、蓄积量（II）的径阶分布

%

胸径（厘米）		F_{CK}		F_1		F_2	
		阔叶树	针叶树	阔叶树	针叶树	阔叶树	针叶树
2 ～ 10	I	34.6	48.82	54.32	36.49	47.31	40.14
	II	2.78	5.51	16.77	12.55	17.56	10.91
10 ～ 20	I	1.90	3.08	3.784	2.70	3.22	6.81
	II	3.79	4.99	6.63	17.06	13.77	20.08
20 ～ 30	I	2.13	4.50	0.54	2.16	0.36	2.15
	II	10.09	21.10	0.571	46.42	1.24	36.44
30 ～ 40	I	0.95	1.66	0	0	0	0
	II	7.82	14.50	0	0	0	0
40 ～ 50	I	0.47	0.95	0	0	0	0
	II	3.81	10.90	0	0	0	0
50	I	0.24	0.71	0	0	0	0
	II	7.14	8.34	0	0	0	0

在 3 个林分中，胸径≤ 10 厘米小径级粗木质残体的材积分别占兴安落叶松天然林、一次干扰林和二次干扰林全部粗木质残体材积的 8.29%、29.32% 和 28.47%，说明小径级粗木质残体的材积在一次干扰林和二次干扰林中占有重要比重。胸径 10 ～ 20 厘米粗木残体的材积在一次干扰林和二次干扰林中高于兴安落叶松天然林；而兴安落叶松天然林中胸径 20 ～ 40 厘米粗木残体的材积占全部粗木质残体材积的 50% 以上。择伐后兴安落叶松林粗木质残体中阔叶树种所占材积比例有所降低，而针叶树种所占材积比例反而升高。

10.3.3.4 粗木质残体的腐烂等级

采用改进的 Rouvinen 等的分级系统，将粗木质残体腐烂等级分为 I、II、III、IV、V 5 个等级。由图 10-10 可以看出，3 种林分类型中兴安落叶松天然林中腐烂等级为 I 级的个体比例远高于一次干扰和二次干扰林分，个体间差异明显（$P < 0.05$）。兴安落叶松天然林中倒木各腐烂等级比例相对平均，而经过一次干扰和二次干扰林分中的倒木则以 II 级和 III 级个体占比最高。兴安落叶松天然林中 V 级的个体比例高于一次干扰和二次干扰林分，但差异不明显。说明择伐后兴安落叶松林粗木质残体的产生速度有所降低。

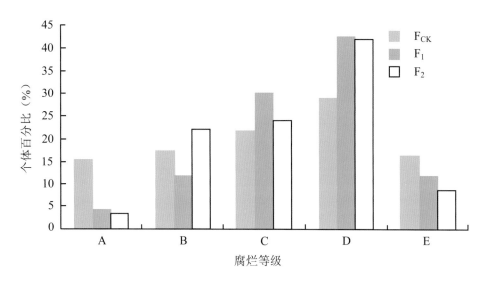

图 10-10　不同干扰强度兴安落叶松林的倒木的腐烂等级个体百分比

注：A：木材组织完好；B：木材组织部分变软；C：有坚硬的大片木材组织；D：有软的木材组织；E：有软的粉末状木材组织。

采伐干扰改变了兴安落叶松林的结构，采伐后兴安落叶松林的蓄积量明显降低，不同树种材积所占比例发生了变化，阔叶树种材积有较大幅度的增加，针叶树种的变化趋势则相反。采伐后，兴安落叶松林粗木质残体的组成、径级结构、腐烂等级、材积和地表覆盖面积等均发生变化，其中伐桩成为重要的粗木质残体组分，中小径级粗木质残体数量和材积比重较大，地表覆盖面积比降低，粗木质残体新个体产生速度降低。

本章小结

生物要素是认识和揭示复杂森林生态系统的自组织、稳定性、动态演替与演化、生物多样性的发生与维持机制、多功能协调机制以及森林生态系统经营管理与调控的基础，在森林生态系统长期定位观测和研究中具有核心地位。本章对东北地区典型森林种群空间格局、森林生物量和生产力及凋落物和粗木质残体等生物特征与生态学过程进行了分析，研究结果可为东北地区森林生态系统固碳释氧、林木养分固持、生物多样性保护等森林生态连清提供基础数据；同时生物要素的长期定位观测，有助于加深对区域森林生态系统结构、生态过程等生物特征的理解，有利于促进区域森林的经营管理和可持续发展。

（本章文字撰写与数据处理由东北林业大学、辽宁省林业科学研究院负责）

第 11 章

东北地区生态 GDP 核算

生态 GDP 的提出，对于正确认识和处理经济社会发展与生态环境保护之间的关系至关重要。将生态效益纳入经济社会发展全局，可以引导社会自觉改变"先污染，后治理"观念，树立"绿水青山就是金山银山"的理念，将生态 GDP 纳入各级政府的考核和评价体系，将促使各级政府加大对生态环境的保护力度，从源头上解决环境问题。因此，生态 GDP 核算仅仅停留在理论和技术上是不够的，生态 GDP 核算在实际中的应用效果和结果才是人们所真正关心的。本研究依据生态 GDP 核算体系的理论和框架，结合国家林业公益性行业科研专项"东北森林生态要素全指标体系观测技术研究（201404303）"项目，在开展东北地区森林生态系统服务功能价值核算基础上，实现对东北地区生态 GDP 的核算，以期为将来生态 GDP 核算的应用推广提供科学参考。由于生态 GDP 核算涉及行政区域，本章核算范围仅包括东北地区的辽宁、吉林、黑龙江三省。

11.1 东北地区森林生态系统服务功能核算资源数据

11.1.1 辽宁省森林资源数据

辽宁省位于长白、华北与蒙古植物区系交错地带，植物种类丰富，有高等植物 408 种，分布于 63 科 137 属，其中乔木树种有 250 多种。辽宁省森林生系统服务功能核算数据，来源于 2014 年辽宁省森林资源二类调查数据集。根据树木的生态学和生物学特性，本研究将全省森林资源划分为 11 个优势树种组，其中主要优势树种（组）按面积排序前 3 位分别是柞树组、油松组、落叶松组，面积合计 329.49 万公顷，占全省森林总面积的 71.45%；蓄积量前 3 位依次是柞树组、落叶松组、油松组，蓄积量合计 237.71 百万立方米，占全省总蓄积量的 72.39%。各优势树种组面积和蓄积量见表 11-1。

表 11-1　辽宁省各优势树种（组）面积、蓄积量及比例统计

序号	优势树种（组）	面积（万公顷）	比例（%）	蓄积量（百万立方米）	比例（%）
1	柞树组	193.51	41.97	124.04	37.77
2	油松组	72.53	15.73	42.76	13.02
3	落叶松组	63.45	13.76	70.91	21.60
4	杨树组	44.55	9.66	41.70	12.70
5	刺槐组	38.45	8.34	15.24	4.64
6	其他阔叶林组	26.51	5.75	16.42	5.00
7	水胡黄组	8.02	1.74	7.05	2.15
8	红松组	8.00	1.73	6.96	2.12
9	樟子松组	3.54	0.77	2.17	0.66
10	柏树组	1.76	0.38	0.38	0.12
11	云冷杉组	0.80	0.17	0.73	0.22
	合计	461.12	100	328.35	100

11.1.2 吉林省森林资源数据

吉林省森林生态系统服务功能核算数据，来源于吉林省 2006—2014 年森林资源二类调查结果。全省森林资源按优势树种（组）共划分了 23 个优势树种（组），按面积排序前 3 位依次是阔叶混交林、柞树林和针叶混交林，其面积合计为 604.71 万公顷，占全省总面积的 73.13%；按林分蓄积量排序前 3 位依次是阔叶混交林、针叶混交林和柞树组，其蓄积量合计为 749.85 百万立方米，占全省总蓄积量的 77.71%（表 11-2）。

表 11-2　吉林省各优势树种（组）面积、蓄积量及比例统计

序号	优势树种（组）	面积（万公顷）	比例（%）	蓄积量（百万立方米）	比例（%）
1	阔叶混交林	407.97	49.34	509.62	52.83
2	针阔混交林	87.86	10.62	133.19	13.80
3	柞树组	108.88	13.17	107.04	11.09
4	落叶松组	79.02	9.55	74.07	7.68
5	杨树组	66.47	8.04	61.85	6.41
6	针叶混交林	28.90	3.49	43.61	4.52
7	樟子松	13.06	1.58	11.99	1.24
8	红松	8.54	1.03	8.59	0.89
9	其他阔叶	6.34	0.77	1.12	0.12
10	白桦组	4.95	0.60	4.86	0.50
11	云杉	4.48	0.54	3.20	0.33
12	榆树	4.81	0.58	0.91	0.09
13	黑松	1.53	0.19	1.57	0.16
14	胡桃楸	1.78	0.21	1.32	0.14
15	水曲柳	0.71	0.09	0.39	0.04
16	枫桦	0.53	0.06	0.58	0.06

（续）

序号	优势树种（组）	面积（万公顷）	比例（%）	蓄积量（百万立方米）	比例（%）
17	柳树	0.61	0.07	0.28	0.03
18	其他针叶林	0.19	0.02	0.17	0.02
19	臭松	0.18	0.02	0.28	0.03
20	椴树	0.17	0.02	0.15	0.02
21	黄檗	0.03	0.004	0.02	0.002
22	色树	0.02	0.003	0.01	0.001
23	果树类	0.01	0.001	—	—
	合计	827.04	100.00	964.83	100.00

11.1.3 黑龙江省森林资源数据

黑龙江省是我国森林资源最丰富的省份之一，全省森林面积约占全国森林总面积的十分之一。全省共有高等植物约 193 科，737 属，2400 余种。全省森林资源按优势树种（组）共划分了 29 个优势树种组（表 11-3）。其中，按优势树种（组）面积排序，前 5 位依次是阔叶混交林、落叶松组、桦木林、针阔混交林和栎类林，分别占全省森林资源面积的 32.62%、16.50%、15.19%、10.23% 和 9.13%，合计占全省森林资源面积的 83.68%；按蓄积量排序前 5 位的依次是阔叶混交林、落叶松组、针阔混交林、桦木林和栎类林，分别占全省森林资源蓄积量的 34.72%、15.20%、11.61%、10.96% 和 10.20%，合计占全省森林资源总蓄积量的 82.68%。为了计算方便，本研究将部分优势树种（组）进行合并处理，最终形成了 21 个优势树种（组）。

表 11-3　黑龙江省各优势树种（组）面积、蓄积量及比例统计

序号	优势树种（组）	面积（万公顷）	比例（%）	蓄积量（百万立方米）	比例（%）
1	阔叶混交林	647.40	32.62	641.27	34.72
2	落叶松组	327.50	16.50	280.78	15.20
3	白桦组	289.18	14.57	191.86	10.39
4	针阔混交林	203.07	10.23	214.49	11.61
5	栎类	181.16	9.13	188.32	10.20
6	杨树	78.56	3.96	76.93	4.17
7	山杨	44.77	2.26	47.75	2.59
8	针叶混交林	32.63	1.64	40.80	2.21
9	榆树	31.23	1.57	22.09	1.20
10	樟子松	29.68	1.50	29.26	1.58
11	椴树	20.12	1.01	21.93	1.19
12	红松	19.18	0.97	28.30	1.53
13	其他软阔类	13.76	0.69	7.42	0.40
14	云杉	13.44	0.68	11.64	0.63
15	胡桃楸	9.28	0.47	6.84	0.37
16	水曲柳	8.64	0.44	9.51	0.52
17	枫桦	7.68	0.39	4.63	0.25

（续）

序号	优势树种（组）	面积（万公顷）	比例（%）	蓄积量（百万立方米）	比例（%）
18	柳树	7.32	0.37	2.43	0.13
19	其他硬阔类	5.41	0.27	5.14	0.28
20	桦木	4.48	0.23	5.86	0.32
21	冷杉	2.56	0.13	3.38	0.18
22	赤松	1.92	0.10	3.89	0.21
23	枫香	1.60	0.08	1.31	0.07
24	黄檗	0.96	0.05	0.92	0.05
25	苹果	0.95	0.05	0.02	<0.01
26	杏	0.64	0.03	<0.01	<0.01
27	其他果树类	0.64	0.03	<0.01	<0.01
28	水胡黄	0.32	0.02	0.25	0.01
29	梨	0.32	0.02	<0.01	<0.01
	合计	1984.40	100.00	1847.04	100.00

11.2 东北地区森林生态系统服务功能物质量核算

森林生态系统服务物质量评估主要是从物质量角度对森林生态系统所提供的各项服务进行定量评价，依据国家标准《森林生态系统服务功能评估规范》（GB/T 38582—2020），根据不同区域，不同生态系统结构、功能和过程，从生态系统服务功能机制出发，利用适宜的定量方法确定生态系统服务功能的质量、数量。物质量评估的特点是评价结果比较直观，能够比较客观反映生态系统的生态过程，进而反映生态系统的可持续性，但是由于运用物质量评价方法得出的各项生态系统服务的量纲不同无法进行汇总，不能评价某一生态系统的综合生态系统服务。

11.2.1 辽宁省森林生态系统服务功能物质量核算

2014 年辽宁省森林涵养水源、保育土壤、固碳释氧、林木养分固持、净化大气环境等 5 项功能的物质量评估结果见表 11-4。

表 11-4　辽宁省森林生态系统服务物质量评估结果

服务类别	功能类别	指标类别	物质量
支持服务	保育土壤	固土（×10⁴吨/年）	24873.37
		减少氮流失（×10⁴吨/年）	61.74
		减少磷流失（×10⁴吨/年）	32.58
		减少钾流失（×10⁴吨/年）	458.7
		减少有机质流失（×10⁴吨/年）	1736.71
	林木养分固持	氮固持（×10⁴吨/年）	48.42
		磷固持（×10⁴吨/年）	2.45
		钾固持（×10⁴吨/年）	7.72

（续）

服务类别	功能类别	指标类别		物质量
调节服务	涵养水源	调节水量（$\times 10^8$立方米/年）		210.39
	固碳释氧	固碳（$\times 10^4$吨/年）		1908.86
		释氧（$\times 10^4$吨/年）		4410.34
	净化大气环境	提供负离子（$\times 10^{18}$个）		377.12
		吸收气体污染物（$\times 10^4$吨/年）		76.13
		滞尘	滞纳TSP（$\times 10^4$吨/年）	10755.15
			滞纳PM_{10}（$\times 10^4$千克/年）	2247.88
			滞纳$PM_{2.5}$（$\times 10^4$千克/年）	634.54

注：辽宁省森林生态系统服务功能评估中"提供林产品"占比较低，忽略不计。

辽宁全省多年平均水资源总量 341.79 亿立方米，辽河多年平均径流量为 126 亿立方米，辽宁大伙房水库库容 19.3 亿立方米。2014 年辽宁省森林生态系统涵养水源量是全省多年平均径流量的 0.62 倍，是辽河多年平均径流量的 1.67 倍，是大伙房水库库容量的 10.90 倍，由此可看出辽宁省森林生态系统涵养水源的功能较强。森林可通过对降水的截留、吸收和下渗，对降水进行时空再分配，减少无效水，增加有效水。辽宁省的森林生态系统是"绿色""安全"的天然水库，水资源调节潜力巨大，对于维护全省水资源安全起着举足轻重的作用，是辽宁省区域国民经济和社会可持续发展的保障。

辽宁省是我国水土流失较为严重的区域之一，大约 88% 的流域存在水土流失问题，面积达 463.41 万公顷，占全省国土面积的 31.7%。辽宁省第四次土壤侵蚀遥感普查结果显示，年均水土流失总量为 1.18 亿吨（牛萍和张晓光，2010）。从评估结果可知，辽宁省森林生态系统固土作用显著，2014 年辽宁省森林生态系统固土量相当于全省第四次土壤侵蚀调查结果的 2.11 倍，在减少水土流失上发挥着重要的作用。森林生态系统能有效地减轻土壤侵蚀，降低了对环境的破坏，对于维护和提高土地生产力，充分发挥国土资源的经济效益和社会效益，保障区域经济社会稳定发展发挥着至关重要的作用。

2014 年辽宁省全年规模以上工业综合能源消费量 1.3 亿吨标准煤（辽宁省统计局，2015），依据《火电厂节能减排手册（2010）》可知，每千克标准煤可产生二氧化碳 2.58 千克，换算后可得到二氧化碳排放量为 3.35 亿吨，乘以二氧化碳中碳的含量 27.27%，可以得到 2014 年辽宁省碳排放量为 9135.45 万吨。同期全省森林生态系统固碳量 1908.96 万吨，相当于全省全年碳排放量的 20.90%。林业是减缓和适应气候变化的有效途径和重要手段，林业的四个地位之一就是在应对气候变化中具有特殊地位，这已经得到了国际社会的充分肯定。森林固碳与工业减排相比，投资少，代价低，更具有经济可行性和现实操作性，辽宁省森林生态系统固碳功能对于保障全省发展低碳经济、推进节能减排、建设生态文明具有重要意义。

森林通过光合作用吸收大气中的二氧化碳，在制造有机物的同时释放出氧气，维持大气中气体组分的平衡，保持大气的健康稳定状态，为人类及动物等提供了生活空间和生存资料，在人类的长期生存和可持续发展中发挥着举足轻重的作用。森林固碳释氧是一个统一体，在吸收二氧化碳的同时释放出氧气，使得辽宁省森林生态系统释氧量与固碳量都呈现出较好的态势。辽宁省 2014 年的释氧量为 4410.34 万吨。

森林在生长过程中不断从周围环境中吸收营养物质，固定在植物体内，成为全球生物化学循环不可缺少的环节。林木养分固持功能首先是维持自身生态系统的养分平衡，其次才是为人类提供生态系统服务。辽宁省 2014 年森林生态系统林木养分固持的物质量为 58.59 万吨，森林植被通过大气、土壤和降水吸收氮、磷、钾等营养物质并贮存在体内各器官，其林木养分固持功能对降低下游水源污染及水体富营养化具有重要作用。

辽宁省是我国重要的能源省份之一，在经济发展的同时，环境污染问题也日益突显，影响全省城市环境空气质量的首要污染物是可吸入颗粒物。以 2006 年为例，辽宁省工业排放二氧化硫量为 125.91 万吨（辽宁省统计局，2007），而 2014 年吸收气体污染物量相当于 2006 年辽宁省工业二氧化硫排放量的 60.46%，表明辽宁省森林生态系统吸收污染物的能力较强，能够较好地净化大气环境。森林生态系统清除污染物的功能较强，治污减霾效果显著。与其他治理措施相比，森林治污减霾成本低且不会造成 GDP 损失，而且从受益范围看，森林不仅可以为当地人民提供多种生态服务，而且也会为周边地区经济的可持续发展发挥出重要的作用。

11.2.2 吉林省森林生态系统服务功能物质量核算

2014 年吉林省森林涵养水源、保育土壤、固碳释氧、林木养分固持、净化大气环境等 5 项功能的物质量评估结果见表 11-5。

表 11-5　吉林省森林生态系统服务物质量评估结果

服务类别	功能类别	指标类别	物质量
支持服务	保育土壤	固土（$\times 10^4$吨/年）	36655.15
		减少氮流失（$\times 10^4$吨/年）	175.15
		减少磷流失（$\times 10^4$吨/年）	98.06
		减少钾流失（$\times 10^4$吨/年）	1119.38
		减少有机质流失（$\times 10^4$吨/年）	3005.78
	林木养分固持	氮固持（$\times 10^4$吨/年）	116.51
		磷固持（$\times 10^4$吨/年）	3.95
		钾固持（$\times 10^4$吨/年）	13.18
调节服务	涵养水源	调节水量（$\times 10^8$立方米/年）	197.28
	固碳释氧	固碳（$\times 10^4$吨/年）	3801.64
		释氧（$\times 10^4$吨/年）	8906.01
	净化大气环境	提供负离子（$\times 10^{24}$个）	155.75
		吸收二氧化硫（$\times 10^4$千克/年）	63252.5

（续）

服务类别	功能类别	指标类别		物质量
调节服务	净化大气环境	吸收氟化物（$\times 10^4$千克/年）		8005.72
		吸收氮氧化物（$\times 10^4$千克/年）		34050.82
		滞尘	滞纳TSP（$\times 10^8$千克/年）	2840.67
			滞纳PM_{10}（$\times 10^4$千克/年）	3105.41
			滞纳$PM_{2.5}$（$\times 10^4$千克/年）	1121.18

注：吉林省森林生态系统服务功能评估中"提供林产品"占比较低，忽略不计。

　　吉林省是东北地区主要河流的水源地，位于东北地区主要江河的上、中游地带。长白山天池周围火山锥体是松花江、鸭绿江、图们江三江的发源地。《2013 年吉林省水资源公报》显示，吉林省水资源总量 607.41 亿立方米，其中，大中型水库蓄水量 171.40 亿立方米（吉林省水利厅，2018）。吉林省是我国水资源紧缺的省份之一，时空分布不均，东部山区水资源量较多，西部平原地区水资源量少，在水资源使用上，粗放用水多，节约用水少，水源形势比较严峻，水资源污染严重，可利用的水资源量少，人均水资源占有量（2200立方米）仅为世界的 1/4，水资源供需矛盾突出，严重影响了经济和社会的发展。吉林省森林生态系统涵养水源量相当于水资源总量的 32.48%，是大中型水库蓄水量的 1.15 倍。吉林省的森林生态系统是绿色安全的水库，其对于维护吉林省乃至东北地区的水资源安全起着十分重要的作用。

　　吉林省位于世界三大黑土区之一的东北黑土区中部，是水土流失比较严重的省份之一。据《吉林省水土保持公报（2008—2012）》显示，吉林省水土流失面积 48273.34 平方千米，占全省总面积的 25.76%，其中水力侵蚀面积 34743.89 平方千米，占全省水土流失面积的 72%，风力侵蚀面积 13529.45 平方千米，占全省水土流失面积的 28%。全省有侵蚀沟道62978 条，主要分布在吉林省漫川漫岗区和低山丘陵区（吉林省水利厅，2014）。严重的水土流失导致耕地减少、土地退化，洪涝灾害加剧，生态环境恶化，给经济发展和人民群众生活带来危害。据测算，全省平均每年流失土壤 1.3 亿吨，流失表土层 0.36 厘米，水土流失已成为吉林省的主要环境问题（杨艳等，2010）。吉林省的森林生态系统固土量为 36655.15 万吨 / 年（表 11-2），相当于全省年土壤侵蚀量的 2.8 倍。吉林省森林生态系统保育土壤功能对维持吉林省社会、经济、生态环境的可持续发展意义重大。

　　改革开放，特别是 2003 年 10 月中共中央、国务院实施振兴东北地区等老工业基地战略以来，吉林省经济快速发展，总量不断扩大，综合实力显著增强。但是，经济繁荣发展的背后是大量化石能源的消耗和温室气体的排放，以及对环境的严重危害。研究结果显示，吉林省能源消费总量是 9606 万吨标准煤，经碳排放转换系数（徐国泉等，2006；2013 年中国吉林省发展报告，2014）换算，吉林省 2013 年碳排放量为 7182.45 万吨。吉林省森林生态系统固碳量为 3801.64 万吨／年，相当于吸收了 2013 年全省碳排放量的 52.92%，森林生态系统固碳量相当于抵消了全省一半以上的工业碳排放。

近年来，随着吉林省工业化、城镇化的快速发展，大气污染以及机动车尾气排放污染问题显得日益严峻，重污染天气越来越多。《2013 年中国吉林省发展报告》（2014）显示，吉林省工业二氧化硫排放量 38.15 万吨，氮氧化物排放量 56.05 万吨。吉林省森林生态系统二氧化硫吸收量为 63.25 万吨，氮氧化物吸收量为 34.05 万吨，分别相当于 2013 年吉林省工业二氧化硫排放量的 1.66 倍，工业氮氧化物排放量的 60.75%。

基于模拟实验结果，吉林省森林生态系统的滞尘量（林木最大滞尘量）约为本省烟尘和粉尘排放量的 79 倍（2013 年烟尘和粉尘排放量为 56.08 万吨），吉林省森林生态系统在滞尘方面有很大的潜力。

11.2.3 黑龙江省森林生态系统服务功能物质量核算

2015 年黑龙江省森林涵养水源、保育土壤、固碳释氧、林木养分固持、净化大气环境、林木采伐等 6 项功能的物质量评估结果见表 11-6。

黑龙江省水资源丰富，江河湖泊众多。据《黑龙江第一次水利普查公报（2013）》显示，全省不同规模的水库共计 1148 座（其中大型水库 30 座，中型水库 103 座，小型水库 1015 座），全省多年平均水资源量 810 亿立方米，其中地表水资源 686 亿立方米，地下水资源 124 亿立方米，水库总库容 277.90 亿立方米（其中已建成 1133 座，总库容 262.62 亿立方米；在建 15 座，总库容 15.28 亿立方米）（黑龙江省第一次全国水利普查领导小组办公室，2013）。黑龙江省森林生态系统涵养水源量为 553.61 亿立方米／年，相当于全省多年平均水资源量的 68.35%，相当于全省不同规模水库总库容量的近 2 倍，其对维护黑龙江省乃至东北地区的水资源安全起着十分重要的作用。

黑龙江省的松辽流域和三江平原是国家重要的商品粮基地，人为干扰及其特定的自然地理条件造成了黑龙江省严重的水土流失，直接威胁着土地资源的保护和可持续发展战略的实施（刘彦辉，2010）。据《黑龙江第一次水利普查公报》显示，黑龙江省土壤侵蚀面积 81938 平方千米（黑龙江省第一次全国水利普查领导小组办公室，2013），黑龙江省还存在一定的土壤冻融侵蚀，达 14101 平方千米（刘淑珍，2013）。根据黑龙江省农委定点监测数据，2010 年黑龙江省耕地土壤有机质平均含量为 26.8 克／千克，比 1982 年的 43.2 克／千克下降了 38.0%。黑龙江省森林生态系统年固土量 92349.41 万吨，约相当于东北地区主要河流松花江、辽河、黑河等年侵蚀总量 0.35 亿吨（中国水土保持公报，2014）的 26 倍，黑龙江省森林生态系统保育土壤功能对维持黑龙江省社会、经济、生态环境的可持续发展起到不容忽视的作用。

表 11-6　黑龙江省森林生态系统服务物质量评估结果

服务类别	功能类别	指标类别		物质量
支持服务	保育土壤	固土（$\times 10^4$吨/年）		92349.41
		减少氮流失（$\times 10^4$吨/年）		272.14
		减少磷流失（$\times 10^4$吨/年）		142.46
		减少钾流失（$\times 10^4$吨/年）		1694.25
		减少有机质流失（$\times 10^4$吨/年）		4820.22
	林木养分固持	氮固持（$\times 10^4$吨/年）		183.69
		磷固持（$\times 10^4$吨/年）		27.32
		钾固持（$\times 10^4$吨/年）		83.97
调节服务	涵养水源	调节水量（$\times 10^8$立方米/年）		553.61
	固碳释氧	固碳（$\times 10^4$吨/年）		4679.21
		释氧（$\times 10^4$吨/年）		11129.43
	净化大气环境	提供负离子（$\times 10^{22}$个）		90258.92
		吸收二氧化硫（$\times 10^4$千克/年）		232318.59
		吸收氟化物（$\times 10^4$千克/年）		15572.14
		吸收氮氧化物（$\times 10^4$千克/年）		19874.22
		滞尘	滞纳TSP（$\times 10^8$千克/年）	5965.07
			滞纳PM$_{10}$（$\times 10^4$千克/年）	10254.00
			滞纳PM$_{2.5}$（$\times 10^4$千克/年）	2539.46
供给服务		林产品供给（$\times 10^4$立方米）		491.53

经济发展不可避免要以大量的化石能源消耗和温室气体排放为代价，进而给环境带来严重危害。《黑龙江统计年鉴（2015）》显示，黑龙江省能源消费总量为9322万吨标准煤，经碳转换系数换算可知，黑龙江省2014年碳排放量为6969.72万吨，黑龙江省森林生态系统固碳量为4679.21万吨/年，相当于吸收了2014年全省碳排放量的67.14%。与工业碳减排相比，森林固碳投资少、代价低，更具经济可行性和现实操作性。

近年来，黑龙江省部分城市出现不同程度的大气污染，2014年黑龙江省工业二氧化硫排放量为31.7万吨，氮氧化物排放量为42.9万吨（黑龙江省统计局，2015）。2014年黑龙江省森林生态系统二氧化硫吸收量为273.14万吨，相当于全省当年工业二氧化硫排放量的8.62倍，森林生态系统吸收氮氧化物18.38万吨，相当于2014年黑龙江省工业氮氧化物排放量的42.84%。黑龙江省森林生态系统的潜在饱和滞尘量约为本省烟尘和粉尘排放量的112倍（2014年烟尘和粉尘排放量为53.5万吨），在滞尘方面具有很大的潜力。

11.3 东北地区森林生态系统服务功能价值量核算

11.3.1 辽宁省森林生态系统服务功能价值量核算

2014年辽宁省森林生态系统服务功能总价值量为4834.34亿元（表11-7）。其中各功能价值量排序为涵养水源＞生物多样性保护＞固碳释氧＞保育土壤＞净化大气环境＞林木养分固持＞森林康养，如图11-1（刘润等，2019）。

表11-7　辽宁省森林生态系统服务价值量评估结果

亿元

功能类别	涵养水源	保育土壤	固碳释氧	林木养分固持	净化大气环境	生物多样性保护	森林防护	森林康养	总价值
价值量	1725.37	449.88	668.79	90.31	485.01	949.07	110.69	355.22	4834.34

涵养水源价值量最高，为1725.37亿元，占总价值量的35.69%；森林能够涵养水源，具有蓄水、调节径流、缓洪补枯和净化水质等功能，是一座天然的"绿色水库"；2014年，辽宁省洪涝等自然灾害造成的直接经济损失为169.60亿元（国家统计局，2015），而本年度辽宁省森林生态系统涵养水源价值是其10.17倍。辽宁省森林生态系统涵养水源、调节径流的作用较强，在防止水土流失、抵御洪灾、泥石流等自然灾害方面具有不可替代的作用（王兵等，2018）。

辽宁地处多个植物区系过渡带，森林生态系统为生物物种提供生存与繁衍的场所，从而对其起到保育作用。2014年辽宁省森林生态系统生物多样性保护价值为949.07亿元，占森林生态系统服务功能总价值量的19.63%，仅次于森林涵养水源价值。

辽宁省作为一个能源消费大省，近年来能源消费总量持续增长，结构比较单一，供需矛盾突出。2014年辽宁省能源消费结构中煤炭占62.10%、石油占28.20%、天然气占5.40%，煤炭在终端能源消费中依然扮演着主要角色（辽宁省统计局，2015）。2014年全省森林固碳释氧功能价值量为668.79亿元，占总价值量的13.83%，林业碳汇功能对促进地区经济发展具有重要作用。

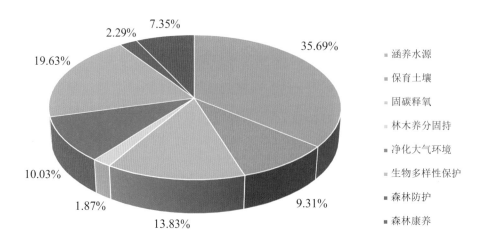

图11-1　辽宁省森林生态系统服务各功能项价值量比例

辽宁省森林净化大气环境的价值量较高，为 485.01 亿元，占总价值量的 10.03%。这是由于该年计算净化大气环境的服务功能时，单独核算了森林滞纳 PM_{10} 和 $PM_{2.5}$ 的价值。本次研究采用健康损失法测算了由于 PM_{10} 和 $PM_{2.5}$ 存在对人体健康的损伤，用损失的健康价值替代 PM_{10} 和 $PM_{2.5}$ 带来的危害，从而使得评估的净化大气环境价值量出现陡然的增大。

辽宁省森林生态系统保育土壤的价值也逐年增大，保育土壤的功能也越来越强，2014年森林保育土壤价值达到 449.88 亿元，占森林生态系统服务功能总价值量的 9.31%，森林生态系统在防止水土流失、保障生产生活安全方面起到了显著的作用。

辽宁省历史悠久，文化底蕴深厚，旅游资源丰富，旅游业相对发达，旅游人次逐渐增多，收入逐渐提高，2014 年辽宁的森林康养价值量为 355.22 亿元，占辽宁省旅游总收入（5289.5 亿元，2014 年）的 6.72%，且呈现逐年增大的趋势。

森林防护价值量相对较低，仅为 110.69 亿元，占总价值量的 2.29%；但与前些年相比，已经出现较大的增长，且增加的幅度逐渐增大。

林木养分固持价值量最小，为 90.31 亿元，仅占森林生态系统服务功能总价值量的1.87%；林木养分固持功能可以使土壤中部分营养元素暂时地保存在植物体内，在之后的生命循环中再归还到土壤，这样可以暂时降低因为水土流失而带来的养分元素的损失。林木养分固持可以很好地固持土壤的营养元素，维持土壤肥力和活性，对林地的健康具有重要的作用。

11.3.2 吉林省森林生态系统服务功能价值量核算

2014 年度吉林省森林生态系统服务总价值为 8432.42 亿元（表 11-8），相当于当年 GDP的 61.09%，每公顷森林提供的价值量为 9.97 万元 / 年。在 8 项森林生态系统服务价值中，从大到小的顺序为涵养水源＞固碳释氧＞生物多样性保护＞保育土壤＞净化大气环境＞林木养分固持＞森林康养＞森林防护，如图 11-2（任军等，2016）。

表 11-8　吉林省森林生态系统服务价值量评估结果

亿元

功能类别	涵养水源	保育土壤	固碳释氧	林木养分固持	净化大气环境	生物多样性保护	森林防护	森林康养	总价值
价值量	2179.86	1445.06	1723.47	275.41	1175.54	1536.24	27.10	69.74	8432.42

吉林省河流众多，主要分属松花江水系、辽河水系、鸭绿江水系、图们江水系和绥芬河水系五大水系，这五大水系为其下游城镇提供了丰富的水资源。在吉林省森林生态系统所提供的诸项服务中，以水源涵养功能的价值量所占比例最高，高达 25.85%。吉林省森林生态系统的水源涵养功能对于维持吉林省乃至东北地区的用水安全起到了非常重要的作用。

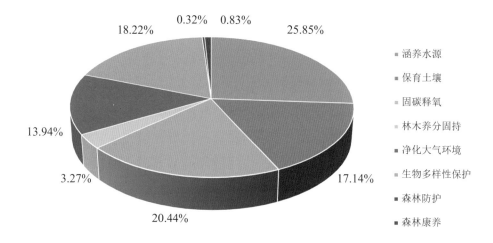

图 11-2　吉林省森林生态系统服务各功能项价值量比例

2014 年吉林省固碳释氧功能价值量占全省森林生态系统服务总价值量的比例超过 20%。吉林省森林资源中幼龄林面积较大，占全省森林面积的 57.14%，相对于成熟林或过熟林，中幼龄林具有更长的固碳期，累计的固碳量会更多。同时，吉林省人工林面积占全省有林地总面积的 32.3%，人工林在人工培育和栽培下，林分净生产力高于天然林（董秀凯等，2014）。

吉林省动植物资源总量较为丰富，特别是长白山区为吉林省森林资源丰富、树种种类繁多的地区，本区尚保存着部分较完整的红松原始林，蕴藏着许多我国北方区系种类和多种珍贵、稀有树种，为本省森林树种资源的宝库。吉林省已建成国家级自然保护区 20 个，省级自然保护区 21 个，这些自然保护区的建立有利于生物多样性的保护。2014 年吉林省森林生态系统的生物多样性保护功能价值量达 1536.24 亿元。

吉林省主要的自然景观有长白山、三角龙湾、净月潭、向海等国家重点风景名胜区。近年来，吉林省把森林公园建设作为建设生态强省的重要举措来抓，森林公园建设成为生态林业和民生林业协调的新亮点。目前，吉林省建有省级以上森林公园 57 个，面积 223.98 万公顷，其中国家级森林公园 35 个，省级 22 个。吉林省的森林游憩功能较为显著，森林康养价值量为 69.74 亿元。

11.3.3 黑龙江省森林生态系统服务功能价值量核算

黑龙江省 2015 年森林生态系统服务功能总价值 17615.50 亿元（表 11-9），相当于黑龙江省当年 GDP（15083.7 亿元）的 1.17 倍。在 9 项森林生态系统服务功能价值贡献中，从大到小的顺序为涵养水源、生物多样性保护、保育土壤、净化大气环境、固碳释氧、林木养分固持、森林防护、森林康养和提供林产品。黑龙江省各项森林生态系统服务价值量所占总价值量的比例（图 11-3），能够充分体现出该省份所处区域森林生态系统以及其森林资源结构的特点。

表 11-9　黑龙江省森林生态系统服务价值量评估结果

亿元

功能 类别	涵养 水源	保育 土壤	固碳 释氧	林木养 分固持	净化大 气环境	生物多样 性保护	森林 防护	林产品 供应	森林 康养	总价值
价值量	5434.39	3273.4	2183.93	615.04	2375.2	3412.45	170.09	34.81	116.19	17615.50

在黑龙江省森林生态系统所提供的诸项服务中，水源涵养功能价值量所占比例最高（30.85%），达到 5434.39 亿元。这些水源涵养功能对于维持黑龙江省乃至东北地区的用水安全起到了重要的作用。黑龙江省河流众多，主要分属黑龙江水系、松花江水系、乌苏里江和绥芬河水系，全省共建有 30 座大型水库和 103 座中型水库。在各个水系和水库周边区域营造水源涵养林，提升了森林涵养水源功能和其他服务，对全省社会经济和环境可持续发展发挥重要作用。

黑龙江省动植物资源总量较为丰富，主要分布在大、小兴安岭山区，森林资源丰富，树种种类繁多。本区域尚保存着部分较为完整的红松原始林，蕴藏着许多我国北方区系种类和珍贵、稀有树种，为本省森林树种资源的宝库。全省目前已建成 28 个国家级自然保护 85 个省级自然保护区，极大促进生物多样性保护。黑龙江省森林生态系统的生物多样性保护功能价值量较高，为 3412.45 亿元。

黑龙江省森林资源中幼龄林面积较大，约占全省森林面积的 80%。中幼龄林处于快速生长期，在适宜的生长条件下，相对于成熟林或过熟林，具有更长的固碳期，累积的固碳量会更多。黑龙江省固碳释氧功能价值量占全省森林生态系统服务功能总价值量的 12%。

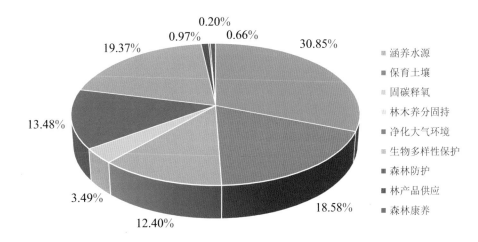

图 11-3　黑龙江省森林生态系统服务各功能项价值量比例

近年来，黑龙江省把森林公园建设作为建设生态强县的重要举措来抓，森林公园建设成为生态林业和民生林业协调的新亮点；目前，黑龙江省建有省级以上森林公园 20 个，面

积88.84万公顷，其中国家级森林公园8个，省级12个，黑龙江省的森林康养功能较为显著，其值量为116.19亿元。

11.4 东北地区生态 GDP 核算

11.4.1 辽宁省生态 GDP 核算

11.4.1.1 资源消耗价值

根据《辽宁省统计年鉴（2015）》，2014年辽宁省能源消费总量为5147.7万吨标准煤，原煤、原油和天然气的比例为62.1%、28.4%、2.1%。根据《辽宁省森林、湿地、草原生态系统服务功能评估》和《基于生态 GDP 核算的生态文明评价体系构建》资源消耗实物量，采用10年平均插值法，核算出2014年辽宁省因经济发展造成资源消耗价值达470.82亿元，占当年 GDP 的1.64%。

11.4.1.2 环境损害核算

本研究对环境污染损害价值从四个方面进行核算：

（1）环境污染造成的生态损失。将环境污染所造成的各类灾害所引起的直接经济损失作为环境污染对生态环境的损失价值，利用《辽宁省森林、湿地、草原生态系统服务功能评估》和《基于生态 GDP 核算的生态文明评价体系构建》数据，采用10年平均插值法计算得出2014年辽宁省环境损失价值为0.04亿元。

（2）资产加速折旧损失。由于环境污染对各类机器、仪器、厂房及其他公共建筑和设施等固定资产造成损失，各类污染物会对固定资产产生腐蚀等不利作用，加速固定资产折旧，使用寿命缩短、维修费用开支增加等，利用《辽宁省森林、湿地、草原生态系统服务功能评估》和《基于生态 GDP 核算的生态文明评价体系构建》数据，采用10年平均插值法计算得出2014年全省资产加速折旧损失价值为5.60亿元。

（3）人体健康损失。环境污染对人体健康造成的损失是一个极其复杂的问题。环境污染对人体健康的影响主要表现为呼吸系统疾病、恶性肿瘤和地方性氟和砷（污染）中毒造成的疾病，利用《辽宁省森林、湿地、草原生态系统服务功能评估》和《基于生态 GDP 核算的生态文明评价体系构建》数据，采用10年平均插值法计算得出2014年全省环境污染致人体健康损失费用为100.35亿元。

（4）环境污染虚拟治理成本。对环境质量的损害主要是由于经济活动中各项废弃物的排放没有全部达到排放标准，应该经过治理而没有治理，对环境造成污染，使环境质量下降所带来的环境资产价值损失。利用《辽宁省森林、湿地、草原生态系统服务功能评估》和《基于生态 GDP 核算的生态文明评价体系构建》数据，采用10年平均插值法计算得出2014年辽宁省环境污染虚拟治理成本 53.72 亿元。

11.4.1.3 辽宁省生态 GDP

2014 年辽宁省 GDP 总量为 28626.58 亿元，根据生态 GDP 的核算方法：生态 GDP=GDP 总量−资源消耗价值−环境退化价值（环境污染造成的生态损失＋资产加速折旧损失＋人体健康损失＋环境污染虚拟治理成本)＋生态效益(森林生态效益)。最终计算得出，辽宁省 2014 年生态 GDP 达 32830.39 亿元，相当于当年 GDP 的 1.15 倍，结果见表 11-10。

表 11-10　辽宁省生态 GDP 核算账户

亿元 / 年

地区	资源消耗价值	环境损害价值	森林生态效益	当年GDP	绿色GDP	生态GDP
辽宁	470.82	159.71	4834.34	28626.58	27996.05	32830.39

注：资源消耗价值和环境损害价值采用 2007 年至 2017 年 10 年平均插值法计算。

11.4.2 吉林省生态 GDP 核算

11.4.2.1 资源消耗价值

根据《吉林省统计年鉴 2015》，2014 年吉林省能源消费总量为 9028.3 万吨标准煤，原煤、原油和天然气的比例为 77.3%、15.9%、3.4%。根据潘勇军（2013）研究计算出吉林省 2014 年资源消耗价值为 258.82 亿元。

11.4.2.2 环境损害核算

本研究对环境污染损害价值从四个方面进行核算：

（1）环境污染造成的生态损失。环境污染对生态环境造成的损失核算：将环境污染所造成的各类灾害所引起的直接经济损失作为环境污染对生态环境的损失价值，根据统计年鉴，得到吉林省 2014 年环境损失价值为 0.05 亿元。

（2）资产加速折旧损失。由于环境污染对各类机器、仪器、厂房及其他公共建筑和设施等固定资产造成损失，各类污染物会对固定资产产生腐蚀等不利作用，加速固定资产折旧，使用寿命缩短、维修费用开支增加等，利用市场价值法来对污染造成的固定资产损失进行核算。2014 年资产加速折旧损失为 12.11 亿元。

（3）人体健康损失。环境污染对人体健康造成的损失是一个极其复杂的问题。环境污染对人体健康的影响主要表现为呼吸系统疾病、恶性肿瘤和地方性氟和砷（污染）中毒造成的疾病，参照潘勇军（2013）研究及《吉林省统计年鉴 2015》中的相关数据，仅考虑环境污染造成的医疗费用增加和直接劳动力损失进行人体健康损失费用核算，最终得出环境污染致人体健康损失费用为 55.73 亿元。

（4）环境污染虚拟治理成本。经济活动对环境质量的损害主要是由于经济活动中各项废弃物的排放没有全部达到排放标准，应该经过治理而没有治理，对环境造成污染，使环境质量下降所带来的环境资产价值损失。通过《中国统计年鉴2014》统计出的污染物数据，以及结合文献（潘勇军，2013）中提及的处理成本，计算得出2014年吉林省环境污染虚拟治理成本为37.30亿元。

11.4.2.3 吉林省生态 GDP

2014年吉林省GDP总量为13803.81亿元，根据生态GDP的核算方法：生态GDP=GDP总量−资源消耗价值−环境退化价值（环境污染造成的生态损失＋资产加速折旧损失＋人体健康损失＋环境污染虚拟治理成本)＋生态效益(森林生态效益)。最终计算得出，吉林省2014年生态GDP达21872.22亿元（表11-11），相当于当年GDP的1.58倍。

表 11-11 吉林省生态 GDP 核算账户表

亿元/年

地区	资源消耗价值	环境损害价值	森林生态效益	当年GDP	绿色GDP	生态GDP
吉林	258.82	105.19	8432.42	13803.81	13439.8	21872.22

注：森林生态效益数据来源于"吉林省森林生态连清与生态系统服务研究"。

11.4.3 黑龙江省生态 GDP 核算

11.4.3.1 资源消耗价值

2015年黑龙江省能源消费总量为10061.8万吨标准煤，原煤、原油和天然气的比例为66.50%、25.70%、3.90%。根据潘勇军（2013）的研究计算出黑龙江省2015年资源消耗价值为339.95亿元。

11.4.3.2 环境损害核算

本研究对环境污染损害价值从四个方面进行核算：

（1）环境污染造成的生态损失。环境污染对生态环境造成的损失核算：将环境污染所造成的各类灾害所引起的直接经济损失作为环境污染对生态环境的损失价值，根据《2015年黑龙江省环境状况公报》、《2015年黑龙江统计年鉴》，得到黑龙江省2015年环境损失价值为0.58亿元。

（2）资产加速折旧损失。由于环境污染对各类机器、仪器、厂房及其其他公共建筑和设施等固定资产造成损失，各类污染物会对固定资产产生腐蚀等不利作用，加速固定资产折旧，使用寿命缩短、维修费用开支增加等，利用市场价值法来对污染造成的固定资产损失进行核算。2015年资产加速折旧损失为12.11亿元。

（3）人体健康损失。环境污染对人体健康造成的损失是一个极其复杂的问题。环境污染对人体健康的影响主要表现为呼吸系统疾病、恶性肿瘤和地方性氟和砷（污染）中毒造成的疾病，参照潘勇军（2013）研究及相关统计资料中的数据，仅考虑环境污染造成的医疗费用增加和直接劳动力损失进行人体健康损失费用核算，最终得出黑龙江省环境污染致人体健康损失费用为 70.45 亿元。

（4）环境污染虚拟治理成本。经济活动对环境质量的损害主要是由于经济活动中各项废弃物的排放没有全部达到排放标准，应该经过治理而没有治理，对环境造成污染，使环境质量下降所带来的环境资产价值损失。通过《中国统计年鉴 2015》统计出的污染物数据，结合潘勇军（2013）的研究中提及的处理成本，计算得到 2015 年黑龙江省环境污染虚拟治理成本为 67.06 亿元。

11.4.3.3 黑龙江省生态 GDP

2015 年黑龙江省 GDP 总量为 15083.70 亿元，根据生态 GDP 的核算方法：生态 GDP=GDP 总量—资源消耗价值—环境退化价值（环境污染造成的生态损失 + 资产加速折旧损失 + 人体健康损失 + 环境污染虚拟治理成本)+ 生态效益(森林生态效益)。最终计算得出，黑龙江省 2015 年生态 GDP 达 32209.05 亿元（表 11-12），相当于当年 GDP 的 2.13 倍。

表 11-12　黑龙江省生态 GDP 核算账户

亿元 / 年

地区	资源消耗价值	环境损害价值	森林生态效益	当年GDP	绿色GDP	生态GDP
黑龙江	339.95	150.20	17615.50	15083.70	14593.55	32209.05

注：森林生态效益数据来源于"黑龙江省森林生态连清与生态系统服务研究"，其中资源消耗价值、环境损害价值为黑龙江省各地市之和。

11.4.4 东北地区生态 GDP 核算

研究期间东北地区辽宁（2014 年）、吉林（2014 年）和黑龙江（2015 年）三省 GDP 总量为 57514.09 亿元，其中辽宁最高，占东北三省 GDP 总量的近 50%，吉林、黑龙江分别占 24.00% 和 26.23 %。在扣除资源消耗和环境损害价值后，东北三省绿色 GDP 总量为 56029.40 亿元，占三省 GDP 总量的 97.42%，辽宁、吉林和黑龙江三省绿色 GDP 占比分别为 49.97%、23.99% 和 26.05%，与 GDP 排序结果一致，未能体现出东北三省的不同资源优势。

对东北地区生态 GDP 进行分析表明，东北地区生态 GDP 总量为 86911.66 亿元，是东北地区 GDP 总量的 5.76 倍。辽宁、吉林和黑龙江三省生态 GDP 分别占东北地区生态 GDP 总量的 37.77%、25.17% 和 37.06%。与传统 GDP 考核相比，辽宁的生态 GDP 仍然最高，但是优势不明显，黑龙江和吉林两省生态 GDP 占比得到较大的提高，黑龙江得益于巨大的森林生态效益，其生态 GDP 与辽宁省基本持平（见图 11-4）。黑龙江省生态 GDP 的快速上升，森林生态效益起到重要贡献，森林的生态效益大大消减了由于资源和环境损害造成对 GDP 的减少量。研究结果更加全面、直观地反映区域生态环境状况，将生态系生态效益核算纳入 GDP 核算真实反映了生态环境对经济活动的贡献。

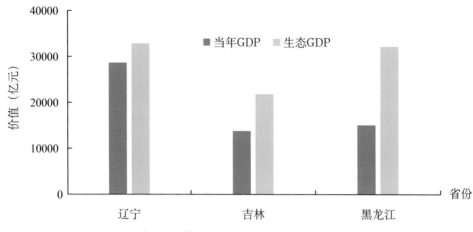

图 11-4　东北三省 2014 年 GDP 和生态 GDP 比较

通过对东北地区生态 GDP 的核算可知，生态 GDP 既体现了经济发展过程中对资源消耗和环境损害产生的负价值核算，也包括了生态系统生态效益价值的核算，弥补了绿色 GDP 的不足，更加真实反映了各省份经济发展状况。将生态 GDP 纳入地方绩效考核，有助于转变地方政府的政绩考核观，引起地方对生态环境保护的重视，树立加强环境保护、提高资源的利用率、减少环境污染和保护生态环境都是对国家经济发展作出的巨大贡献。彻底破除唯 GDP 论政绩，避免"先污染后治理、先破坏后恢复"的老路，真正实现"绿水青山就是金山银山"的经济、社会和环境协调发展。

本章小结

建立健全生态产品价值实现机制，是践行"绿水青山就是金山银山"理念的关键路径，是从源头上推动生态环境领域国家治理体系和治理能力现代化的必然要求，对推动经济社会发展全面绿色转型具有重要意义。本章以森林生态连清的生态系统服务功能价值评估为基础，开展了东北地区辽宁、吉林和黑龙江三省的生态 GDP 核算，研究结果对推动生态产品价值实现，将生态产品总值指标纳入地方高质量发展综合绩效评价具有重要意义。

参考文献

鲍文，包维楷，丁德蓉，2004. 森林植被对降水水化学的影响 [J]. 生态环境，13(1):112-115.

毕晓丽，葛剑平，2004. 基于 IGBP 土地覆盖类型的中国陆地生态系统服务功能价值评估 [J]. 山地学报，22(1):48-53.

财政部，生态环境部，水利部，等，2020. 关于印发《支持引导黄河全流域建立横向生态补偿机制试点实施方案》的通知 [EB/OL].http://www.gov.cn/zhengce/zhengceku/2020-05/09/content_5510182.htm.

蔡炳华，王兵，杨国亭，等，2014. 黑龙江省森林与湿地生态系统服务功能评估 [M]. 哈尔滨：东北林业大学出版社.

蔡中华，王晴，刘广青，2014. 中国生态系统服务价值的再计算 [J]. 生态经济，30(2):16-18，23.

柴汝杉，蔡体久，满秀玲，等，2013. 基于修正的 Gash 模型模拟小兴安岭原始红松林降雨截留过程 [J]. 生态学报，33(4):1276-1284.

常永兴，陈振举，张先亮，等，2017. 气候变暖下大兴安岭落叶松径向生长对温度的响应 [J]. 植物生态学报，41(3):279-289.

陈波，杨新兵，赵心苗，等，2012. 冀北山地 6 种天然纯林枯落物及土壤水文效应 [J]. 水土保持学报，26(2):196-202.

陈国阶，何锦峰，涂建军，2005. 长江上游生态服务功能区域差异研究 [J]. 山地学报，23(4):406-412.

陈仲新，张新时，2000. 中国生态系统效益的价值 [J]. 科学通报，45(1):17-22.

池波，蔡体久，满秀玲，等，2013. 大兴安岭北部兴安落叶松树干液流规律及影响因子分析 [J]. 北京林业大学学报，35(4):21-26.

代力民，徐振邦，张扬建，等，2001. 红松针叶的凋落及其分解速率研究 [J]. 生态学报，21(8):1296-1300

党宏忠，周泽福，赵雨森，2005. 青海云杉林冠截留特征研究 [J]. 水土保持学报，9(4):61-64.

丁访军，2011. 森林生态系统定位研究标准体系构建 [D]. 北京：中国林业科学研究院.

董厚德，1981. 辽宁东部的主要植被类型及其分布 [J]. 植物生态学报，5(4):241-257.

董莉莉，张慧东，毛沂新，等，2017. 间伐对红松 Pinus koraiensis 针阔混交林冠层结构及林下植被的影响 [J]. 沈阳农业大学学报，48(2):159-165.

董秀凯，王兵，耿绍波，等，2014.吉林省露水河林业局森立生态连清与价值评估报告 [M].
　　长春：吉林大学出版.

董雪，杜昕，孙志虎，等，2020.生境梯度影响下的天然红松种群空间格局与种内关联 [J].
　　生态学报，40(15) :5239-5246.

樊后保，2000.杉木林截留对降水化学的影响 [J].林业科学，36(4):2-8.

方精云，刘国华，徐嵩龄，1996.我国森林植被的生物量和净生产量 [J].生态学报，
　　16(5):497-508.

傅伯杰，刘世梁，马克明，2001.生态系统综合评价的内容与方法 [J].生态学报，
　　21(11):1885-1892.

傅沛云，曹伟，2016.中国东北部种子植物种的地理成分分析 [J].应用生态学报，6(3):243-250.

葛慧，廖原，白红春，2020. CCUS，绿色债券支持的新领域:《绿色债券项目支持目
　　录（2020 年版）（征求意见稿）》解读（二）[EB/OL].https://mp.weixin.qq.com/s/
　　auN0TEpEzDlkbU8CYeX02A.

关俊祺，蔡体久，满秀玲，2013.小兴安岭不同类型人工林积雪化学特征 [J].北京林业大学
　　学报，35(4):41-46.

管立娟，赵鹏武，周梅，等，2020.森林粗木质残体国内外研究进展 [J].温带林业研究，
　　2020，3(4):1-7+11

郭慧，2014.森林生态系统长期定位观测台站布局体系研究 [D].北京：中国林业科学研究院.

国家林业和草原局，2019.退耕还林工程综合效益监测国家报告（2017）[M].北京：中国林
　　业出版社.

国家林业和草原局，2020.森林生态系统服务功能评估规范（GB/T 38582—2020）[M].北京：
　　中国标准出版社

国家林业局，1999.森林土壤全氮的测定（LY/T 1228—1999）[S].

国家林业局，1999.森林土壤全钾的测定（LY/T 1234—1999）[S].

国家林业局，1999.森林土壤水解性氮的测定（LY/T 1229—1999）[S].

国家林业局，1999.森林土壤速效钾的测定（LY/T 1236—1999）[S].

国家林业局，1999.森林土壤硝态氮的测定（LY/T 1230—1999）[S].

国家林业局，2003.森林生态系统定位观测指标体系（LY/T 1606—2003）[S].

国家林业局，2007.干旱半干旱区森林生态系统定位观测指标体系（LY/T 1688—2007）[S].

国家林业局，2007.暖温带森林生态系统定位观测指标体系（LY/T 1689—2007）[S].

国家林业局，2007.热带森林生态系统定位观测指标体系（LY/T 1687—2007）[S].

国家林业局，2008.寒温带森林生态系统定位观测指标体系（LY/T 1722—2008）[S].

国家林业局，2010.森林生态系统定位站数据管理规范（LY/T 1872—2010）[S].

国家林业局，2011. 森林生态系统长期定位观测方法（LY/T 1952—2011）[S].

国家林业局，2013. 森林生态站工程项目建设标准 [S]. 林规发 [2013]70 号.

国家林业局，2014. 退耕还林工程生态效益监测国家报告(2013)[M]. 北京：中国林业出版社.

国家林业局，2015. 森林土壤全磷的测定（LY/T 1232—2015）[S].

国家林业局，2015. 退耕还林工程生态效益监测国家报告(2014)[M]. 北京：中国林业出版社.

国家林业局，2016. 陆地生态系统定位研究网络中长期发展规划（2008—2020 年）（修编版）
[R].

国家林业局，2016. 森林生态系统长期定位观测方法（GB/T 33027—2016）[M]. 北京：中国
标准出版社.

国家林业局，2016. 天然林资源保护工程东北内蒙古重点国有林区效益监测国家报告（2015）
[M]. 北京：中国林业出版社.

国家林业局，2016. 退耕还林工程生态效益监测国家报告(2015)[M]. 北京：中国林业出版社.

国家林业局，2017. 森林生态系统定位观测指标体系（GB/T 35377—2017）[M]. 北京：中国
标准出版社.

国家林业局，2018. 退耕还林工程生态效益监测国家报告(2016)[M]. 北京：中国林业出版社.

国家林业局，2021. 森林生态系统长期定位观测研究站建设规范（GB/T 40053—2021）[M].
北京：中国标准出版社.

国家林业局中国森林生态系统服务功能评估项目组，2018. 中国森林资源及其生态功能四十
年监测与评估 [M]. 北京：科学出版社.

国家统计局，2015. 中国统计年鉴（2015）[M]. 北京：中国统计出版社.

韩辉，张学利，党宏忠，等，2020. 科尔沁沙地南缘樟子松林蒸腾强度的年际变化及与降水、
地下水位间的关系 [J]. 林业科学，56(11):31-40.

郝占庆，王力华，1998. 辽东山区主要森林类型林地土壤涵蓄水性能的研究 [J]. 应用生态学
报，9(3):237-241.

何兴元，2004. 应用生态学 [M]. 北京：科学出版社.

和爱军，2002. 浅析日本的森林公益机能经济价值评价 [J]. 中南林业调查规划，21(2):48-54.

黑龙江森林编辑委员会，1993. 黑龙江森林 [M]. 哈尔滨：东北林业大学出版社.

黑龙江省第一次全国水利普查领导小组办公室，2013. 黑龙江省第一次水利普查成果总报告
[M]. 北京：中国水利水电出版社.

黑龙江省统计局，2015. 黑龙江统计年鉴（2015）[M]. 北京：中国统计出版社.

胡海清，罗碧珍，魏书精，等，2015. 小兴安岭 7 种典型林型林分生物量碳密度与固碳能力
[J]. 植物生态学报，39(2):140-158.

黄丽君，赵翠薇，2011. 基于支付意愿和受偿意愿比较分析的贵阳市森林资源非市场价值评

价 [J]. 生态学杂志，30(2):327-334.

黄玫，季劲钧，曹明奎，等，2006. 中国区域植被地上与地下生物量模拟 [J]. 生态学报，26(12):4156-4163.

吉林省人民政府办公厅，2014.2013 年中国吉林省发展报告 [M]. 长春：吉林人民出版社.

吉林省水利厅，2018.2013 年吉林省水资源公报 [EB/OL].http://slt.jl.gov.cn/zwgk/szygb.

姜海燕，赵雨森，信小娟，等，2008. 大兴安岭几种典型林分林冠层降水分配研究 [J]. 水土保持学报，22(6):197-201.

姜微，刘俊昌，2018. 基于 SEEA2012 视角的林地资源核算编制研究 [J]. 财会通讯，792(28):16-20.

姜艳，2010. 毛竹林土壤呼吸及其三个生物学过程的时空格局变化研究 [D]. 北京：中国林业科学研究院.

蒋延玲，周广胜，1999. 中国主要森林生态系统公益的评估 [J]. 植物生态学报，23(5):426-432.

靳芳，鲁绍伟，余新晓，等，2005. 中国森林生态系统服务功能及其价值评价 [J]. 应用生态学报，16(8):1531-1536.

靳芳，余新晓，鲁绍伟，等，2007. 中国森林生态系统生态服务功能及其评价 [M]. 北京：中国林业出版社.

靳小龙，王元卓，程学旗，2013. 大数据的研究体系与现状 [J]. 信息通信技术，6:35-43.

雷相东，洪玲霞，陆元昌，等，2008. 国家级森林资源清查地面样地设计 [J]. 世界林业研究，21(4):35-40.

黎如，2010. 小兴安岭原始阔叶红松林生物量及其空间分布格局 [D]. 哈尔冰：东北林业大学.

李海涛，陈灵芝，1999. 暖温带山地森林的小气候研究 [J]. 植物生态学报，23(2):139-147.

李华，2008. 原始红松林生态系统水化学特征研究 [D]. 哈尔滨：东北林业大学.

李洁，刘芝芹，杨旭，等，2020. 滇中高原森林生态站冬春季森林小气候特征研究 [J]. 西南林业大学学报：自然科学，40(3):28-36.

李景文，2000. 森林生态学 [M]. 北京：中国林业出版社.

李俊霞，白学平，张先亮，等，2017. 大兴安岭林区南、北部天然樟子松生长对气候变化的响应差异 [J]. 生态学报，37(21):7232-7241.

李克强，2014. 制定大数据国家战略、助力产业转型 [EB/OL].http://www.chinadaily.com.cn/hqgj-/jryw/2014-03-10/content_11369191.html.

李露露，李丽光，陈振举，等，2015. 辽宁省人工林樟子松径向生长对水热梯度变化的响应 [J]. 生态学报，35(13):4508-4517.

李少宁，2007. 江西省暨大岗山森林生态系统服务功能研究 [D]. 北京：中国林业科学研究院.

李文华，欧阳志云，赵景柱，2002. 生态系统服务功能研究 [M]. 北京：气象出版社.

李文华，2011. 东北天然林研究 [M]. 北京：气象出版社.

李奕，蔡体久，满秀玲，等，2014. 大兴安岭天然樟子松林降雨截留再分配特征 [J]. 水土保持学报，28(2):40-44.

李云，陈晓，张英团，2016. 美国、德国、法国和日本森林资源调查体系对我国森林资源调查与监测的启示 [J]. 林业建设，1:1-9.

辽宁省统计局，国家统计局辽宁省调查总队.2007. 辽宁省统计年鉴 [M]. 北京：中国统计出版社.

辽宁省统计局，国家统计局辽宁省调查总队.2015. 辽宁省统计年鉴 [M]. 北京：中国统计出版社.

辽宁省统计局，2015. 二〇一四年辽宁省国民经济和社会发展统计公报 [Z]. 辽宁经济统计，2:15-18.

林辉，孙华，莫登奎，等，2008."3S"技术在森林资源监测体系中的应用进展 [J]. 湖南林业科技，35(6):7-10.

林金明，宋冠群，赵利霞，等，2006. 环境、健康与负氧离子 [M]. 北京：化学工业出版社.

林尤伟，蔡体久，段亮亮，2018. 大兴安岭北部兴安落叶松林雪水文特征 [J]. 北京林业大学学报，40(6):72-80.

刘海亮，蔡体久，满秀玲，等，2012. 小兴安岭主要森林类型对降雪，积雪和融雪过程的影响. 北京林业大学学报，24(2):20-25.

刘鸿雁，黄建国，2005. 缙云山森林群落次生演替中土壤理化性质的动态变化 [J]. 应用生态学报，16(11):2041-2046.

刘京涛，刘世荣，2006. 植被蒸散研究方法的进展与展望 [J]. 林业科学，42(6):108-114.

刘润，王兵，牛香，等，2019.2006—2014 年辽宁省森林生态系统服务功能价值评估 [J]. 温带林业研究，2(2):1-6.

刘胜涛，2016. 大岗山杉木林降水截留及年轮生长与气象因子的响应关系研究 [D]. 泰安：山东农业大学.

刘世梁，马克明，傅伯杰，等，2003. 北京东灵山地区地形土壤因子与植物群落关系研究 [J]. 植物生态学报，27(4):496-502.

刘淑珍，刘斌涛，陶和平，等，2013. 我国冻融侵蚀现状及防治对策 [J]. 中国水土保持，10:41-44.

刘为华，张桂莲，徐飞，等，2009. 上海城市森林土壤理化性质 [J]. 浙江林学院学报，26(2):155-163.

刘文清，崔志成，刘建国，等，2004. 大气痕量气体测量的光谱学和化学技术 [J]. 量子电子学报，21(2): 202-210.

刘孝义，依艳丽，1987. 东北地区土壤持水性能及土壤水分类型 [J]. 土壤，6:294-298.

刘妍妍，2009. 小兴安岭阔叶红松林粗木质残体的基础特征及对地形的响应 [D]. 哈尔滨：东北林业大学.

刘彦辉，杨洪丽，李兴华，2010. 黑龙江省水土流失现状及防治措施探讨 [J]. 黑龙江水利科技，38(3):21-23.

刘玉杰，满秀玲，2016. 修正 Gash 模型在兴安落叶松天然林林冠截留中的应用 [J]. 南京林业大学学报（自然科学版），40(3):1-8.

刘玉杰，2016. 天然落叶松林冠截留及林内雨延滞效应研究 [D]. 哈尔滨：东北林业大学.

龙秋波，贾绍凤，2012. 茎流计发展及应用综述 [J]. 水资源与水工程学报，4:18-23.

卢志朋，魏亚伟，李志远，等，2017. 辽西北沙地樟子松树干液流的变化特征及其影响因素 [J]. 生态学杂志，36(11):3182-3189.

鲁绍伟，2006. 中国森林生态服务功能动态分析与仿真预测 [D]. 北京：北京林业大学.

罗仙仙，2010. 森林资源综合监测相关抽样技术理论与应用研究 [D]. 北京：北京林业大学.

洛茨 F，1985. 森林资源清查 [M]. 林昌庚，译. 北京：中国林业出版社.

吕姗娜，王晓春，2014. 大兴安岭北部阿里河樟子松年轮气候响应及冬季降水重建 [J]. 东北师大学报（自然科学版），46(2):110-116.

马嘉芸，2008. 我国 GDP 核算体系的变革与重构 [J]. 商业时代，6:63-64.

毛沂新，张慧东，王睿照，等，2019. 辽东山区原始阔叶红松林主要树种空间结构特征 [J]. 应用生态学报，30(9) : 2933—2940.

梅青，吴兆喆，敖东，等，2015. 内蒙古林业先行先试取得重大突破：内蒙古森林资源资产负债表编制创新突破系列报道·综合篇 [N]. 中国绿色时报，2015-12-22(01).

弥宏卓，张秋良，徐步强，等，2011. 不同干扰方式下兴安落叶松林小气候特征研究 [J]. 内蒙古农业大学学报（自然科学版），32(3):67-70.

聂祥永，2004. 瑞典国家森林资源清查的经验与借鉴 [J]. 林业资源管理，1:65-70.

牛萍，张晓光，2016. 辽宁水土保持现状分析及治理建议 [J]. 农业科技与装备，6:70-73.

牛香，鲁铭，王慧，等，2020. 森林氧吧监测与生态康养研究：以黑河五大连池风景区为例 [M]. 北京：中国林业出版社.

牛香，王兵，2012. 基于分布式测算方法的福建省森林生态系统服务功能评估 [J]. 中国水土保持科学，10(2):36-43.

牛香，2012. 森林生态效益分布式测算及其定量化补偿研究：以广东和辽宁省为例 [D]. 北京：北京林业大学.

欧阳志云，王如松，赵景柱，1999. 生态系统服务功能及其生态经济价值评价 [J]. 应用生态

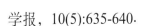

学报，10(5):635-640.

欧阳志云，赵同谦，赵景柱，等，2004. 海南岛生态系统生态调节功能及其生态经济价值研究 [J]. 应用生态学报，15(8):1395-1402.

欧阳志云，朱春全，杨广斌，等，2013. 生态系统生产总值核算：概念、核算方法与案例研究 [J]. 生态学报，33(21):6747-6761.

潘金生，张红蕾，廉培勇，等，2019. 内蒙古呼伦贝尔市森林生态系统服务功能及价值研究 [M]. 北京：中国林业出版社.

潘勇军，2013. 基于生态 GDP 核算的生态文明评价体系构建 [D]. 北京：中国林业科学研究院.

祁金虎，杨会侠，丁国泉，等，2016. 抚育间伐对辽东山区人工红松林土壤物理性质及持水特性的影响 [J]. 东北林业大学学报，44(5):48-51.

祁金虎，2017. 辽东山区天然次生栎林土壤有机碳含量及其与理化性质的关系 [J]. 水土保持学报，31(4):135-140.

任军，宋庆丰，山广茂，等，2016. 吉林省森林生态连清与生态系统服务研究 [M]. 北京：中国林业出版社.

尚建勋，时忠杰，高吉喜，等，2012. 呼伦贝尔沙地樟子松年轮生长对气候变化的响应 [J]. 生态学报，32(4):1077 - 1084.

生态环境部，2018. 土壤 pH 值的测定 电位法（HJ 962-2018）[S].1-4.

盛后财，蔡体久，李奕，等，2014. 大兴安岭北部兴安落叶松林降雨截留再分配特征 [J]. 水土保持学报，28(6):101-105.

施婷婷，关德新，金昌杰，等，2009. 森林蒸散测算方法的比较：EC、BREB 和 PM——以长白山阔叶红松林为例 [A]. 北京：中国气象学会 2008 年会论文集 [C]，1-10.

施婷婷，关德新，吴家兵，等，2006. 用涡动相关技术观测长白山阔叶红松林蒸散特征 [J]. 北京林业大学学报，28(6): 1-8.

世界银行，1992.1992 年世界发展报告 [R]. 中国财政经济出版社，75-83.

宋庆丰，2015. 中国近 40 年森林资源变迁动态对生态功能的影响研究 [D]. 北京：中国林业科学研究院

苏芳莉，2007. 辽东地区不同营林措施对土壤特性的影响及其作用过程研究 [D]. 沈阳：沈阳农业大学.

孙建博，周霄羽，王兵，等，2020. 山东省淄博市原山林场森林生态系统服务功能及价值研究 [M]. 北京：中国林业出版社.

孙金兵，徐嘉晖，宋金凤，等，2018. 东北典型林区土壤黑碳分布特征及影响因素 [J]. 环境科学学报，8(8):3313-3321.

孙儒泳，2002. 基础生态学 [M]. 北京：高等教育出版社.

唐守正，2009. 我国森林资源清查体系居世界先进行列 [N]. 中国绿色时报，2009-11-18.

唐小明，张煜星，张会儒，2012. 森林资源监测技术 [M]. 北京：中国林业出版社.

田野宏，满秀玲，刘茜，等，2014. 大兴安岭北部白桦次生林降雨再分配特征研究 [J]. 水土保持学报，28(3):109-113.

王安志，裴铁璠，2002. 长白山阔叶红松林蒸散量的测算 [J]. 应用生态学报，13(12):26-29.

王兵，陈佰山，闫宏光，等，2020. 内蒙古大兴安岭重点国有林管理局森林与湿地生态系统服务功能研究及价值评估 [M]. 北京：中国林业出版社.

王兵，迟功德，董泽生，等，2020. 辽宁省森林湿地草地生态系统服务功能评估 [M]. 北京：中国林业出版社.

王兵，崔向慧，包永红，等，2003. 生态系统长期观测与研究网络 [M]. 北京：中国科学技术出版社.

王兵，崔向慧，杨锋伟，2004. 中国森林生态系统定位研究网络的建设与发展 [J]. 生态学杂志，23(04):87-94.

王兵，丁访军，2010. 森林生态系统长期定位观测标准体系构建 [J]. 北京林业大学学报，32(6):141-145.

王兵，李少宁，2006. 数字化森林生态站构建技术研究 [J]. 林业科学，42(1):116-121.

王兵，鲁绍伟，尤文忠，等，2010. 辽宁省森林生态系统服务价值评估 [J]. 应用生态学报，21(7):1792-1798.

王兵，鲁绍伟，2009. 中国经济林生态系统服务价值评估 [J]. 应用生态学报，20(2):417-425.

王兵，牛香，宋庆丰，2020. 中国森林生态系统服务评估及其价值化实现路径设计 [J]. 环境保护，48(14):28-36.

王兵，牛香，陶玉柱，2019. 森林生态学研究方法论 [M]. 北京：中国林业出版社.

王兵，牛香，陶玉柱，2020. 森林生态学研究方法 [M]. 北京：中国林业出版社.

王兵，任晓旭，胡文，2011. 中国森林生态系统服务功能及其价值评估 [J]. 林业科学，47(2):145-153.

王兵，宋庆丰，2012. 森林生态系统物种多样性保育价值评估方法 [J]. 北京林业大学学报，34(2):165-170.

王兵，魏江生，俞社保，等，2013. 广西壮族自治区森林生态系统服务功能研究 [J]. 广西植物，33(1):46-51.

王兵，张维康，牛香，等，2015. 北京 10 个常绿树种颗粒物吸附能力研究 [J]. 环境科学，36(2):408-414.

王兵，赵博，牛香，等，2018. 辽宁省生态公益林资源现状及其生态系统服务动态监测与评估 [M]. 北京：中国林业出版社.

王兵，2012. 森林生态系统长期定位研究标准体系 [M]. 北京：中国林业出版社.

王兵，2015. 森林生态连清技术体系构建与应用 [J]. 北京林业大学学报，37(1):1-8.

王兵，2016. 生态连清理论在森林生态系统服务功能评估中的实践 [J]. 中国水土保持科学，14(1):1-11.

王飞，张秋良，王冰，等，2013. 不同林龄草类－兴安落叶松林粗木质残体特征 [J]. 东北林业大学学报，41(5):63-67+99.

王庚辰，2000. 气象和大气环境要素观测与分析 [M]. 北京：中国标准出版社.

王金南，蒋洪强，曹东，等，2009. 绿色国民经济核算 [M]. 北京：中国环境出版社.

王景升，李文华，任青山，等，2007. 西藏森林生态系统服务价值 [J]. 自然资源学报，22(5):831-841.

王美力，陈文汇，许单云，等，2017. 环境经济综合核算体系中森林资源核算的发展与演变 [J]. 世界林业研究，30(1):1-5.

王晓春，宋来萍，张远东，2011. 大兴安岭北部樟子松树木生长与气候因子的关系 [J]. 植物生态学报 35(3) : 294-302.

王晓燕，鲁绍伟，杨新兵，等，2012. 北京密云油松人工林林冠截留模拟 [J]. 西北农林科技大学学报，40(2):85-91.

王效科，冯宗炜，欧阳志云，2001. 中国森林生态系统的植物碳储量和碳密度研究 [J]. 应用生态学报，12(1):13-16.

王彦辉，2001. 几个树种的林冠降雨特征 [J]. 林业科学，37(4):2-9.

王燕，王兵，赵广东，等，2008. 江西大岗山 3 种林型土壤水分物理性质研究 [J]. 水土保持学报，22(1):151-153，173.

王媛，魏江生，刘兵兵，等，2021. 环境因子对大兴安岭南段白桦树干液流变化特征的影响 [J]. 东北林业大学学报，49(2):11-17.

魏亚伟，于大炮，王清君，等，2013. 东北地区主要森林类型土壤有机碳密度及其影响因素 [J]. 应用生态学报，24(12):3333-3340.

吴彦，刘庆，乔永康，等，2001. 亚高山针叶林不同恢复阶段群落物种多样性变化及其对土壤理化性质的影响 [J]. 植物生态学报，25(6):648-655.

吴兆喆，梅青，敖东，等，2015. 巧设账户改革接地气全面燃情会有时：内蒙古森林资源资产负债表编制创新突破系列报道·展望篇 [N]. 中国绿色时报，2015-12-29(01)

吴兆喆，梅青，敖东，等，2015. 巧设账户让森林资源资产动起来：内蒙古森林资源资产负债表编制创新突破系列报道·创新篇 [N]. 中国绿色时报，2015-12-25(01).

吴兆喆，梅青，敖东，等，2015. 只有方法科学路径才会正确：内蒙古森林资源资产负债表编制创新突破系列报道·方法篇 [N]. 中国绿色时报，12-24(01).

夏尚光，牛香，苏守香，等，2016. 安徽省森林生态连清及生态系统服务研究 [M]. 北京：中国林业出版社.

肖强，肖洋，欧阳志云，等，2014. 重庆市森林生态系统服务功能价值评估 [J]. 生态学报，34(1):216-223.

肖文发，骆有庆，2007. 森林生态与环境研究——贺庆棠科技文集 [M]. 北京：中国林业出版社.

肖兴威，姚昌恬，陈雪峰，等，2005. 美国森林资源清查的基本做法和启示 [J]. 林业资源管理，2:1-7.

肖兴威，2007. 中国森林资源和生态状况综合监测研究 [M]. 北京：中国林业出版社.

谢高地，鲁春霞，成升魁，2001. 全球生态系统服务价值评估研究进展 [J]. 资源科学，23(6):5-9.

谢高地，鲁春霞，冷允法，等 .2003. 青藏高原生态资产的价值评估 [J]. 自然资源学报，18(21):89-196.

徐国泉，刘则渊，姜照华，2006. 中国碳排放的因素分解模型及实证分析：1995-2004[J]. 中国人口资源与环境，16(6):158-161.

徐丽娜，管清成，赵忠林，等，2019. 长白山两种林型的降雨截留再分配特征与修正的 Gash 模型模拟 [J]. 东北林业大学学报，47(3):46-50.

许广山，程伯英，丁桂芳，1994. 红松阔叶林凋落物的积累与分解特征 [J]. 森林生态系统研究，7:55-61.

薛达元，包浩生，李文华，1999. 长白山自然保护区森林生态系统间接经济价值评估 [J]. 中国环境科学，19(3):247-252.

颜廷武，邢兆凯，尤文忠，等，2009. 辽宁冰砬山长白落叶松林能量平衡和蒸散的研究 [J]. 沈阳农业大学学报，40(4):449-452.

颜廷武，尤文忠，张慧东，等，2015. 辽东山区天然次生林能量平衡和蒸散 [J]. 生态学报，35(1):172-179.

杨国亭，王兵，殷彤，等，2016. 黑龙江省森林生态连清与生态系统服务研究 [M]. 北京：中国林业出版社.

杨会侠，温亮，李淳，等，2016. 辽东山区不同林分类型降雪截留特征的研究 [J]. 吉林林业科技，45(5):30-33，39.

杨晓娟，2013. 东北长白山系低山丘陵区不同林分土壤肥力质量研究 [D]. 北京：北京林业大学.

杨艳，李秋梅，张显双，2010. 吉林省土壤侵蚀现状及防治措施 [J]. 经济视角，11:54-55.

杨振，张一平，于贵瑞，等，2009. 西双版纳热带季节雨林林冠层温度与大气温度特征 [J].

生态学杂志，28(5):845-849.

杨宗喜，唐金荣，周平，等，2013. 大数据时代下美国地质调查局的科学新观 [J]. 地质通报，32(9):1337-1343.

叶有华，陈礼，2019. 城市生态系统生产总值核算与实践研究 [M]. 北京：科学出版社.

殷有，刘源跃，井艳丽，等，2018. 辽东山区三种典型林型土壤有机碳及其组分含量 [J]. 生态学杂志，37(7):2100-2106.

尤文忠，赵刚，张慧东，等，2015. 抚育间伐对蒙古栎次生林生长的影响 [J]. 生态学报，35(1):56-64.

于萌萌，张新建，袁凤辉，等，2014. 长白山阔叶红松林三种树种树干液流特征及其与环境因子的关系 [J]. 生态学杂志，33(7):1707-1714.

余新晓，鲁绍伟，靳芳，等，2005. 中国森林生态系统服务功能价值评估 [J]. 生态学报，25(8):2096-2102.

余新晓，王彦辉，王玉杰，等，2014. 中国典型区域森林生态水文过程与机制 [M]. 北京：科学出版社.

余新晓，2013. 森林生态水文研究进展与发展趋势 [J]. 应用基础与工程科学学报，21(3):391-402.

俞正祥，蔡体久，朱宾宾，2015. 大兴安岭北部主要森林类型林内积雪特征 [J]. 北京林业大学学报，37(12):100-107.

玉宝，张秋良，王立明，等，2011. 不同结构落叶松天然林生物量及生产力特征 [J]. 浙江农林大学学报，28(1):52-58.

詹鸿振，徐贵林，刘传照，等，1984. 凉水自然保护区阔叶红松林的群落结构初报 [J]. 东北林学院学报，12（增刊）:8-21.

张慧东，尤文忠，魏文君，等，2017. 辽东山区原始红松林土壤理化性质及其与土壤有机碳的相关性分析 [J]. 西北农林科技大学学报（自然科学版），45(1):76-82.

张慧东，2017. 兴安落叶松林生态系统关键生态过程碳氮分配及其耦合特征研究 [D]. 呼和浩特：内蒙古农业大学.

张林波，虞慧怡，郝超志，等，2020. 国内外生态产品价值实现创新实践与模式 [EB/OL]. https://mp.weixin.qq.com/s/3G0NdCSZMa71BwqbqNOuBA.

张林波，虞慧怡，李岱青，等，2019. 生态产品内涵与其价值实现途径 [J]. 农业机械学报，50(6):173-183.

张维康，牛香，王兵，2015. 北京不同污染区园林植物对空气颗粒物的滞纳能力 [J]. 环境科学，36(7):1-11.

张先亮，崔明星，马艳军，等，2010. 大兴安岭库都尔地区兴安落叶松年轮宽度年表及其与

气候变化的关系 [J]. 应用生态学报，21(10):2501-2507.

张新建，袁凤辉，陈妮娜，等，2011. 长白山阔叶红松林能量平衡和蒸散 [J]. 应用生态学报，22(3):61-67.

张永利，2010. 中国森林生态系统服务功能研究 [M]. 北京：科学出版社.

张煜星，曾伟生，王雪军，2016. 瑞典森林资源清查及遥感技术应用的基本做法和启示 [J]. 林业资源管理，2016，2:127-132.

赵焕玉，刘庚，秦树亮，等，2016. 吉林省森林生态系统涵养水源功能研究 [J]. 新农业，12(23):6-8.

赵金龙，王泺鑫，韩海荣，等，2013. 森林生态系统服务功能价值评估研究进展与趋势 [J]. 生态学杂志，32(8):2229-2237.

赵景柱，肖寒，吴钢，2000. 生态系统服务的物质量与价值量评价法的比较分析 [J]. 应用生态学报，11(2):290-292.

赵士洞，2004. 美国长期生态研究计划：背景、进展和前景 [J]. 地球科学进展，19(5):840-844.

中国绿色时报，2013. 生态 GDP：生态文明评价制度创新的抉择 [N].2013-2-26.http://www.forestry.gov.cn/

中国气象局，2017. 地面气象观测规范 总则 (GB/T35221—2017) [S]. 北京：中国标准出版社.

中国气象局，2017. 地面气象观测规范空气温度和湿度（GB/T 35226- 2017）[S].2-8.

中国森林生态服务功能评估项目组，2010. 中国森林生态服务功能评估 [M]. 北京：中国林业出版社.

中国森林资源核算研究项目组，2015. 生态文明制度构建中的中国森林资源核算研究 [M]. 北京：中国林业出版社.

中华人民共和国农业部，2016. 土壤硝态氮的测定 紫外分光光度法(GB T 32737-2016)[S].1-7.

中华人民共和国水利部，2014. 中国水土保持公报（2014）[M]. 北京：水利水电出版社.

周光益，曾庆波，黄全，等，1995. 热带山地雨林林冠对降水的影响分析 [J]. 植物生态学报，19(3):201-207.

周国逸，小仓纪雄，1996. 酸雨对重庆几种土壤中元素释放的影响 [J]. 生态学报，16(3):251-257.

周龙，2010. 资源环境经济综合核算与绿色 GDP 的建立 [D]. 北京：中国地质大学.

周梅，2003. 大兴安岭森林生态系统水文规律研究 [M]. 北京：中国科学技术出版社.

周晓宇，2010. 未来气候变化对我国东北地区森林土壤表层有机碳储量的影响 [D]. 北京：中国气象科学研究院.

周永斌，张飞，殷鸣放，等，2010. 白石砬子自然保护区不同森林类型土壤化学性质与养分状况分析 [J]. 中国农学通报，26(11):118-122.

周璋，2009. 海南尖峰岭热带山地雨林小气候特征研究 [D]. 北京：中国林业科学研究院.

朱宾宾，满秀玲，孙双红，等，2016. 大兴安岭北部森林流域内积雪与融雪径流化学特征 [J]. 林业科技，41(6):53-56.

朱存福，2001. 嫩江上游流域的水量平衡与流域森林经营的研究 [D]. 哈尔滨：东北林业大学.

Aronova E，Baker K S，Oreskes N，2010. Big science and big data in biology：From the International Geophysical Year through the International Biological Program to the Long Term Ecological Research（LTER）Network，1957 Present[J]. Historical Studies in the Natural Sciences，40：183-224.

Boumans R，Costanza R，Farley J，et al，2002. Modeling the dynamics of the integrated earth system and the value of global ecosystem services[J]. Ecological Economics，41：529-560.

Brown S，Lugo A E，1984. Biomass of tropical forests：a new estimate based on forest volumes[J]. Science（Washington），223：1290-1293.

Carlyle-Moses D E，Price A G. 1999. An evaluation of the Gash interception model in a northern hardwood stand[J]. Journal of Hydrology，214(3):103 - 110.

Chen D J，Cheng G D，Xu Z M，et al，2004. Ecological footprint of the Chinese population, environment and development [J]. ENVIRONMENTAL CONSERVATION，31(1):63-68.

Costanza R，Farber S，De Groot R，et al，1997. The value of the world 分 s ecosystem services and natural capital [J]. Nature，387(6630):253.

Dave M M，Alan G G，Andrew M G. 2003. Patterns of canopy interception and through-fall along a topographic sequence for black spruce dominated forest ecosystems in northwestern Ontario[J].Research Forest，33(6):1046-1060.

David P，Christa W，Christine M，et al，1997. Economic and environmental benefits of biodiversity[J]. BioScience，47：747-757.

Dixon R K，Solomon A M，Houghton R A，et al，1994. Carbon pool sand flux of global forest ecosystems[J]. Science，263(1):185-190.

Fang J Y，Chen A P，Peng C H，et al，2001. Changes in forest biomass carbon storage in China between 1949 and 1998[J]. Science，292：2320-2322.

Farquhar G D，Caemmerer S，Berry J A. 1980. A biochemical model of photosynthetic CO_2 assimilation in leaves of C3 species[J]. Planta，149：78-90.

Gash J H C. 1979. An analytical model of rainfall interception by forests[J]. Quarterly Journal of the Royal Meteorological Society，105：43-55.

Holwerda F，Bruijnzeel L A，Scatent F N，et al，2008. Relationship between annual rainfall and interception ratio for forest across Japan[J]. Forest Ecology and Management，256(5):1189-1197.

Jonson M，Wardle D A，2010. Structural equation modelling reveals plant-community drivers of carbon storage in boreal forest ecosystems[J]. Biology Letters, 6：116-119.

Kooijman A M, Bakker C, 1995. Species replacement in the bryophyte layer in mires：the role of water type, nutrient supply and interspecific interactions[J]. Journal of Ecology, 83(1):1-8.

Lin T, Hamburg S P, King H B, et al, 2000. Though-fall Patterns in a Subtropical Rain Forest of Northeastern Taiwan [J]. Journal of Environment Quality, 29(4):1196-1193.

Lindberg S E, Lovett G M, Richter I D D, et al, 1986. At mospheric deposition and canopy interactions of major ions in a forest[J]. Science, 231：141-145.

Lumaret R, Guillerm J L, Maillet J, et al, 1997. Plant species diversity and polyploidy in islands of natural vegetation isolated in extensive cultivated lands[J]. Biodiversity & Conservation, 6(4):591-613.

MA. 2005. Ecosystems and Human Well-Being：Wetlands and Water Synthesis[M]. Millennium Ecosystem Assessment, World Resources Institute, Island Press, Washington DC.

Mingfang Zhang, Xiaohua Wei, 2021. Deforestation, forestation, and water supply[J].Science, 371(6533): 990-991.

Muoghalu J I, Johnson S O, 2000. Interception, pH and soil content of rainfall in a Nigerian lowland forest[J].African Jour Eco, 38(1):38-46.

Nelson E, Polasky S, Lewis D J, et al, 2008. Efficiency of incentives to jointly increase carbon sequestration and species conservation on a landscape [J]. Proceedings of the National Academy of Sciences of the United States of America, 105：9471-9476.

Niu Xiang, Wang Bing, Wei Wenjun, 2013. Chinese forest ecosystem research network：a plat form for observing and studying sustainable forestry [J]. Journal of Food, Agriculture & Environment, 11(2):1008-1016.

Niu Xiang, Wang Bing, 2014. Assessment of forest ecosystem services in China：A methodology [J]. Journal of Food, Agriculture & Environment, 11(3-4):2249-2254.

Potter C S, Ragsdale H L, Swank W T, 1991. Atmospheric deposition and foliar leaching in a regenerating southern Appalachian forest canopy [J]. Journal of Ecology, 79：97-115.

Prager K, Reed M, Scott A, et al, 2012. Encouraging collaboration for the provision of ecosystem services at a landscape scale—Rethinking agri-environmental payments[J]. Land Use Policy, 29：244-249.

Puckett L J, 1990. Estimates of ion sources in deciduous and coniferous through-fall[J]. Atmospheric environment, 24：545-556.

Richard B H, Stephen F, 2002. Accounting for the value of ecosystem services[J].Ecological Economics, 41：421-429.

Rutter A J，Morton A J，1997·A predictive of rainfall interception in forest·Sensitivity of the model to stand parameters and meteorological variables[J]·Journal of Applied Ecology，14(2):567-588·

Shi Zhongjie，Wang Yanhui，Xu Lihong，et al，2010·Fraction of incident rainfall within the canopy of a pure stand of Pinus armandii with revised Gash model in the liupan Mountain of China[J]·Journal of Hydrology，385(1-4):44-50·

Strand L T，Abrahamsen G，Stuanes A O，2002·Leaching from organic Matter-Rich soil by rain of different qualities [J]·Journal of Environment Quality，31(2):547-556·

Tscharntke T，Klein A M，Rand T A，et al，2012·Landscape moderation of biodiversity patterns and processes：Eight hypotheses [J]·Biological Reviews，87：661-685·

Wallace J，Macfarlane C，Mcjannet D，et al，2013·Evalution of forest interception estimation in the continental scale Australian Water Resources Assessments-Landscape（AWRA-L）model [J]·Journal of Hydrology，499：210-223·

Wang B，Niu X，Wei W，2020·National Forest Ecosystem Inventory System of China：Methodology and Applications[J]·Forests，11(7):732·doi:10·3390/f11070732·

Wei X，Liu S，Zhou G，et al，2005·Hydrological processes in major types of Chinese forest [J]·Hydrological Processes：An International Journal，19(1):63-75·

Zhang Weikang，Wang Bing，Niu Xiang，2015·Study on the adsorption capacities for airborne particulates of landscape plants in different polluted regions in Beijing（China）[J]·International journal of Environmental Research and Public Health，12(8):9623-9638·

Zhao M，Zhou G，2006·Carbon storage of forest vegetation and its relationship with climatic factors[J]·Climatic Change，74(1):175-189·

Liu Yu，Bao Guang，Song Huiming，et al，2009·Precipitation reconstruction from Hailar pine (Pinus sylvestris var· mongolica) tree rings in the Hailar region，Inner Mongolia, China back to 1865AD [J]·Palaeogeography Palaeoclimatology Palaeoecology，282(1/2/3/4)：81-87·

Zhang Xianliang，He Xingyuan，Li Jinbao，et al，2011·Temperature econstruction (1750-2008) from Dahurian larch tree rings in an area subject to permafrost in Inner Mongolia, Northeast China[J]·Climate Research，47(3)：151-159·

附 表 东北地区森林生态系统长期定位观测指标体系

表1 森林水文要素观测指标

指标类别	观测指标	单位	观测频度
水量	降水量	毫米	每次降水时观测
	降水强度	毫米/小时	
	穿透水量	毫米	
	树干径流量		
	坡面径流量		
	壤中流量		
	地下径流量		
	枯枝落叶层含水量		至少每月1次
	森林蒸散量		连续观测
	地下水位	米	每月1次
	雪盖面积	公顷	
	冰川融雪水	毫米	每次降水时观测
	流域产水量		
	流域产沙量	吨	
水质	pH值	度	每月1次
	色度		
	浊度		
	悬浮固体浓度	毫克/升	
	碱度		
	溶解度		
	化学需氧量		
	五日化学需氧量（COD₅）		
	生物化学需氧量		
	可溶性有机碳		
	总有机碳		

（续）

指标类别	观测指标	单位	观测频度
水质	可溶性有机氮	毫克/升	每月1次
	可溶性无机氮		
	电导率（TDS、总盐、密度）	微西门子/厘米	
	氧化还原电位	毫伏	
	叶绿素、蓝绿藻	微克/升	
	Ca^{2+}、Mg^{2+}、K^+、Na^+、CO_3^{2-}、HCO_3^-、SO_4^{2-}、NO_3^-、Cl^-、总P、总N	毫克/升或微克/升	无本底值，当年监测；有本底值以后，每5年1次
	微量元素（硼、锰、钼、锌、铁、铜）		
	重金属元素（镉、铅、镍、铬、硒、砷、钛）		

表2　森林土壤要素观测指标

指标类别	观测指标		单位	观测频度
土壤物理性质	母质母岩		定性描述	每5年1次
	土壤层次、厚度、颜色			
	土壤颗粒组成		%	
	土壤容重		克/立方厘米	
	土壤含水量		%	连续观测
	土壤饱和持水量		毫米	
	土壤田间持水量		毫米	
	土壤总孔隙度、毛管孔隙度及非毛管孔隙度		%	
	土壤入渗率		毫米/分钟	
	土壤导水率		%	
	土壤质地		定性描述	
	土壤结构			
	土壤紧实度		帕	
	风沙侵蚀量		吨	每年1次
	土壤侵蚀模数		吨/（平方千米·年）	
	土壤侵蚀强度		级	
	土壤风沙侵蚀量		吨/公顷	
	冻土基本性质	冻土分类		每5年1次
		冻土深度	米	
		粒度	微米	每年1次
		密度	克/立方厘米	
		冻土容重	克/立方厘米	
		冻土含水量	%	
		冻土中未冻水含量	%	

（续）

指标类别	观测指标		单位	观测频度
土壤物理性质	冻土基本性质	冻胀率	%	每年1次
		冻土水势	千帕	
		导湿系数	厘米/秒	
		导热系数	瓦/（米·摄氏度）	
		冻结温度	℃	
		融化温度	℃	
		10厘米深度土壤温度	℃	
		冻土活动层深度	米	
		多年冻土上限深度	米	
		最大季节冻结深度	米	
		最大季节融化深度	米	
		土壤冻结及解冻时间	年-月-日	
		季节性冻土深度及上下限深度	米	
	冻融侵蚀	侵蚀强度	级	
	雪的特性	雪被厚度	厘米	每月1次
		雪温度	℃	冬季连续观测
		雪/水当量	毫米	每月1次
		雪密度	克/立方厘米	
		太阳高度（计算雪反射率用）	度	冬季连续观测
		雪反射率	%	每月1次
		雪粒直径	微米	每5年1次
		融雪期下渗量	毫米	融雪期每周1次
		融雪期渗透量	毫米	
		融雪期径流量	立方米	融雪期连续观测
土壤化学性质	土壤pH值			每年1次
	土壤阳离子交换量		厘摩尔/千克	每5年1次
	土壤交换性钙和镁（盐碱土）			
	土壤交换性钾和钠			
	土壤交换性酸量（酸性土）			
	土壤交换性盐基总量			
	土壤碳酸盐量（盐碱土）			
	土壤有机质		%	
	土壤水溶性盐分（盐碱土中的全盐量，碳酸根和重碳酸根、硫酸根、氯根、钙离子、镁离子、钾离子、钠离子）		%，毫克/千克	
	土壤全氮、水解氮、硝态氮、铵态氮		%，毫克/千克	
	土壤氮素转化速率（氨化速率、硝化速率、反硝化速率）		毫克/（千克·年）	
	土壤全磷、有效磷		%，毫克/千克	

（续）

指标类别	观测指标	单位	观测频度
土壤化学性质	土壤全钾、速效钾、缓效钾	%，毫克/千克	每5年1次
	土壤全镁、有效镁		
	土壤全钙、有效钙		
	土壤全硫、有效硫		
	土壤全硼、有效硼		
	土壤全锌、有效锌		
	土壤全锰、有效锰		
	土壤全钼、有效钼		
	土壤全铜、有效铜		
土壤碳	枯落物碳储量	吨/公顷	每5年1次
	土壤有机碳组分（活性炭、惰性碳、缓效碳含量）	%或克/千克	
	土壤有机碳密度	千克/平方米	
	土壤有机碳储量	吨/公顷	
	土壤无机碳储量		
	土壤年固碳量		
土壤呼吸	土壤总呼吸量	克/（平方米·年）	连续观测
	土壤动物呼吸量		
	微生物呼吸量		
	植物根系呼吸量		
土壤温室气体通量	CO_2、CH_4、N_2O、CHF_3、$C_2H_2F_4$、$C_2H_4F_2$、CF_4、C_2F_6、SF_6等	克/摩尔	
土壤酶活性	土壤脲酶活性	毫克/（千克·时）	每5年1次
	土壤磷酸酶活性	毫克	
	土壤蔗糖酶活性		
	土壤多酚氧化酶活性	毫升	
	土壤过氧化氢酶活性		
土壤动物	土壤动物种类和数量	个/平方米	
土壤微生物	土壤微生物种类和数量	个/克	
	土壤微生物生物量碳	毫克/千克	
	土壤微生物生物量氮		
凋落物	厚度	毫米	每年1次
	储量（包括粗木质残体储量）	千克/公顷	
	林地当年凋落物		
	分解速率		

表3　森林气象要素观测指标

指标类别	观测指标	单位	观测频度
天气现象	云量、风、雨、雪、雷电、沙尘、雾、霾、能见度		每日1次
	气压	帕	
灾害天气	干旱、暴雨、冰雹、龙卷风、雨雪冰冻、霜冻、沙尘暴		
风	林冠以上3米处风速	米/秒	连续观测
	林冠以上3米处风向（E、S、W、N、SE、NE、SW、NW）	度	
空气温湿度	最低温度	℃	每日1次
	最高温度		
	定时温度		
	相对湿度	%	连续观测
土壤温湿度	地表定时温度	℃ %	每日1次
	地表最低温度		
	地表最高温度		
	5厘米深度土壤温湿度		连续观测
	10厘米深度土壤温湿度		
	20厘米深度土壤温湿度		
	40厘米深度土壤温湿度		
	80厘米深度土壤温湿度		
辐射	总辐射量	瓦/平方米 兆焦/平方米	
	净辐射量		
	分光辐射		
	UVA/UVB辐射量		
	长波辐射量		
	光合有效辐射量		
	日照时数	小时	每日1次
降水	降水总量	毫米	连续观测
	降水强度	毫米/小时	
水面蒸发	蒸发量	毫米	每日1次

表4　森林小气候梯度要素观测指标

指标类别	观测指标	单位	观测频度
天气现象	气压	帕	连续观测
风速和风向	冠层上3米处风向	度	
	地被层处风向	度	
	冠层上3米处风速	米/秒	
	距地面1·5米处风速		

（续）

指标类别	观测指标	单位	观测频度
风速和风向	冠层中部风速	米/秒	连续观测
	地被层处风速		
空气温湿度	冠层上3米处温湿度	℃ %	
	冠层中部温湿度		
	距地面1.5米处温湿度		
	地被层处温湿度		
树干温度	胸径处（1.3米）温度	℃	
土壤温湿度	地表温度	℃	
	5厘米深度土壤温湿度	℃ %	
	10厘米深度土壤温湿度		
	20厘米深度土壤温湿度		
	40厘米深度土壤温湿度		
	80厘米深度土壤温湿度		
辐射量[a]	总辐射量	瓦/平方米 兆焦/平方米	
	净辐射量		
	直接辐射		
	反射辐射		
	紫外辐射		
	光合有效辐射		
	光照时数	小时	每日1次
土壤热通量	5厘米深度土壤热通量	瓦/平方米	连续观测
	10厘米深度土壤热通量		
降水量	林内降水量	毫米	
痕量气体	CO、N$_2$O、SO$_2$、O$_3$、CH$_4$、NO、NOx、NH$_3$、H$_2$S	毫克/立方米	

注：a 辐射量观测位置：冠层上3米、冠层中部、距地面1.5米、地被层（4个高度，总辐射或光合有效辐射任选一种，在冠层上可增加净辐射观测）。

表5　微气象法碳通量观测指标

指标类别	观测指标	单位	观测频度
风速	X轴水平风速	米/秒	连续观测
	Y轴水平风速		
	Z轴水平风速		
温度	脉动温度	℃	
水汽浓度	水汽浓度	克/立方米	
二氧化碳浓度	二氧化碳浓度	毫克/立方米	
二氧化碳垂直通量	二氧化碳垂直通量	毫克/（平方米·秒）	

表6 大气沉降观测指标

指标类别	观测指标		单位	观测频度
大气沉降	大气沉降总量		吨/平方千米	连续观测
大气干沉降	大气降尘组分	非水溶性物质、非水溶性物质的灰分、非水溶性可燃物质、水溶性物质、水溶性物质灰分、水溶性可燃物质、苯溶性物质、灰分重量、可燃性物质总量、pH值、硫化物、硫酸盐和氯化物含量，固体污染物总量等	毫克/平方米	
	大气降尘元素浓度	Cu、Zn、Se、As、Hg、Cd、Cr（六价）、Pb、Ca、Mg、Na、K、N	毫克/升	
温度	脉动温度		℃	每次降水时观测
水汽浓度	水汽浓度		克/立方米	
二氧化碳浓度	二氧化碳浓度		毫克/立方米	
二氧化碳垂直通量	二氧化碳垂直通量		毫克/（平方米·秒）	

表7 森林调控环境空气质量功能观测指标

指标类别	观测指标		单位	观测频度
森林环境空气质量	TSP、PM_{10}、$PM_{2.5}$		微克/立方米	连续观测
	N_xO（NO、NO_2）			
	SO_2		毫克/立方米	
	O_3			
	CO			
空气负离子	浓度		个/立方厘米	按照物候期观测
植被吸附滞纳颗粒物量	单位叶面积吸附滞纳量	TSP、PM_{10}、$PM_{2.5}$	微克/平方厘米	
	1公顷林地吸附滞纳量		克/公顷	
植被吸附氮氧化物量	N_xO（NO、NO_2）		千克/公顷	每5年1次
植被吸附二氧化硫量	SO_2			
植被吸附氟化物量	HF			
植被吸附重金属量	镉（Cd）、汞（Hg）、银（Ag）、铜（Cu）、钡（Ba）、铅（Pb）、砷（Se）		毫克/千克	

表8 森林群落学特征观测指标

指标类别	观测指标		单位	观测频度
森林群落主要成分	起源			只观测一次
	乔木	林龄	年	每5年1次
		种名		
		树高	米	
		胸径	厘米	

（续）

指标类别	观测指标		单位	观测频度
森林群落 主要成分		坐标	米	每5年1次
		编号		
		密度	株/公顷	
		郁闭度	%	
		枝下高	米	
		冠幅（东西、南北）	米	
		立木状况		
		叶面积指数		
	灌木	种名		
		株数/丛数		
		平均基径	厘米	
		平均高度	厘米	
		盖度	%	
		多度		
		生长状况		
		分布状况		
	草本	种名		
		株数/丛数		
		盖度	%	
		高度	厘米	
		生长状况		
		分布状况		
	幼树和幼苗	种名		
		密度	株/公顷	
		高度	厘米	
		基径	厘米	
		生长状况		
	藤本	种名		
		藤高	厘米	
		蔓数		
		基径	厘米	
	附（寄）生植物	种名		
		数量		
森林群落乔木层 生物量和林木生 长量		树高年生长量	米	
		胸径年生长量	厘米	
		乔木层各器官（干、枝、叶、果、花、根）的生物量	千克/公顷	
		灌木层、草本层地上和地下部分生物量	千克/公顷	
根系		根系长度	厘米	
		根系直径	毫米	
		根系年生长量与年死亡量	毫米/（平方厘米·年）	每年1次

（续）

指标类别	观测指标	单位	观测频度
森林群落的养分	C，N，P，K，Fe，Mn，Cu，Ca，Mg，Cd，Pb	千克/公顷	
植被碳储量	乔木层碳储量	吨/公顷	每5年1次
	灌木层碳储量		
	草本层碳储量		
	藤本植物碳储量		
	凋落物碳储量		

表9　其他观测指标

指标类别	观测指标	单位	观测频度
病虫害的发生与危害	有害昆虫与天敌的种类		每年1次
	受到有害昆虫危害的植株		
	占总植株的百分率	%	
	有害昆虫的植株虫口密度和森林受害面积	个/公顷，公顷	
	植物受感染的菌类种类		
	受到菌类感染的植株占总植株的百分率	%	
	受到菌类感染的森林面积	公顷	
森林鼠害的发生与危害	鼠口密度和发生面积	只/公顷，公顷	
土地沙化、盐渍化	土壤沙化面积	平方千米	每5年1次
	土壤沙化程度	级	
	土壤盐渍化面积	平方千米	
	土壤盐渍化程度	级	
与森林有关的灾害的发生情况	森林流域每年发生洪水、泥石流的次数和危害程度以及森林发生其他灾害的时间和程度，包括冻害、雪害、风害、干旱、火灾等		每年1次
生物多样性	国家或地方保护动植物的种类、数量		每5年1次
	珍稀濒危物种种类、濒危等级及数量（珍稀濒危指数）		
	地方特有物种的种类、数量（特有种指数）		
	动植物编目、数量		
	生物多样性指数（Shannon-Wiener index）		
	古树年龄等级（古树年龄指数）		
人为干扰状况	人为干扰面积	公顷	每年1次
	人为干扰强度	级	
年轮	年轮宽度、早材宽度、晚材宽度	毫米	每5年1次
	早材密度、晚材密度、年轮密度、最大年轮密度、最小年轮密度、早材晚材界线密度	克/立方厘米	
稳定同位素	^{13}C丰度值（^{13}C）、^{15}N丰度值（^{15}N）、^{18}O丰度值（^{18}O）、D丰度值（D）、^{2}H丰度值（^{2}H）	‰	

（续）

指标类别	观测指标		单位	观测频度
物候	乔木和灌木	树液流动开始日期、芽膨大开始日期、芽开放期、展叶期、新梢生长期、叶变色期、落叶期	年-月-日	连续观测
	草本植物	萌芽期/返青期（萌动期）、展叶期、分蘖期、拔节期、黄枯期		
	气象	初终霜、初终雪、严寒开始、水面结冰、土壤表面冻结、河上厚冰出现、河流封冻、土壤表面解冻、春季解冻、河流春季流水、雷声、闪电、彩虹及植物遭受自然灾害		

附 件

东北地区主要树种名录

（拉丁学名、中文对照）

中文	拉丁学名	中文	拉丁学名
白桦	*Betula platyphylla*	千金榆（鹅耳枥）	*Carpinus cordata*
斑叶稠李	*Padus maackii*	青楷槭	*Acer tegmentosum*
暴马丁香	*Syringa reticulata* var. *amurensis*	三花槭	*Acer triflorum*
稠李	*Padus avium*	色木槭	*Acer mono*
臭冷杉	*Abies nephrolepis*	沙松冷杉	*Abies holophylla*
春榆	*Ulmus davidiana* var. *japonica*	山槐	*Albizia kalkora*
刺楸	*Kalopanax septemlobus*	山杨	*Populus davidiana*
大青杨	*Populus ussuriensis*	黑樱桃	*Cerasus maximowiczii*
灯台树	*Cornus controversa*	水曲柳	*Fraxinus mandshurica*
硕桦	*Betula costata*	水榆花楸	*Sorbus alnifolia*
黑桦	*Betula dahurica*	天女木兰	*Magnolia sieboldii*
红皮云杉	*Picea koraiensis*	甜杨	*Populus suaveolens*
红松	*Pinus koraiensis*	小楷槭	*Acer komarovii*
胡桃楸	*Juglans mandshurica*	兴安落叶松	*Larix gmelini*
花楷槭	*Acer ukurunduense*	偃松	*Pinus pumila*
花曲柳	*Fraxinus chinensis* subsp. *rhynchophylla*.	油松	*Pinus tabulaeformis*

（续）

中文	拉丁学名	中文	拉丁学名
华北落叶松	*Larix gmelinii* var· *principis-rupprechtii·*	鱼鳞云杉	*Picea jezoensis*
朝鲜槐	*Maackia amurensis*	岳桦	*Betula ermanii*
黄檗	*Phellodendron amurense*	云杉属	*Picea*
大果榆	*Ulmus macrocarpa*	樟子松	*Pinus sylvestris* var· *mongolica*
辽椴	*Tilia mandshurica*	长白松	*Pinus densiflora*
蒙古栎	*Quercus mongolica*	髭脉槭	*Acer barbinerve*
黄花落叶松	*Larix olgensis*	紫椴	*Tilia amurensis*
裂叶榆	*Ulmus laciniata*	紫花槭	*Acer pseudosieboldianum*
辽东桤木	*Alnus hirsuta*	钻天柳	*Salix arbutifolia*
毛榛	*Corylus mandshurica*		

"中国森林生态系统连续观测与清查及绿色核算"
系列丛书目录

21. 云南省林草资源生态连清体系监测布局与建设规划，出版时间：2021年8月

22. 云南省昆明市海口林场森林生态系统服务功能研究，出版时间：2021年9月

23. "互联网＋生态站"：理论创新与跨界实践，出版时间：2021年11月

24. 东北地区森林生态连清技术理论与实践，出版时间：2021年11月